国家出版基金项目
"十三五"国家重点出版物出版规划项目

近感探测 ◆ 与毁伤控制技术丛书

静电探测原理及应用

Principles and Applications of Electrostatic Detection

陈 曦 李鹏斐 唐 凯 崔占忠 著

北京理工大学出版社
BEIJING INSTITUTE OF TECHNOLOGY PRESS

内 容 简 介

本书是作者在多年教学、科研工作经验与成果的基础上，参考国内外文献资料，经总结、提炼加工而成。

本书共八章，重点介绍静电感应场探测原理和静电放电辐射场探测原理。其中包括：静电理论基础、静电目标荷电机理与典型目标带电特性、静电探测原理与探测系统设计、静电目标方位识别方法、静电探测系统的典型干扰及其抑制方法、负电晕放电 Trichel 脉冲的形成机制、负电晕放电电磁辐射物理模型与复杂因素下的电磁辐射特性、负电晕放电电磁辐射场探测技术及应用。书中有相当部分是作者近年的研究成果，是其他同类书籍中所没有的。

本书内容丰富新颖，可作为高等院校引信专业的教材，也可作为相关科研和工程人员的参考用书。

图书在版编目（CIP）数据

静电探测原理及应用/陈曦等著 . —北京：北京理工大学出版社，2019.6
（2019.12 重印）

（近感探测与毁伤控制技术丛书）

国家出版基金项目 "十三五" 国家重点出版物出版规划项目

ISBN 978 - 7 - 5682 - 7191 - 2

Ⅰ. ①静…　Ⅱ. ①陈…　Ⅲ. ①静电 - 探测技术　Ⅳ. ①TJ43

中国版本图书馆 CIP 数据核字（2019）第 132387 号

出版发行 / 北京理工大学出版社有限责任公司

社　　　址 / 北京市海淀区中关村南大街 5 号

邮　　　编 / 100081

电　　　话 / （010）68914775（总编室）
　　　　　　　（010）82562903（教材售后服务热线）
　　　　　　　（010）68948351（其他图书服务热线）

网　　　址 / http：//www. bitpress. com. cn

经　　　销 / 全国各地新华书店

印　　　刷 / 北京地大彩印有限公司

开　　　本 / 787 毫米 × 1092 毫米　1/16

印　　　张 / 17

彩　　　插 / 2　　　　　　　　　　　　　　　　　责任编辑 / 陈莉华

字　　　数 / 322 千字　　　　　　　　　　　　　文案编辑 / 陈莉华

版　　　次 / 2019 年 6 月第 1 版　2019 年 12 月第 2 次印刷　　责任校对 / 周瑞红

定　　　价 / 86.00 元　　　　　　　　　　　　责任印制 / 王美丽

近感探测与毁伤控制技术丛书

编 委 会

总序

　　引信是武器系统终端毁伤控制的核心装置，其性能先进性对于充分发挥武器弹药系统的作战效能，并保证战斗部对目标的高效毁伤至关重要。武器系统对作战目标的精确打击与高效毁伤，对弹药引信的目标探测与毁伤控制系统及其智能化、精确化、微小型化、抗干扰能力与实时性等性能提出了更高要求。

　　依据这种需求背景撰写了《近感探测与毁伤控制技术丛书》。丛书以近炸引信为主要应用对象，兼顾军民两大应用领域，以近感探测和毁伤控制为主线，重点阐述了各类近感探测体制以及近炸引信设计中的创新性基础理论和主要瓶颈技术。本套丛书共9册：包括《近感探测与毁伤控制总体技术》《无线电近感探测技术》《超宽带近感探测原理》《近感光学探测技术》《电容探测原理及应用》《静电探测原理及应用》《新型磁探测技术》《声探测原理》和《无线电引信抗干扰理论》。

　　丛书以北京理工大学国防科技创新团队为依托，由我国引信领域知名专家崔占忠教授领衔，联合航天802所等单位的学术带头人和一线科研骨干集体撰写，总结凝练了我国近炸引信相关高等院校、科研院所最新科研成果，评述了国外典型最新装备产品并预测了其发展趋势。丛书是展示我国引信近感探测与毁伤控制技术有明显应用特色的学术著作。丛书的出版，可为该领域一线科研人员、相关领域的研究者和高校的人才培养提供智力支持，为武器系统的信息化、智能化提供理论与技术支撑，对推动我国近炸引信行业的创新发展，促进武器弹药技术的进步具有重要意义。

值此《近感探测与毁伤控制技术》丛书付梓之际，衷心祝贺丛书的出版面世。

　　人类对电磁现象的认识是从研究静电现象开始的。早在几千年以前，古希腊人就发现了琥珀经摩擦后会吸附线头、灰尘之类轻小物体。我国春秋战国时代的史料也有类似的记载。从 16 世纪起，人类对静电现象开始进行科学的观察与研究。直至 18 世纪中叶，人类才通过科学实验的方法，发现电荷有正电荷与负电荷之分。1785 年库仑通过试验证明了静电学的基本定律——库仑定律。1799 年伏特发明电池后，人们把几个伏特电池串起来，可以得到更强的电流，从此，人们的兴趣由研究静电现象转向研究电流现象。1820 年，安培和奥斯特发现了电流的磁效应。1831 年，法拉第发现了电磁感应定律。1865 年，麦克斯韦在全面总结前人研究成果的基础上，揭示了宏观电磁现象的基本规律，形成了人们今天熟悉的麦克斯韦方程组。至此，人类在研究和应用电磁规律方面取得了空前的进展，而静电这个古老的课题却被人们长期搁置下来，几乎被人们遗忘了。

　　进入 20 世纪后，随着工业技术的发展，人们开始研究静电技术的应用，古老的静电学又获得了新生，逐渐由经典的静电学发展成为静电工程学和静电防护工程学。

在目标探测领域，形成了静电探测体制。静电探测是将静电场或静电放射辐射场作为信息源，对目标进行被动探测，它具有抗干扰、反隐身的优势。将静电探测技术应用于引信探测器是目前近炸引信面临电子对抗和隐身技术挑战的一种有效解决途径。陈曦教授等学者撰写《静电探测原理及应用》一书从静电探测原理、静电探测器设计方法与应用等方面做了系统全面的论述和介绍，适时满足了该领域读者和技术人员的需求。该书具有以下三个特点：

（1）论述了探测领域的新体制。

该书论述了近感探测领域的新体制，它包括静电探测原理、静电探测器的设计方法及静电探测器的应用，书中内容既对静电感应场探测的原理、探测系统设计方法和多种应用方式做了介绍，又对静电放电辐射场的近场探测原理、探测系统设计方法进行了介绍。

（2）该书内容具有新颖性，其成果具有工程应用前景。

该书集中反映了陈曦教授、崔占忠教授等学者长期从事静电探测教学和科学研究工作的经验及研究成果，特别是具有工程应用前景的最新研究内容，如静电测向技术、静电抗干扰技术、静电与其他探测体制复合探测技术，以及静电放电辐射场探测技术等相关内容，在一定程度上代表了静电探测领域研究与应用的最新技术。

（3）该书内容丰富，论述系统全面。

该书针对静电感应场探测问题，在物理过程分析、目标荷电机理研究基础上，给出了目标特性的数学描述，获得了静电目标探测方程，针对目标特性进行了探测器设计，并具体讲述了参数的选择、性能分析、系统仿真和试验测试等问题。针对静电放电辐射场探测，首先从物理过程对负电晕放电 Trichel 脉冲的形成机制进行了深入分析，对负电晕放电电磁辐射物理模型与复杂因素下的电场辐射特性进行了论述，然后开展了负电晕放电电磁辐射场探测器设计，并对不同应用方式进行了介绍。全书层次清晰、逻辑性强。该书对静电引信的工程设计具有重要的指导作用，亦可作为高等学校相关专业的教材或重要参考书。

本书付梓出版之际，特作此序以志庆贺，相信本书的问世将对静电探测技术的发展起到重要的引领和技术推动作用。

近炸引信技术发展的同时，相关对抗技术也迅速发展。在当今高技术条件下的战场中，电子对抗和隐身技术对近炸引信技术提出了新的挑战。静电探测技术就是利用目标自身携带静电荷产生的电场对目标进行探测的一种被动式探测体制，具有抗人工干扰和反隐身能力强的优势，并可实现对目标的精确定向。

近二十年来，作者一直从事静电探测相关的科研教学工作，对静电探测相关理论有了比较深的理解和认识，积累了一些心得和体会。本书主要融入了作者及所在研究团队多年的科研成果，包括团队成员的学位论文、发表的学术论文、研究报告和技术总结等。书中按照静电荷电机理、静电感应场探测和静电放电辐射场探测三个主要内容分别进行介绍，在静电感应场探测和静电放电辐射场探测部分按照目标特性、探测方法、电路实现及应用方式进行详细论述。

全书共分8章：第1章简要介绍静电基本理论基础，对静电探测的相关基础知识进行简单介绍。第2章分析典型静电目标的荷电机理和目标电场特性，为静电探测提供目标特性理论基础。第3章论述静电探测原理与探测系统设计，并介绍了静电引信探测器的标定与性能测试方法。第4章阐述了静电目标方位识别方法，介绍了静电探测与其他体制的复合应用。该内容可应用于定向战斗部引战配合，显著提高武器系统毁伤效能。第5章对静电探测系统工作时的典型干扰进行了分析，并针对性提出了各种干扰的抑制方法。第6~8章对负电晕放电 Trichel 脉冲的形成机制进行了深入分析，对负电晕放电电磁辐射物理模型与复杂因素下的电场辐射特性进行了论述，并且对负电晕放电电磁辐射场探测技术及应用方式进行了介绍，是在静电辐射场探测领域的有益尝试。

本书的编写过程中，参考了李银林博士后、李彦旭博士、郝晓辉博士、毕军建博士、白帆博士、王闯博士、杨亮硕士和曹海文硕士的学位论文，他们所做的深入、细致的开创性研究工作，为本书的编写奠定了扎实的基础，在此向他（她）们致以诚挚的谢意！

本书可为引信行业从业人员进行引信探测器设计提供参考，也可作为理工类高校探测专业教师和研究生的参考读物。希望通过本书的出版能够为我国静电引信技术的发展贡献一份力量。

本书由陈曦、李鹏斐、唐凯、崔占忠等著。陆军工程大学石家庄校区刘尚合院士审阅了全书并提出了建设性意见，在此表示衷心感谢！

本书入选国家出版基金项目和"十三五"国家重点出版物出版规划项目，在此对评审专家和北京理工大学出版社相关工作人员为本书的出版所付出的心血表示感谢！

由于作者水平有限，书中错误和不妥之处在所难免，敬请读者批评指正。

作　者

目　录
CONTENTS

第1章　静电理论基础

§1.1　电荷与库仑定律

1.1.1　电荷

在电磁学里，电荷（Electric charge）是物质的一种物理性质。一般称带有电荷的粒子为"带电粒子"，电荷决定了带电粒子在电磁方面的物理行为。

1. 电荷的极性与电量（电荷的极性与度量）

历史上，富兰克林首先提出把用丝绸摩擦过的玻璃棒所带的电荷规定为正电荷，把用毛皮摩擦过的硬橡胶棒所带的电荷规定为负电荷。这一正负电荷定义在国际上一直沿用到今天。

电荷只有正、负电荷两种，同种电荷相互排斥，异种电荷相互吸引。不带电的物体并非其中没有电荷，而是带有等量异号的电荷，因为正、负电荷互相中和，故物体不显电性，这种状态称为电中性。

物体所带电荷的多少叫电量。电量常用 Q 或 q 表示，在国际单位制中，它的单位名称为库仑，符号为 C。正电荷电量取正值，负电荷电量取负值。一个带电体所带总电量为其所带正负电荷的代数和。

2. 电荷的量子性

试验证明，在自然界中，电荷的电量总是以一个基本单元的整数倍出现，电荷的这个特性叫作电荷的量子性。电荷的基本单元（基元电荷）就是一个电子所带电量的绝对值，常以 e 表示。

$$e = 1.602 \times 10^{-19}\ \text{C}$$

1964 年美国科学家盖尔曼提出"基本粒子"的夸克模型，并预言夸克的电荷应为 $\pm \dfrac{1}{3}e$ 或 $\pm \dfrac{2}{3}e$，即夸克可带有分数电荷，尽管这一模型对粒子物理中的许多现象的解释获得了很大的成功，但至今在试验中仍未观测到自由夸克。

研究实际问题时，如果带电体的形状、大小以及电荷分布可以忽略不计，即可将它看作是一个几何点，则该带电体就可以看作一个带电的点，叫作点电荷。点电荷是一个很有用的理想模型。

1.1.2 电荷守恒定律

一个孤立系统的总电荷是不变的，即在任一时刻存在于系统中的正电荷与负电荷的代数和不变，这就是电荷守恒定律。

电荷守恒定律不仅在一切宏观过程中成立，而且被一切微观过程（例如核反应和基本粒子过程）所普遍遵守。电荷是在一切相互作用下都守恒的一个守恒量，电荷守恒定律是自然界中普遍的基本定律之一。

1.1.3 库仑定律

两个带电体之间存在力的相互作用，在真空中，两个静止的点电荷 q_1 与 q_2 之间相互作用力的大小与它们电荷电量的乘积成正比，与它们之间距离的平方成反比；作用力的方向沿着两点电荷的连线，同号电荷相互排斥，异号电荷相互吸引。这一规律称为库仑定律。

这一规律用公式表示为：

$$\boldsymbol{F}_{12} = k \frac{q_1 q_2}{r_{12}^2} \boldsymbol{e}_{12} \tag{1-1}$$

式中，$\boldsymbol{F}_{12}$ 为 q_1 作用在 q_2 上的力；$\boldsymbol{e}_{12}$ 为由 q_1 到 q_2 的单位矢量；r_{12} 为 q_1 和 q_2 间的距离；比例系数 $k = 8.9880 \times 10^9 \ \mathrm{N \cdot m^2/C^2} \approx 9 \times 10^9 \ \mathrm{N \cdot m^2/C^2}$。引入真空介电常数（真空电容率）$\varepsilon_0$，可将系数 k 表示为：

$$k = \frac{1}{4\pi\varepsilon_0}$$

其中 ε_0 数值为：

$$\varepsilon_0 = \frac{1}{4\pi k} = 8.85 \times 10^{-12} \ \mathrm{C^2/(N \cdot m^2)} \tag{1-2}$$

则式（1-1）可写为：

$$\boldsymbol{F}_{12} = \frac{q_1 q_2}{4\pi\varepsilon_0 r_{12}^2} \boldsymbol{e}_{12} \tag{1-3}$$

§1.2 电 场

1.2.1 电场与电场强度

对于电荷间如何传递作用力，历史上曾有过两种观点：一种是超距作用观点，认为电荷之间的作用力不需要中介物质传递，也不存在中间的传递过程，相互之间的作用力是瞬间传到对方的，近代物理学的发展证明该观点是错误的；另一种是近距作用观点或场的观点，认为电荷之间的电力需要中介物质传递，中介物质称为电场，进入其中的电荷都将受到由该电场传递的力的作用，这种力叫电场力，由静电场传递的力叫静电力。

电场中某一点的电场强度 E 是一个矢量，其大小等于单位正电荷在该点处所受电场力的大小，其方向与正电荷在该点所受电场力的方向相同，用公式表示为：

$$E = \frac{F}{q_0} \tag{1-4}$$

$$F = q_0 E \tag{1-5}$$

式中，q_0 为试验点电荷，它满足以下两个条件：

（1）电荷的几何线度很小，以至于可以看作点电荷，以确定电场中各点的性质。

（2）其电量必须足够小，以免影响原电场的分布。

在国际单位中，电场强度的单位为牛顿每库仑，符号为 N/C；电场强度的单位亦为伏特每米，符号为 V/m。电场强度通常简称为场强。

1.2.2 电场强度的计算

1. 单个点电荷产生的电场

假设有一个试验电荷 q_0 处于 M 点，根据库仑定律，试验电荷 q_0 所受的电场力为：

$$F = \frac{1}{4\pi\varepsilon_0} \frac{qq_0}{r^2} e_r \tag{1-6}$$

式中，e_r 是从场源电荷 q 指向点 M 的单位矢量。M 点的场强为：

$$E = \frac{F_1}{q_0} = \frac{q}{4\pi\varepsilon_0 r^2} e_r \tag{1-7}$$

2. 多个点电荷产生的电场

若空间存在 n 个点电荷 q_1、q_2、$\cdots$、q_n，将试验电荷 q_0 放置在点 M，以 F_1、F_2、$\cdots$、F_n 分别表示它们单独存在时各自对点电荷 q_0 作用的力，根据力的叠加原理，作用于 q_0 的电场力应该等于各个点电荷分别作用于 q_0 的电场力的矢量和，即：

$$F = F_1 + F_2 + \cdots + F_n$$

根据电场强度的定义式，可以得到点 M 的电场强度为：

$$E = \frac{F}{q_0} = \frac{F_1 + F_2 + \cdots + F_n}{q_0} = E_1 + E_2 + \cdots + E_n$$

$$E = \sum_{i=1}^{n} E_i \tag{1-8}$$

在 n 个点电荷产生的电场中某点的电场强度，等于每个点电荷单独存在时在该点所产生的电场强度的矢量和。这就是电场强度的叠加原理。

$$E = \frac{q_1}{4\pi\varepsilon_0 r_1^2}e_{r_1} + \frac{q_2}{4\pi\varepsilon_0 r_2^2}e_{r_2} + \cdots + \frac{q_n}{4\pi\varepsilon_0 r_n^2}e_{r_n}$$

$$= \sum_{i=1}^{n} \frac{q_i}{4\pi\varepsilon_0 r_i^2}e_{r_i} \qquad (1-9)$$

3. 连续带电体产生的电场

对连续分布的带电体，可以将它看成是许多无限小的电荷元 dq 的集合，而每个电荷元都可以当作点电荷处理。设其中任一个电荷元 dq 在 M 点产生的场强为 dE，按式（1-7）有：

$$dE = \frac{dq}{4\pi\varepsilon_0 r^2}e_r$$

式中，r 为从电荷元 dq 到点 M 的距离；e_r 为从电荷元 dq 到点 M 方向上的单位矢量。整个带电体在 M 点所产生的总场强可用积分计算为：

$$E = \int dE = \int \frac{dq}{4\pi\varepsilon_0 r^2}e_r \qquad (1-10)$$

1.2.3 电场线

电场中每一点的场强 E 都有一定的大小和方向。为了形象地描述电场，可以将电场用一种假想的几何曲线来表示，这就是电场线，也称 E 线或电力线，如图 1-1 所示。

电场线最早是由法拉第提出来的。严格地讲，电场线是在电场中人为做出的有向曲线，它满足：

（1）电场线上每一点的切线方向与该点场强的方向一致。

（2）电场中每一点的电场线的密度表示该点场强的大小。

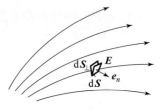

图 1-1　电场线图

几种常见带电体系产生的电场的电场线如图 1-2 所示。

电场线具有如下特点：

（1）电场线不闭合，也不会在无电荷处中断。电场线起始于正电荷，终止于负电荷，或从正电荷起延伸到无限远处，或从无限远起终止于负电荷。

（2）任意两条电场线不会相交。这一点可以用反证法予以说明：若两条电场线可以相交，则相交处会有两个电场线的切线方向，即该处有两个场强方向，此结论与电场中任意一点场强方向是唯一的这一客观事实相矛盾，因此电场线不会相交。

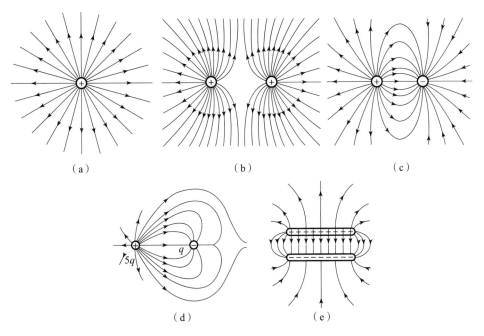

图 1 - 2　几种常见电场的电场线

（a）正点电荷；（b）一对等量正点电荷的电场线；（c）一对等量异号正点电荷的电场线；

（d）一对不等量异号点电荷的电场线；（e）带电平板电容器的电场线

§1.3　电通量与高斯定理

1.3.1　电通量

把通过电场中任意给定面的电场线数称为通过这个面的电通量，用符号 Φ_e 表示。如图 1 - 3 所示，设平面面积为 S，平面法线方向与场强 E 方向的夹角为 θ，平面面积 S 在垂直电场方向的投影面积为有效面积 S'，下面分两种情况讨论电通量的计算。

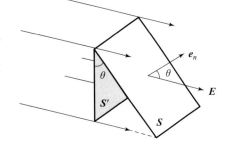

图 1 - 3　电通量示意图

1. 均匀电场中的电通量

在均匀电场中通过平面的电通量是场强 E 与平面有效面积 S' 的乘积，或是场强 E 在平面的法向分量与平面面积 S 的乘积：

$$\Phi_e = ES\cos\theta \qquad\qquad (1 - 11\text{a})$$

2. 非均匀电场中的电通量

在非均匀电场中通过曲面的电通量，需要将曲面分割成许多小面元，每个小面元按照均匀电场电通量计算公式得到：

$$\mathrm{d}\boldsymbol{\Phi}_e = \boldsymbol{E}\mathrm{d}\boldsymbol{S}\cos\theta$$

将小面元沿曲面 S 积分得到非均匀电场下曲面的电通量：

$$\boldsymbol{\Phi}_e = \int_S \mathrm{d}\boldsymbol{\Phi}_e = \int_S \boldsymbol{E}\cos\theta\mathrm{d}\boldsymbol{S} \qquad (1-11\mathrm{b})$$

曲面上某点法线矢量的方向是垂直指向曲面外侧的。因此，对于闭合曲面，约定外法线方向为正，在电场线穿出曲面的地方，电通量 $\Delta\boldsymbol{\Phi}_e$ 为正；在电场线进入曲面的地方，电通量 $\Delta\boldsymbol{\Phi}_e$ 为负。

1.3.2 高斯定理

高斯定理：在静电场中，穿过任一封闭曲面的电通量 $\boldsymbol{\Phi}_e$ 只与封闭曲面内的电荷的代数和有关，且等于封闭曲面的电荷的代数和除以真空介电常数。即：

$$\boldsymbol{\Phi}_e = \oint_S \boldsymbol{E} \cdot \mathrm{d}\boldsymbol{S} = \frac{\sum q}{\varepsilon_0} \qquad (1-12)$$

高斯定理表明：

（1）当 $\sum q > 0$，即闭合面包围的净电荷为正时，$\boldsymbol{\Phi}_e > 0$，$\boldsymbol{E}$ 矢量沿闭合面的积分为正，表示电通量从闭合面内穿出来。

（2）当 $\sum q < 0$，即闭合面包围的净电荷为负时，$\boldsymbol{\Phi}_e < 0$，$\boldsymbol{E}$ 矢量沿闭合面的积分为负，表示电通量进入闭合面。

（3）当 $\sum q = 0$，即闭合面包围的净电荷为零时，$\boldsymbol{\Phi}_e = 0$，$\boldsymbol{E}$ 矢量沿闭合面的积分为零，表示进入闭合面和穿出闭合面的电通量相等。

高斯定理说明电荷是电通量的"源"，正电荷为正"源"，负电荷为负"源"。电场线发源于正电荷而终止于负电荷，也就是说高斯定理反映了场与"源"的关系，静电场是有源场。

1.3.3 利用高斯定理求静电场的分布

高斯定理的意义，不仅在于它揭示出静电场的有"源"性，还在于它对求解对称性电场的便捷性。下面举例说明高斯定理在求解对称性电场中的应用。

如图 1-4 所示，均匀带电介质球半径为 R_0，电荷体密度为 ρ，求介质球内、外任一点 M 处的场强。

由于电荷分布的均匀性和对称性，球内、外电场中各点的场强 $\boldsymbol{E}$ 都是径向的，且

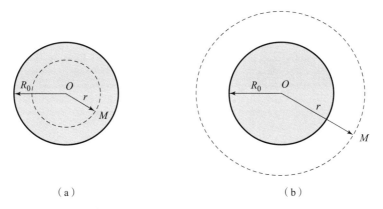

（a）　　　　　　　　　　　　　　　　　（b）

图 1 – 4　利用高斯定理求静电场分布

（a）M 点处于介质球内；（b）M 点处于介质球外

在半径一定的球面上，场强的数值处处相等。因此，无论球内和球外，都取以 O 点为球心，并通过点 M 的球面为闭合面。

（1）对于球内（$r < R_0$）任意一点 M，应用高斯定理有：

$$\oint_S \boldsymbol{E} \cdot \mathrm{d}\boldsymbol{S} = \boldsymbol{E} \oint_S \mathrm{d}\boldsymbol{S} = \boldsymbol{E} \times 4\pi r^2 = \frac{\sum q}{\varepsilon}$$

式中，ε 为球体介质的相对介电常数。由此得球内任意点的场强为：

$$\boldsymbol{E} = \frac{\sum q}{4\pi\varepsilon r^2}$$

又因为以 O 点为球心，并通过点 M 的球面所包围的电荷量为 $\sum q = \dfrac{4}{3}\pi r^3 \rho$，所以：

$$E = \frac{\rho r}{3\varepsilon}$$

（2）若 M 点为球外（$r > R_0$）任意一点，应用高斯定理有：

$$\boldsymbol{E} = \frac{\sum q}{4\pi\varepsilon_0 r^2}$$

式中，ε_0 为球外介质（一般为真空或空气）的介电常数。球体总带电量 $\sum q = \dfrac{4}{3}\pi R_0^3 \rho$，将球体总带电量带入上式得：

$$E = \frac{R_0^3 \rho}{3\varepsilon_0 r^2}$$

因此，应用高斯定理求解电场强度的步骤是：

首先，通过对已知电荷分布的对称性进行分析确定出它产生的电场的对称性；

然后，通过选取一个恰当的闭合曲面（简称为高斯面），并将高斯定理用于高斯面就可以求出该带电体系所产生的电场的场强。

使用这种方法计算场强的关键有两个方面，一是电荷分布有高度的对称性，二是高斯面的选取要恰当。

§1.4 环路定理

1.4.1 静电场的环路定理

1. 静电场力所做的功

在 q 产生的电场中，把一试验电荷 q_0 由 a 点沿任意路径移动到 b 点，电场力对试验电荷 q_0 所做的功，记为 A_{ab}。如图 $1-5$ 所示，图中 q 为电荷源，它产生的场强为 $\boldsymbol{E}$，$\boldsymbol{r}$、$\boldsymbol{r}_a$、$\boldsymbol{r}_b$ 分别是电荷 q 与路径上任意点 M、a 点、b 点的连线，称为矢径，$d\boldsymbol{r}$ 为矢径的线元。$d\boldsymbol{l}$ 为从 a 到 b 任意路径的线元，也称为元位移。θ 为 M 点处线元与电场线间的夹角。

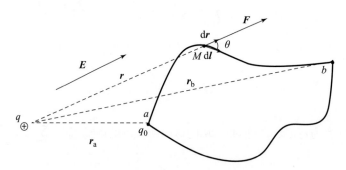

图 $1-5$ 电场力对电荷做功示意图

1）点电荷 q 的电场力对试验电荷 q_0 所做的功

当 q_0 移动一个元位移 $d\boldsymbol{l}$ 时，电场力所做的元功为：

$$dA = q_0\boldsymbol{E} \cdot d\boldsymbol{l} = F\cos\theta d\boldsymbol{l} = Fd\boldsymbol{r} = \frac{q_0 q}{4\pi\varepsilon_0 r^2}d\boldsymbol{r}$$

当 q_0 从 a 点移动到 b 点时，电场力所做的总功为：

$$A_{ab} = \int_a^b dA = \frac{q_0 q}{4\pi\varepsilon_0}\int_{r_a}^{r_b}\frac{1}{r^2}d\boldsymbol{r} = \frac{q_0 q}{4\pi\varepsilon_0}\left(\frac{1}{r_a} - \frac{1}{r_b}\right) \tag{1-13}$$

在点电荷的电场中，电场力对试验电荷所做的功只决定于运动路线的起点和终点位置，与路径无关。经任一闭合线路回到原处所做的功为零。

2）点电荷系电场的电场力对试验电荷 q_0 所做的功

点电荷系电场是各点电荷的电场的叠加，试验电荷在电场中运动时，电场力的功等于各点电荷所做功的代数和：

$$A_{ab} = \int_a^b \boldsymbol{F} \cdot \mathrm{d}\boldsymbol{l} = \int_a^b q_0 \boldsymbol{E} \cdot \mathrm{d}\boldsymbol{l} = \int_a^b q_0 (\boldsymbol{E}_1 + \boldsymbol{E}_2 + \cdots + \boldsymbol{E}_n) \cdot \mathrm{d}\boldsymbol{l} = \sum_i^n \frac{q_i q_0}{4\pi\varepsilon_0} \left(\frac{1}{r_a} - \frac{1}{r_b} \right)$$

$$(1-14)$$

在任意静电场中，电场力对试验电荷所做的功，只与试验电荷的电量和起点、终点的位置有关，与路径无关。由此可知，静电场力是保守的，静电场是保守场或有势场，也称有位场。

2. 静电场的环路定理

静电场的环路定理可以表述为：静电场中电场强度 $\boldsymbol{E}$ 沿任意闭合路径的线积分等于零。电场强度 $\boldsymbol{E}$ 沿任意闭合路径的线积分又叫作 $\boldsymbol{E}$ 的环流，即静电场中电场强度 $\boldsymbol{E}$ 的环流等于零。其公式为：

$$\oint_L \boldsymbol{E} \cdot \mathrm{d}\boldsymbol{l} = 0 \qquad (1-15)$$

这个定理可以从静电场力做功与路径无关的结论导出。在静电场中任意取一闭合环路 L，考虑场强沿此闭合路径的线积分 $\oint_L \boldsymbol{E} \cdot \mathrm{d}\boldsymbol{l}$，先在环路 L 上取任意两点 M 和 T，它们把环路 L 分成 L_1 和 L_2 两段，由于静电场力做功与路径无关，因此有：

$$\oint_L \boldsymbol{E} \cdot \mathrm{d}\boldsymbol{l} = \int_M^T \boldsymbol{E} \cdot \mathrm{d}\boldsymbol{l} + \int_T^M \boldsymbol{E} \cdot \mathrm{d}\boldsymbol{l} = \int_M^T \boldsymbol{E} \cdot \mathrm{d}\boldsymbol{l} - \int_M^T \boldsymbol{E} \cdot \mathrm{d}\boldsymbol{l} = 0 \qquad (1-16)$$

由环路定理也可以导出电场力做功与路径无关的结论。因此，"电场强度沿任意闭合路径的线积分等于零"和"电场力做功与路径无关"这两种说法是完全等价的。

1.4.2 电势能、电势与电势差

1. 电势能

根据力学知识可知，只要有保守力就一定有与之对应的势能。静电场力是保守力，可以引入势能概念，称为电势能，用 W 表示（力学中用的势能符号 E_P，在电磁学中容易与场强的符号混淆）。依据势能的一般性定义，点电荷 q_0 在外电场中任意点 a 处的电势能为：

$$W_a = \int_a^{(0)} \boldsymbol{F} \cdot \mathrm{d}\boldsymbol{r} = q_0 \int_a^{(0)} \boldsymbol{E} \cdot \mathrm{d}\boldsymbol{r} \qquad (1-17)$$

势能零点用"(0)"表示，在理论计算和讨论中电势能的零点常常选为无穷远处，在这种情况下，上式可以写成：

$$W_a = q_0 \int_a^\infty \boldsymbol{E} \mathrm{d}\boldsymbol{r} \qquad (1-18)$$

电荷 q_0 在电场中某点 a 的电势能，数值上等于将该电荷从 a 点移到势能零点过程中电场力所做的功。根据静电场的保守性，上述积分中从 a 到 ∞ 的积分路径可以是任意的，积分的结果一定与所选择的路径无关。

2. 电势

由电势能定义可得，试验电荷 q_0 在电场中一点 a 的电势能 W_a 与 q_0 的电量成正比，但比值 $\dfrac{W_a}{q_0}$ 与试验电荷无关，它反映了电场本身在点 a 处的性质，这个量的定义为点 a 的电势。用 V_a 代表电场中点 a 的电势，则：

$$V_a = \frac{W_a}{q_0} = \int_a^\infty \boldsymbol{E}\mathrm{d}\boldsymbol{r} \tag{1-19}$$

当选无限远处电势为零时，静电场中某点的电势在数值上等于放在该点的单位正电荷的电势能，也等于单位正电荷从该点沿任意路径移动至无限远处的过程中静电场力对它所做的功。

3. 电势差

电场中任意两点的电势之差称为电势差，即：

$$\Delta V = V_a - V_b = \int_a^b \boldsymbol{E}\mathrm{d}\boldsymbol{r} \tag{1-20}$$

电势差一般用 U 表示，即：

$$U_{ab} = \Delta V = \int_a^b \boldsymbol{E}\mathrm{d}\boldsymbol{r}$$

静电场中，a、b 两点的电势差在量值上等于移动单位正电荷从点 a 到点 b 过程中静电场力所做的功。因此电荷 q_0 从点 a 移至点 b 过程中静电场力所做的功为：

$$A_{ab} = W_a - W_b = q_0(V_a - V_b) = q_0\int_a^b \boldsymbol{E}\mathrm{d}\boldsymbol{r} \tag{1-21}$$

电势能和电势是静电场中两个重要的物理量，需要注意以下几点：

（1）电势能和电势都是标量。在国际单位制中，电势能的单位为焦耳，符号为 J；电势的单位为伏特，符号为 V，$1\ \mathrm{V} = 1\ \mathrm{J/C}$。电量为 q 的电荷在电场中某点所具有的电势能和电场中该点电势之间的关系为：

$$W = qV \tag{1-22}$$

（2）电势能和电势都是相对量。重力场中重力势能和高度是相对的，电场中电势能和电势也都是相对量，电荷在电场中某点时具有的电势能及电势都是相对于电势能零点和电势零点而言的，零点选择的不同，电势能和电势的值也就不同。实际工作中，常选择无穷远处、大地或者电器的外壳为电势能和电势零点。

（3）电势能差和电势差都是绝对量。无论重力势能零点选择在何处，两点间的高度差是绝对的，重力势能差值也是绝对的，重力势能的增量等于重力所做的功。同样，无论电势能及电势的零点选择在哪里，两点间的电势能差和电势差是绝对的，电势能的增量等于静电场力做的功。电量为 q 的电荷在电场中两点间电势能差值 ΔW 与场中对应点间电势差之间的关系为：

$$\Delta W = qU \tag{1-23}$$

1.4.3　电势叠加原理

如果电场是由 n 个点电荷 q_1、q_2、$\cdots$、q_n 所激发，某点 a 的电势由场强叠加原理可知：

$$V_a = \int_a^{(0)} \boldsymbol{E} \cdot \mathrm{d}\boldsymbol{l} = \int_a^{(0)} \boldsymbol{E}_1 \cdot \mathrm{d}\boldsymbol{l} + \int_a^{(0)} \boldsymbol{E}_2 \cdot \mathrm{d}\boldsymbol{l} + \cdots + \int_a^{(0)} \boldsymbol{E}_n \cdot \mathrm{d}\boldsymbol{l}$$

$$= \sum_{i=1}^n \int_a^{(0)} \boldsymbol{E}_i \cdot \mathrm{d}\boldsymbol{l} = \sum_{i=1}^n V_{q_i} = \sum_{i=1}^n \frac{q_i}{4\pi\varepsilon_0 r_i} \tag{1-24}$$

对一个电荷连续分布的带电体系，可以假设它由许多元电荷 $\mathrm{d}q$ 组成。将每个元电荷都当成点电荷，就可以由叠加原理得到电势的积分公式：

$$V_a = \int \frac{\mathrm{d}q}{4\pi\varepsilon_0 r} \tag{1-25}$$

上式中电荷都是分布在有限区域内的，并且是选择无限远处为电势的零点，当激发电场的电荷分布延伸到无限远时，不宜把电势的零点选在无限远处，否则将导致场中任一点的电势值为无限大，这时只能根据具体问题，在场中选某点为电势的零点。

1.4.4　等势面

在描述电场时，引入电场线来形象地描述电场强度的分布。同样，也可以用等势面来形象地描绘电场中电势的分布。

在静电场中，将电势相等的各点连起来所形成的面，称为等势面，图 1-6 中虚线即为等势面。

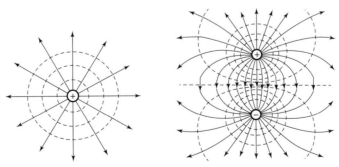

图 1-6　电场等势面

等势面具有下列基本性质：

（1）等势面与电场线处处正交。

（2）等势面密集处场强大，等势面稀疏处场强小。

（3）电场线总是由电势高的等势面指向电势低的等势面。

§1.5 静电场中的导体与电介质

导体（Conductor）是指电阻率很小且易于传导电流的物质。导体中存在大量可自由移动的带电粒子，称为载流子。在外电场作用下，载流子做定向运动，形成明显的电流。

金属是最常见的一类导体。金属原子最外层的价电子很容易挣脱原子核的束缚，而成为自由电子，留下的正离子（原子实）形成规则的晶体点阵。金属中自由电子的浓度很大，所以金属导体的电导率通常比其他导体材料的电导率大。

电的绝缘体又称为电介质。它们的电阻率极高，比金属的电阻率大 10^{14} 倍以上。

在静电场中，导体内部不能存在电场，电介质内部可以存在电场，这是导体与电介质的本质区别。

1.5.1 导体的静电感应

金属导体由大量的带负电的自由电子和带正电的晶体点阵构成。对整个导体来说，自由电子的负电荷和晶体点阵的正电荷的总量是相等的，导体呈现电中性。

若把金属导体放在外电场中，导体中的自由电子在做无规则热运动的同时，还将在电场力作用下做宏观定向运动，从而使导体中的电荷重新分布。在外电场作用下，导体中电荷重新分布而呈现出的带电现象，叫作静电感应现象。电场与导体的作用是相互的，在电场使导体发生静电感应的同时，导体上感应电荷产生的附加电场叠加到原来的电场上，从而改变了导体内外的电场，最终达到静电平衡状态。

静电平衡是指导体中（包括表面）没有电荷定向移动的状态。达到静电平衡状态的条件是：

（1）导体内部任何一点的场强为零。

（2）导体表面上任何一点的场强垂直于表面。

1.5.2 静电场中导体的电荷分布

导体内无空腔时电荷分布在表面上。在静电平衡时，带电导体的电荷分布可用高斯定理分析。带电导体处于静电平衡时，导体内的电场强度 E 为零，所以通过导体内任意高斯面的电场强度通量为零，即：

$$\oint_S \boldsymbol{E} \cdot \mathrm{d}\boldsymbol{S} = 0 \tag{1 - 26}$$

此高斯面内所包围电荷的代数和为零。因为 S 面是任意的，故导体内无净电荷存在。可见静电平衡时，净电荷都分布在导体外表面上。

在处于静电平衡状态的导体上，净电荷沿外表面的分布一般是不均匀的。试验表明，在一个不受外电场影响的孤立导体上，电荷面密度在表面外凸而且弯曲厉害（曲率大）的地方较大，在表面平坦（曲率小）的地方较小，而在表面向里凹进去的地方电荷最少。

$$\oint_S \boldsymbol{E} \cdot \mathrm{d}\boldsymbol{S} = E\Delta S = \frac{\sigma \Delta S}{\varepsilon_0} \tag{1 - 27}$$

$$E = \frac{\sigma}{\varepsilon_0} \tag{1 - 28}$$

处于静电平衡的导体表面上各处的面电荷密度与各处的场强大小成正比。

因此，在带电导体的尖端附近电场很强，它可以使空气局部电离，产生大量离子而成为导体。那些和导体上电荷同号的离子因被排斥离开尖端，而和导体上电荷异号的离子因受吸引趋近尖端，与导体上的电荷中和，这一现象称为尖端放电。尖端放电现象有利也有弊，一方面，高压设备金属部件如果存在毛刺或尖端，容易出现尖端放电，引起电击危险和能源消耗，因此常将这些金属部件做成光滑的球形曲面，以避免产生尖端放电现象；另一方面，尖端放电可以释放带电体电荷，合理应用可起到积极作用，如利用尖端放电制成避雷针、静电加速器和飞机放电刷（针）等。放电刷在飞机飞行中会进行静电泄放，在其表面产生电晕放电，可以通过对放电刷电晕放电的辐射信号进行探测实现对飞机的探测。高压输电线在表面有污损或雨滴时也会发生电晕放电，因此也可通过探测辐射信号对高压输电线电晕放电进行检测。

1.5.3　导体的静电屏蔽

静电平衡状态下，导体上感应电荷产生的附加电场能够抵消原电场，因此，空腔导体能够隔绝内场和外场的相互影响，这种现象称为静电屏蔽现象。根据静电屏蔽现象做成的装置按其作用方式分为以下两类。

1. 外电场不影响腔内电场

如前所述，导体处于静电平衡时，导体内部的电场强度为零，无论导体形状如何，带电导体的电荷总是分布在外表面。既然如此，若把实心导体的内部挖空，形成空腔导体，则外电场无论怎么变化，只是影响电荷在外表面上的分布情况，不会影响空腔导体内的电场。常用的电子仪器和电子器件都使用金属外壳，一些电子电路中的高频通道使用一种带金属网管的导线（称为屏蔽线）等，这些都是应用了静电屏蔽原理，使它们不受外电场的干扰。

2. 腔内电场不影响腔外电场

如果把一带电体放置在空心导体的空腔内，根据感应现象及静电平衡时导体表面电荷的分布特点可知，导体的内表面带有与带电体等量异号的电荷，其余电荷分布于导体外表面。如果空腔导体原来不带电，则其外表面分布有与带电体等量同号的电荷；如果导体原来带有电荷，则导体外表面的电荷量是原来电荷与空腔内带电体电荷的代数和。若空心导体接地，则导体外表面不再分布电荷，与空腔内带电体对应的同号电荷分布到大地端，从而使得空心导体内的电场变化不会引起空腔外的变化。

这一点在实际中应用得也很广泛。比如在高压设备的外面经常要罩上接地金属网栅，就是为了防止高压设备的电场对外界的影响。

空腔导体（无论接地与否）将使腔内空间不受外电场的影响，而接地空腔导体将使空间不受空腔内电场的影响，这就是空腔导体的静电屏蔽作用。在实际工作中，常用编织紧密的金属网代替金属壳体，例如高压设备周围的金属栅网，校测电子仪器的金属网屏蔽室等，都是起静电屏蔽作用的。

1.5.4　电介质

与导体中存在大量可自由移动的电荷不同，有些物质内部自由电荷极少（甚至无自由电荷），这些物质导电能力很弱，一般将电阻率超过 $10\ \Omega/cm$ 的物质称为电介质。

电介质分子中正负电荷束缚很紧，电介质的正负电荷在外电场作用下，只能在微观范围内移动，产生极化。从极化角度讲，能产生电极化现象的物质统称为电介质。

电介质包括气态、液态和固态等范围广泛的物质，也包括真空。固态电介质包括晶态电介质和非晶态电介质两大类，后者包括玻璃、树脂和高分子聚合物等，是良好的绝缘材料。大部分电介质的电阻率都很高，被称为绝缘体。少部分电介质的电阻率并不很高，不能称为绝缘体，但由于能发生极化过程，也归入电介质。在静电场中，电介质内部可以存在电场，这是电介质与导体的基本区别。

1.5.5　电介质的极化

两个相距很近且等值异号的点电荷整体叫作电偶极子，电介质的原子或分子，在静电场中作为电偶极子处理。电偶极子模型如图 1-7 所示，一对等量异号点电荷 $+q$、$-q$，其间距为 l，T 点为空间一点，T 点到两电荷连线中点 O 的距离是 r，$r \gg l$。TO 连线与 z 轴方向的夹角为 θ。从 $-q$ 指向 $+q$，大小为 ql 的矢量 P，称为电偶极子的电偶极矩。

电介质在外电场作用下产生宏观上不等于零的电偶极矩，因而形成宏观束缚电荷的现象，称为电极化。

根据正、负电荷中心的分布，可以将电介质分子分成两大类：有些材料，如氢、甲烷、石蜡、聚苯乙烯等，它们的分子正、负电荷中心在无外电场时是重合的，这类分子叫作无极分子；有些材料，如水、有机玻璃、纤维素、聚氯乙烯等，即使在外电场不存在时，它们的分子正、负电荷中心也是不重合的，这类分子相当于一个有着固有电偶极矩的电偶极子，所以这类分子叫作有极分子。但是要注意，所谓正、负电

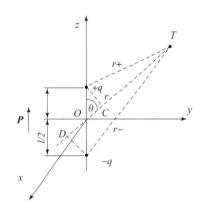

图 1 - 7　电偶极子

荷中心重合，是对时间平均而言的，就瞬时而言，即使无极分子也是有极的。在外电场的作用下，无极分子电介质将产生位移极化，有极分子电介质则产生转向极化。

1. 无极分子的位移极化

无极分子的电极化是分子的正、负电荷的中心在外电场的作用下发生相对位移的结果，这种电极化称为位移极化。

2. 有极分子的转向极化

对于有极分子电介质，虽然每个分子的正电荷区中心与负电荷区中心不重合，分子具有固有的电偶极矩，但由于分子的热运动，电偶极矩的取向随机，电介质中所有分子的固有电偶极矩相互抵消，对外不显电性。当把有极分子电介质放入均匀电场中时，各分子的电偶极矩受到外电场的作用，都要转向趋于沿外电场方向排列。有极分子电介质在电场中的这种极化称为转向极化。

尽管两类电介质极化的微观机制不同，但其结果都是在介质表面出现极化电荷。

1.5.6　极化强度

为了定量地描述电介质极化的程度，引入极化强度矢量这个物理量。

考虑电介质内任一宏观小、微观大的体积元 $\Delta\Lambda$，当电介质极化后，$\Delta\Lambda$ 内所有分子的电偶极矩 $\boldsymbol{P}_{分子}$ 的矢量和 $\sum \boldsymbol{P}_{分子} \neq 0$。把 $\sum \boldsymbol{P}_{分子}$ 和 $\Delta\Lambda$ 之比叫作 $\Delta\Lambda$ 所在点的电极化强度矢量，简称极化强度，用 $\boldsymbol{P}$ 表示，即：

$$\boldsymbol{P} = \frac{\sum \boldsymbol{P}_{分子}}{\Delta\Lambda} \tag{1-29}$$

极化强度 $\boldsymbol{P}$ 是个矢量，在国际单位制中，极化强度的单位为库仑每平方米（C/m^2）。若在电介质中各处的极化强度矢量 $\boldsymbol{P}$ 的大小和方向都相同，则称这样的极化为均匀极化，否则极化是不均匀的。

§1.6 电 容

1.6.1 孤立导体的电容

在真空中，有一半径为 R，电荷为 Q 的孤立球形导体，它的电势为：

$$V = \frac{1}{4\pi\varepsilon_0}\frac{Q}{R} \qquad (1-30)$$

当球形导体的电势 V 一定时，球的半径 R 越大，它所带电荷 Q 也越多，但 $\frac{Q}{V}$ 是一个常量。把孤立导体所带电荷 Q 与其电势 V 的比值叫作孤立导体的电容，电容的符号为 C，有：

$$C = \frac{Q}{V} \qquad (1-31)$$

对于在真空中的孤立球形导体来说，其电容为：

$$C = \frac{Q}{V} = \frac{Q}{\dfrac{1}{4\pi\varepsilon_0}\dfrac{Q}{R}} = 4\pi\varepsilon_0 R \qquad (1-32)$$

在国际单位制中，电荷量的单位是库仑（C），电势的单位是伏特（V），电容的单位为法拉（F）。在实际应用中，法拉这个单位太大，常用较小的微法（μF）、皮法（pF）等作为电容的单位，它们之间的关系为：

$$1\text{ F} = 10^6\ \mu\text{F} = 10^{12}\text{ pF}$$

1.6.2 电容器

1. 电容器的电容

把两个导体所组成的系统，叫作电容器。真空中两个导体 A、B，它们所带的电荷分别为 $+Q$ 和 $-Q$，如果它们的电势分别为 V_1 和 V_2，那么它们之间的电势差为：

$$U = V_1 - V_2$$

电容器的电容定义为：两导体中任何一个导体所带的电荷量 Q 与两导体间电势差 U 的比值，即：

$$C = \frac{Q}{U}$$

导体 A 和 B 常被称作电容器的两个电极或极板。

2. 常见电容器

1）平板电容器

最简单的电容器是由相互平行、同样大小的两片导体极板组成的平行板电容器。如图 1-8 所示，平行板电容器的两个导体极板分别为 A、B，设 A 板带电 $+Q$，B 板带电 $-Q$，每块极板的面积为 S，两极板内表面间的距离为 d，它们之间的电介质的介电常数为 ε。

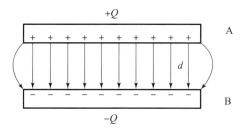

图 1-8　平行板电容器示意图

忽略边缘效应，电荷各自均匀地分布在两板的内表面，电荷面密度的大小 $\sigma = \dfrac{Q}{S}$，则两板间的电场强度为：

$$E = \frac{\sigma}{\varepsilon}$$

场强方向由 A 板指向 B 板，沿场强的方向进行积分可得到两板间的电压为：

$$U = \int_{A}^{B} \boldsymbol{E} \cdot \mathrm{d}\boldsymbol{l} = \boldsymbol{E}d = \frac{\sigma d}{\varepsilon} = \frac{Qd}{\varepsilon S} \tag{1-33}$$

故平板电容器的电容为：

$$C = \frac{Q}{U} = \varepsilon \frac{S}{d} \tag{1-34}$$

平板电容器充满电介质后与不充电介质时电容的比值：

$$\frac{C}{C_0} = \frac{\varepsilon}{\varepsilon_0} = \varepsilon_{\mathrm{r}} \tag{1-35}$$

即平板电容器充满电介质后与不充电介质时电容的比值与相对介电常数成正比，因而 ε_{r} 又称为电介质的相对电容率，$\varepsilon = \varepsilon_0 \varepsilon_{\mathrm{r}}$ 为电介质的电容率，ε_0 为真空的电容率。

2）同轴圆柱形电容器

同轴圆柱形电容器由两个同轴的金属圆筒 A、B 构成，如图 1-9 所示。两个圆筒的长度均为 L，内筒的外径为 R_{A}，外筒的内径为 R_{B}。它们之间的电介质的介电常数为 ε，设 A 筒带电 $+Q$，B 筒带电 $-Q$。忽略边缘效应，电荷各自均匀地分布在 A 筒的外表面和 B 筒的内表面上，单位长度上的

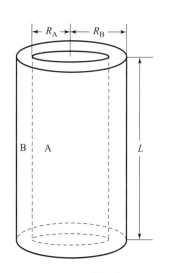

图 1-9　同轴圆柱形
电容器示意图

电量 $\lambda = \dfrac{Q}{L}$。

由高斯定理可求得两筒之间的电场强度为：

$$E = \frac{\lambda}{2\pi\varepsilon_r}$$

电场强度沿半径方向由 A 筒指向 B 筒。将场强沿径向积分可得到两筒间的电压：

$$U = \int_A^B \boldsymbol{E} \cdot \mathrm{d}\boldsymbol{l} = \int_{R_A}^{R_B} \frac{Q/L}{2\pi\varepsilon R}\mathrm{d}R = \frac{Q}{2\pi\varepsilon L}\ln\frac{R_B}{R_A} \qquad (1-36)$$

故圆柱形电容器的电容为：

$$C = \frac{Q}{U} = \frac{2\pi\varepsilon L}{\ln(R_B/R_A)} \qquad (1-37)$$

单位长度上的电容为：

$$C_l = \frac{2\pi\varepsilon}{\ln(R_B/R_A)} \qquad (1-38)$$

3）球形电容器

球形电容器由内外两个同心金属球壳 A、B 构成，如图 1-10 所示。两球半径分别为 R_A 和 R_B，它们之间的电介质的介电常数为 ε。设 A 球带电 $+Q$，B 球带电 $-Q$。忽略边缘效应，电荷各自均匀地分布在 A 球的外表面和 B 球的内表面上。

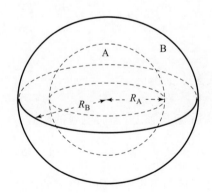

图 1-10　球形电容器示意图

由高斯定理可求得电场强度为：

$$E = \frac{Q}{4\pi\varepsilon r^2}$$

电场强度沿半径方向由 A 球指向 B 球，将场强沿径向积分可得到两球间的电压为：

$$U = \int_A^B \boldsymbol{E} \cdot \mathrm{d}\boldsymbol{l} = \int_{R_A}^{R_B} \frac{Q}{4\pi\varepsilon r^2} = \frac{Q}{4\pi\varepsilon}\left(\frac{1}{R_A} - \frac{1}{R_B}\right)$$

故圆球形电容器的电容为：

$$C = \frac{Q}{U} = 4\pi\varepsilon\frac{R_A R_B}{R_B - R_A} \qquad (1-39)$$

一个孤立的导体球可当作是球形电容器的一种特殊情况，即 $R_B \to \infty$ 的情况。假设 $R_B \to \infty$，此时 B 球上的电荷 $-Q$ 将均匀地分布在一个无穷大的球面上，实际上可以认为该电荷分布可忽略不计。此时 B 球在无穷远处，电势为零，A、B 球之间的电压就是 A 球的电势。设介质为空气，则 A 球电势为：

$$V = \frac{Q}{4\pi\varepsilon_0 R_A}$$

因此，半径为 R 的孤立导体球的电容为：

$$C = \frac{Q}{V} = 4\pi\varepsilon_0 R \qquad (1-40)$$

1.6.3　电容器的并联和串联

几个电容器可以连接起来构成一个电容器组，连接的基本方式有并联和串联两种。

1. 并联电容器

几个电容器并联时，每个电容器两个极板间的电压相等，设为 U，有：

$$U = U_1 = U_2 = \cdots = U_n$$

U 是电容器组的电压。电容器组所带总电量为各电容器电量之和，即：

$$q = q_1 + q_2 + \cdots + q_n$$

所以电容器组的等效电容为：

$$C = \frac{q}{U} = \frac{q_1}{U} + \frac{q_2}{U} + \cdots + \frac{q_n}{U}$$

由于 $\frac{q_i}{U} = C_i$ 为每个电容器的电容，所以有：

$$C = C_1 + C_2 + \cdots + C_n \qquad (1-41)$$

几个电容器并联时，其等效电容等于这几个电容器电容之和。

采用并联方式可增大总的电容，但是耐压不变，所以使用时要注意加在电容器两端的电压不能大于其中耐压最小的那个电容器的额定电压，否则容易被击穿。

2. 串联电容器

几个电容器串联时，充电后由于静电感应，此时各电容器的电量相同，因总电压分配到各个电容器上，为每个电容器上的分电压之和。因此有：

$$q = q_1 = q_2 = \cdots = q_n$$
$$U = U_1 + U_2 + \cdots + U_n$$

为了方便，可计算等效电容的倒数：

$$\frac{1}{C} = \frac{U}{q} = \frac{U_1}{q} + \frac{U_2}{q} + \cdots + \frac{U_n}{q}$$

即有：

$$\frac{1}{C} = \frac{1}{C_1} + \frac{1}{C_2} + \cdots + \frac{1}{C_n} \qquad (1-42)$$

串联电容器的电容的倒数等于各电容器电容的倒数之和。

串联后总电容变小，但耐压能力提高。当外加电压一定时，用并联法可储存较多电量，而用串联法则可减少每一电容器所承受的电压以避免因电压过高而引起电容器击穿。

第2章 静电目标荷电机理与典型目标带电特性

任何移动或使用电源的物体都有可能因不同的起电方式而带上电荷，在其周围形成电场。对于空中目标，其携带电荷及周围电场会形成明显区别于周围环境的特性。通过探测目标周围空间的静电场获取目标有关信息的静电探测技术，相对于无线电、激光等主动式探测体制具有独特的优势。通过静电探测获取目标信息，需要首先掌握目标携带电荷及其电场的特性及变化规律。本章针对典型空中飞行器，研究分析其起放电机理、荷电极性、荷电量、目标电荷与电场分布及变化规律，为针对空中目标的静电探测原理研究及探测器设计提供依据。

§2.1 目标起放电机理

通常情况下，一般物体所携带的正、负电荷数量相等，相互平衡，整体呈现电中性。当物体上电荷发生转移时，其正、负电荷失去平衡，物体即成为带电体。导致物体携带电荷数量发生变化的方式有很多种，其中主要的有摩擦起电、燃料燃烧产生等离子体起电、感应起电、带电粒子吸附起电、水滴破裂起电等几种方式，本节对各种起电方式的原理和特点进行逐一分析。

2.1.1 静电起电机理

1. 摩擦起电

很早的时候人们便已经发现，两种不同材料的物体发生摩擦，会使两个物体分别带上不同极性的电荷，这便是摩擦起电。如用丝绸与玻璃棒摩擦，用毛皮与橡胶棒摩擦，两种物体分别会带上等量的异种电荷。人们依据这种方式定义了电荷的极性，将用丝绸摩擦过的玻璃棒所带电荷定义为正电荷，毛皮摩擦过的橡胶棒所带电荷定义为负电荷。摩擦起电的物理机制是相互摩擦的两种物体的原子（或分子）得失电子的能力不同，而原子得失电子的能力取决于原子的原子核内质子数量、电子层结构及原子半径。因此在两种不同材料的物体接触分离过程中，由于不同原子得失电子的能力不同，导致对最外层电子束缚能力较低的材料中的电子会转移到对电子束缚能力强的物体中，即两种物体之间发生了电子转移。电子在物体之间发生转移的结果是使两种物体都成为带电体，其所带电荷极性相反、数量相等。

根据伏特-亥姆霍兹假说，典型的固体材料摩擦起电可以分解为接触、摩擦、分离3个阶段。接触过程是形成偶电层的过程，在摩擦起电中，物体带电的正负极性被认为是由这一过程决定的。摩擦过程实际上是许多接触点的连续接触和分离的过程。分离过程就是相互接触的物体分开的过程，这一过程伴随着静电电容的减小和电位升高，并有部分电荷会消散或中和掉，两个物体上最终获得的带电量由分离过程所决定。

事实上，物体之间摩擦起电的具体微观机制相当复杂，近几年仍有研究机构不断揭示摩擦起电的微观过程和规律。最新研究认为，物体之间由于相互摩擦发生电荷转移的情况并不是简单地一种物体失去电子，另一种物体得到电子。对于一种物体来说，其既存在得到电子、又存在失去电子的情况，从而在两个物体的接触面上形成不同的区域，某些区域呈现正极性，另一些区域形成负极性。但是整体上，两种物体的得失电子数量不等，从而出现一种物体带正电、另一种物体带负电的情况。

由于摩擦起电的机制复杂，无法通过理论直接判断两个物体相互摩擦后，物体所带电荷的极性和电量。人们依据大量试验结果，形成了一套关于不同材料物体相互摩擦后，判断其所带电荷极性的经验规律，即材料的摩擦电序。常见材料的摩擦电序如图2-1所示，在序列中，任意两种材料物体相互摩擦后，靠上游的材料带正电，另一种材料则带负电。这为我们研究不同情况下摩擦起电提供了重要的依据。

图 2-1　不同材料的摩擦电序

摩擦起电不仅会发生在两种固体材料之间，而且会发生在固体、液体及气体等任意两种不同形态的物体之间。如对于空中飞行物，当其在高速飞行过程中时，飞行物表面会与空气发生剧烈摩擦，这是空中飞行物带电的一个重要原因。并且由于空间中充满各种大气粒子，因此飞行物在运动中不可避免地会与各种大气粒子发生摩擦；对于运动车辆，轮胎或履带也会不断与地面发生摩擦。不同的飞行物，其主要飞行高度、飞行状态不同，而可能与其发生摩擦的粒子种类也完全不同。如大气中，高空环境一般雨滴、尘埃、冰晶等空间粒子分布较多，而在低空环境中尘埃、沙粒等密度较高。因此不同的飞行器与之摩擦的对象不同，其由于摩擦所带电荷的极性及带电量也不同，需要具体情况具体分析。

2. 燃料燃烧产生等离子体起电

燃料燃烧是很多运动物体产生前进动力的主要方式，而这种方式也会使物体携带的电荷量增加。如喷气式飞机、导弹、运动车辆等，引擎中燃料燃烧产生等离子体起电是除摩擦起电外另一种使其带电的主要方式。燃料燃烧产生等离子体充电对于物体带电贡献包括两个过程，一是燃料燃烧产生等离子体起电，二是高速喷流使正负电荷分开。

理论研究及试验表明，引擎中燃料燃烧时会产生大量等离子体，即大量分别带有正负电荷的离子，但因为正负电荷总量相等、均匀分布，通常等离子体整体呈现电中性。等离子体中带正电的阳离子和带负电的电子分别在引擎燃烧室高速运动，当自由电子与金属燃烧室壁碰撞时，进入金属内部，并通过与金属燃烧室相连的导体材料弥散到其他部位，从而将大量的正电荷留在燃烧室内，通过喷流的形式进入周围大气中。根据分析可知，这种方式通常使物体带上负电荷。另外，引擎产生的高速喷流与喷管之间不断摩擦产生的大量正电荷，也会随燃烧尾气被喷流带到大气中，将负电荷留在物体上。

对于喷气式飞机等空中飞行器，由于其飞行动力完全依靠引擎燃料燃烧产生的喷流作用，因此燃料燃烧产生等离子体起电是此类目标荷电的一种重要方式。

3. 感应起电

带电体在其周围空间产生的静电场，会使处在电场中的孤立导体或半导体等物体产生感应电荷，其中与带电体较近的一端将产生与带电体极性相反的电荷，另一端则带上与带电体极性相同的电荷。通常情况下，由于物体与地绝缘，物体上的正负电荷总量相等。当周围带电体消失或者远离时，由于外界电场消失，物体上的正负电荷恢复原来的分布达到平衡状态。因此，通常情况下，静电感应并不会使孤立导体或者半导体上产生净剩电荷而带电。

但如果物体上远离带电体的一端与大地或其他导体相连，当物体发生静电感应时，断开此连接，则当带电体消失或远离时，物体上的正负电荷数量不再相等。虽然外界电场的作用消失，但其产生的电荷分布不平衡状态无法恢复，物体呈现出带电特性，其携带电荷与带电体极性相反，如图 2 - 2 所示。

实际的感应起电通常发生在物体的形状较为复杂的情况下。当带电体在物体周围产生较强静电场时，物体由于静电感应而产生的电荷会重新分布，在物体表面的某些部位产生很高的电荷密度，特别是当物体上存在大曲率部位（如针、刺等尖端）时，在这些部位周围会产生很强的感应电场。当电场强度超过一定的阈值时，会发生剧烈

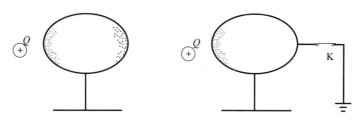

图 2 - 2　感应起电原理示意图

放电，这一过程使得物体上的正负电荷数量不再相等，当带电体产生的外界电场消失时，物体便成为带电体。

感应起电是空中物体起电的一种常见方式。在复杂的天气条件下，如雷雨云、闪电等都是很强的带电体。当飞机飞过带有大量电荷的云层或其周围发生闪电时，飞机机体上便会发生静电感应，使飞机上的正负电荷重新分布，飞机上的放电针处形成很高的电荷密度和很强的电场，从而通过放电将部分电荷泄放到大气中，在飞机上留下过剩的感应电荷。当飞机远离带电云或闪电后，飞机便整体呈现出某种极性的荷电。

4. 吸附大气离子起电

大气中存在着大量的各种带电分子和带电气溶胶粒子（统称为大气离子）。吸附大气离子的电荷也是飞行器起电的方式之一。飞行器飞行过程中，与大气中的带电离子碰撞，存在一定的吸附带电离子的概率，从而改变飞行器整体携带的电荷总量。通常用大气中单位空间带电粒子携带的电荷总量来描述，即用大气体电荷密度，来定量描述大气中带电粒子的分布状况，单位取 C/cm^3。大量测试结果表明，地球表面晴天大气电场体电荷密度平均约为 10^{-17} C/cm^3。

5. 水雾起电

1892 年，德国物理学家 Philipp Lenard 发表了一篇关于瀑布带电现象的论文，论文研究指出，当水滴受到撞击破碎时，生成的较小水滴带负电，较大水滴带正电。如果水滴破碎过程发生在外电场作用下，则破碎产生的水滴带电量和极性随外电场不同而不同，带电量与撞击能和外电场场强乘积有关，这一物理现象称为勒纳德效应（Lenard效应）。水滴破碎起电方式也称为水雾起电。

勒纳德效应同样适用于降水雨滴和其他类似现象，特别是飞行器在雨天或在穿越雨云时常常发生。当飞机与大气中的水滴撞击或直升机的螺旋桨在雨雾中转动时，水雾起电会使飞机产生相当大的起电电流。

静电起电的方式除以上 5 种方式外，还包括电解起电、压电起电、热电起电等不同方式，但这几种起电方式通常只发生在特殊材料或特殊环境中，本书不做详细讨论。

2.1.2　静电放电机理

运动物体会因为各种原因带上电荷，但物体所带电荷量是不会无限增加的。物体所带电荷会通过一些方式增加，同样会存在一些方式使物体所带电荷量减少，即产生电荷泄放。通常情况下的电荷泄放包括不同极性电荷的中和、电荷以平稳的方式向大气逐渐泄放等。当物体所带电荷超过某一阈值时，其携带的电荷便会发生剧烈泄放，即通常所说的静电放电。

物体放电存在多种方式，物体上的电压越高，其放电过程也越剧烈。依据放电过程的微观机制不同，一般将放电分为电晕放电、辉光放电和火花放电等几种不同形式。电晕放电指气体介质在不均匀电场中发生的局部自持放电。带电体上如果存在曲率半径很小的尖端，当其局部电场强度超过气体的电离场强时，会使气体发生电离和激励，继而引发电晕放电。辉光放电是指发生在稀薄气体中的一种自持放电现象，因放电过程中散发辉光而得名。火花放电则是两个带电体之间由于气体介质被强电场击穿而产生的自激导电，放电过程产生的碰撞电离沿着狭窄而曲折的发光通道进行，并伴随着火花和爆裂声。无论何种方式，放电都会使物体上的电荷量减小，直至放电条件消失。

假定物体的对地电容 C 是常数，物体的充电电流记为 I_c（即物体携带电荷单位时间的增加量）。则物体的电压 U 与充电电流 I_c 之间存在如下关系：

$$C \frac{\mathrm{d}U}{\mathrm{d}t} = I_c \tag{2-1}$$

当物体携带的电荷量超过一定值，物体上某些尖端的表面电场强度 E 超过放电阈值 E_0 时，在尖端处将发生放电，放电电流与物体电压及充电电流之间的关系可表示为：

$$C \frac{\mathrm{d}U}{\mathrm{d}t} = I_c - I_d(U) \tag{2-2}$$

式中，$I_d(U)$ 为物体放电电流，其中自变量 U 表示放电电流强度与物体电压相关。其他条件不变的情况下，物体电压越高，放电电流越强。

当充电电流大于放电电流时，物体电压将随电荷量的增加继续上升，放电电流也将同时上升，最终充电电流和放电电流将达到动态平衡，即：

$$I_c = I_d(U) \tag{2-3}$$

通常情况下，物体既有起电过程，又有放电过程，物体上携带的电荷总量由两种方式共同决定，放电电流和充电电流达到平衡时，物体携带电荷总量既与物体本身的材料、形状、大小等自身因素有关，也会受到周围电场、环境气压、湿度等外界因素影响。

§2.2　带有涡喷发动机的飞行器荷电机理与特性

对飞行器静电的研究起始于 20 世纪 20 年代，最初的研究主要是为保障飞机飞行安全面开展的，研究主要集中在飞机携带电荷的消除和防护等方面。包括飞机在内的各种飞行器在飞行过程中静电荷会不断累积，达到一定程度时会产生不同形式的放电，剧烈的放电可能导致燃油箱起火爆炸或干扰飞机通信和导航系统，从而酿成灾难。因此，人们一直在研究飞行器静电产生的原因和消除飞行器静电的方法。飞机和导弹等空中飞行器都是通过发动机喷流产生前进动力的，其荷电机理和特性类似。本节针对此类飞行器，以飞机为例，通过摩擦起电、燃料燃烧产生等离子体起电、感应起电和吸附大气离子起电等几种方式讨论其主要荷电机理和其荷电特性。

2.2.1　起放电机理分析

喷气式飞机通常机身较大，结构复杂，其起放电过程也较为复杂。摩擦起电、引擎燃料燃烧产生等离子体起电、感应起电和吸附大气离子起电等几种方式均对飞机荷电具有影响，各种起电因素对飞机荷电的影响如图 2 - 3 所示。

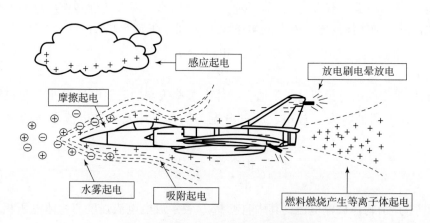

图 2 - 3　喷气式飞机起放电示意图

飞机与空气接触面积较大，与空气中各种颗粒摩擦起电对于其荷电影响也大。传统喷气式飞机通常采用金属蒙皮（多为铝合金），当喷气式飞机高速飞行时，金属蒙皮除与空气摩擦外，不断受到云滴（半径小于 100 μm 的水滴）、尘埃、冰晶、砂粒等空间粒子的撞击，这些中性粒子与飞机相互撞击摩擦后，中性粒子会携带某种极性的电荷，在飞机上就留下了相反极性的等量电荷。砂粒与飞机的铝蒙皮表面摩擦，砂粒带负电，飞机蒙皮带正电荷；冰晶与铝蒙皮表面撞击时，冰晶带正电，而使飞机带负电；冰晶与座舱的有机玻璃接触时，冰晶带负电，有机玻璃带正电。这与国内外研究机构对飞机荷电的测试结果相吻合。

例如，一架飞行速度为 500 m/s 的战斗机，在穿越冰晶颗粒密度为 10^4 个/m^3 的卷云时，据测算每颗冰晶颗粒通过碰撞可以产生 10^{-11} C 的负电荷，在理想情况下，飞机在 0.5 s 内即可充电使其电压达 10^5 V 量级。飞机通过摩擦起电充电不仅发生在飞机的金属蒙皮、座舱盖、天线罩等机身外部，在飞机内部同样存在，如内部燃油系统中，当燃油注入油箱时，就把泵或过滤器中产生的电荷带入了油箱，飞机飞行时燃油在油箱内晃动与油箱壁摩擦也可使油箱带电。

飞机引擎燃料燃烧产生等离子体是飞机起电的另一种主要方式。燃烧产生的电子以比正电荷快得多的弥散速度进入燃烧室的金属缸体中，而正电荷随高温高速的喷气被带到大气中。

捕获大气带电粒子的电荷也是飞机起电的可能原因。大气中始终存在着各种带电离子和带电气溶胶粒子，统称为大气电荷。如果飞机迎头面积为 s，飞行速度为 v，大气每立方米所含带电粒子的电量为 q，假设飞机表面与这些带电粒子碰撞时，粒子把全部电荷都传给飞机，则飞机的起电电流 I 和电流密度 J 可表示为：

$$I = svq$$
$$J = vq$$
(2 - 4)

以典型浓积云为例，浓积云的最大电荷密度为 $q = 3 \times 10^{-9}$ C/m^3，当 Гn – 104B 飞机以 $v = 200$ m/s 的飞行速度穿越浓积云时，实际测试表明通过吸附带电粒子对飞机充电的电流密度最大可达 10^{-4} A/m^2 量级。研究发现飞机表面俘获大气中的带电粒子对于飞机荷电的贡献约占飞机全部起电电流的 1%。

带电云团对于飞机荷电的影响不仅仅体现在摩擦起电和吸附起电两种方式，由于带电云团电场而发生的感应起电也是飞机起电的另一种方式。飞机机身各部位间为了避免形成电容、产生静电放电，通常在其表面喷涂导体材料，因此飞机机身可视为导体。如前所述，当飞机接近带电云团时受其电场作用，机身靠近云团的一端感应出与云团带电相反的电荷，而在机身另一端感应出等量异号电荷。这种方式并不直接使飞机的整体荷电量增大或者减小，但由于飞机的其他尖端部位及放电针的存在，静电感应造成飞机局部电荷密度上升，当其超过放电针放电阈值时，电荷便通过放电的形式进入大气中，而在飞机上留下极性相反的等量电荷（如图 2 - 3 中放电刷电晕放电）。飞机飞行环境中的水雾、云滴等，使得水雾起电也是飞机荷电的一种方式。

通过上述各种起电因素的共同作用，喷气式飞机在高空飞行时通常带负电。飞机在飞行时，存在着这些起电过程，而与此同时，也存在着许多放电过程。飞机放电形式有多种，如飞机周围的大气电荷与飞机上的异种电荷相互中和使飞机电荷削减，飞机各尖端部位及飞机放电刷的电晕放电进行电荷泄放等。

2.2.2　飞机荷电特性

假定飞机的起电电流为常数 I_0，飞机的放电电流正比于飞机机身电压 U，即相当于

存在一个放电电阻 R，放电电流 $I=\dfrac{U}{R}$。在此假设条件下，即可推导飞机的起电电流、放电电流与机身电压之间的关系。

设飞机在 t 时刻带电量为 $Q(t)$，飞机的电容为 C，则飞机电压为 $U=\dfrac{Q}{C}$，放电电流 $I=\dfrac{Q}{RC}$。在 dt 时间内，飞机的电荷净增量 dQ 为：

$$dQ=I_0 dt-\frac{Q}{RC}dt \qquad (2-5)$$

假设 $t=0$ 时刻，飞机带电量 $Q(0)=0$，求解上式方程得：

$$Q=I_0 RC(1-e^{-\frac{t}{RC}}) \qquad (2-6)$$

飞机电压为：

$$U=I_0 R(1-e^{-\frac{t}{RC}}) \qquad (2-7)$$

则飞机放电电流为：

$$I=I_0(1-e^{-\frac{t}{RC}}) \qquad (2-8)$$

由式（2-8）可见，飞机受大气充电的同时，也向大气放电，当 $t\to\infty$ 时，放电电流等于起电电流 I_0 时飞机的电荷达到平衡。

在平衡条件下，起电电流 I_0 与天气等外界条件关系很大，一般情况下为十几或几十微安，最高可达几百微安量级。如 B-17 飞机在小雪中起电电流为 $100~\mu A$，中雪中为 $150~\mu A$，大雪中为 $400~\mu A$。

§2.3　导弹荷电机理与特性定量分析

对于飞机和导弹类带有发动机的高速飞行器，在飞行过程中主要的起电因素是引擎燃料燃烧产生等离子体喷流（简称喷流）起电和摩擦起电。其荷电的方式和主要影响因素也相同。不同在于，导弹的截面面积较飞机小，导弹起电的主要原因首先是发动机喷流起电，其次是弹体表面的摩擦起电；而飞机由于机身面积较大，与空气中各种颗粒摩擦起电的影响要比导弹大。本节主要以导弹为例，定量分析其起电规律和荷电特性。

2.3.1　导弹荷电机理分析

对于导弹，主要考虑发动机喷流起电和弹体表面摩擦起电两种方式的贡献。在不考虑放电因素的情况下，导弹弹体总电压 U 为：

$$U = U_{\mathrm{E}} + U_{\mathrm{R}} = \frac{1}{4\pi\varepsilon}\iiint\frac{\rho_{\mathrm{E}}}{r_1}\mathrm{d}\lambda + \frac{1}{4\pi\varepsilon}\iint\frac{\rho_{\mathrm{R}}}{r_2}\mathrm{d}S$$

（2 – 9）

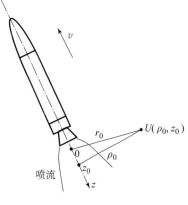

式中，U_{E} 为发动机喷流荷电产生的电压；ρ_{E} 为喷流起电的电荷体密度；$\mathrm{d}\lambda$ 为喷流形成的荷电区域的无限小体元；r_1 为任意面元到荷电中心的距离；U_{R} 为导弹体摩擦起电产生的电压；ρ_{R} 为导弹体摩擦起电产生的电荷面密度；$\mathrm{d}S$ 为导弹表面的无限小面元；r_2 为导弹表面任意面元距离荷电中心的距离。

图 2 – 4　导弹起电模型

为讨论方便，我们建立如图 2 – 4 所示的坐标系，分别研究导弹发动机喷流和摩擦两种方式对于弹体荷电量的贡献。

1. 发动机喷流起电

假定喷流速度不变且观测点与导弹之间的距离远远大于喷流直径，可以将喷流电压简化为：

$$U_{\mathrm{E}} = \frac{1}{4\pi\varepsilon}\int_0^{Z_t}\frac{Q_1(z)}{\sqrt{\rho_0^2 + (z - z_0)^2}}\mathrm{d}z$$

（2 – 10）

式中，$Z_t = v_{\mathrm{E}}t$ 表示 t 时刻喷流形成锥体的高度，其中 v_{E} 为导弹喷流与导弹自身运动之间的相对速度；(ρ_0, z_0) 为观测点的坐标；Q_1 为导弹的喷流起电电荷。

假设喷流起电电荷在喷流的区域中各处相等，式（2 – 10）可以写为：

$$U_{\mathrm{E}} = \frac{Q_1}{4\pi\varepsilon}\ln\frac{\sqrt{(v_{\mathrm{E}}t - z_0)^2 + \rho_0^2} + v_{\mathrm{E}}t - z_0}{\sqrt{z_0^2 + \rho_0^2} - z_0}$$

（2 – 11）

由式（2 – 11）可以看出，要计算喷流产生的导弹弹体电压 U_{E}，就需要确定喷流产生的弹体电荷量 Q_1。喷流产生的弹体电荷量 Q_1 由喷流起电电流决定，因此首先要分析喷流起电电流。

喷流起电电流是喷流中带电粒子净电荷定向移动而形成的，与喷流中的电荷浓度和单位时间内产生的电荷通量成正比。喷流电流 I_{g} 表示为：

$$I_{\mathrm{g}} = n_{\mathrm{gnet}}evA$$

（2 – 12）

式中，n_{gnet} 为喷流中的带电粒子浓度；e 为平均单个粒子的荷电量；v 为喷流中带电粒子的平均运动速度；A 为喷流形成的锥形区域的横截面积。

喷流中的带电离子浓度和平均单个粒子的带电量与导弹发动机所使用的燃料、喷流形成空间区域横截面积及导弹发动机自身的性能有关。对于确定的导弹型号，其相关参数决定了喷流起电电流。

2. 表面摩擦起电

导弹体表面摩擦起电产生的充电电压 U_{R} 可表示为：

$$U_R = \frac{Q_R}{4\pi\varepsilon \cdot r_0} F_n \qquad\qquad (2-13)$$

式中，Q_R 为导弹体的总电荷量；F_n 为导弹几何特性系数，当 r_0 远远大于导弹直径时为常数。

假设电荷扩散到喷流的速度为常数并忽略电荷间的中和作用，导弹体的总电荷量为：

$$Q_R = -Q_1 v_E t \qquad\qquad (2-14)$$

由式（2-11）、式（2-13）、式（2-14）可以得到导弹的总电压为：

$$U = -\frac{F_n Q_1 v_E}{4\pi\varepsilon r_0} t + \frac{Q_1}{4\pi\varepsilon} \ln \frac{\sqrt{(v_E t - z_0)^2 + \rho_0^2} + v_E t - z_0}{\sqrt{z_0^2 + \rho_0^2} - z_0} \qquad (2-15)$$

2.3.2 导弹弹体电压分析

带有涡喷发动机的飞行器荷电主要通过喷流起电和弹体摩擦起电两种方式产生，其荷电机理和带电特性具有很多相同点。对于导弹目标，喷流是其荷电的最主要来源，因此本节主要分析喷流对于导弹荷电的影响规律。

由于导弹的结构具有很好的对称性，其飞行时的电场和电流分布如图 2-5（a）所示，等势面和电流线将导弹周围的空间分割为若干区域。依据不同区域的特点不同，选用不同的等效电路进行模拟。喷流是导弹荷电的主要来源，对弹体产生较大的充电电流（记为 I_g），因此喷流区域内部采用大小为 I_g 的电流源和电阻电容并联电路来等效。在喷流区域外部，并不产生净剩电荷，所以采用阻容并联电路等效，由此得到的导弹喷流环形等效电路如图 2-5（b）所示。

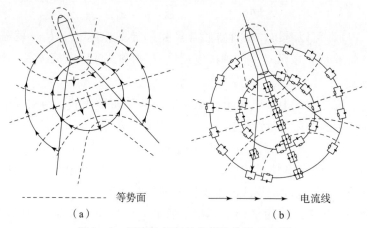

------------- 等势面   ⟶⟶⟶ 电流线
（a）   （b）

图 2-5 导弹飞行时的电场和电流分布图

（a）电场和电流分布图；（b）环形等效电路示意图

环形等效电路中阻容网络的数量越多，越能准确地反映喷流对导弹的荷电影响，不过随着等效电路中参数的增多，也会给电路的分析带来相当大的难度。

对环形等效电路进行简化，喷流内的区域用一个电流源和电阻电容并联网络来表示，而喷流外部的区域用一个电阻电容并联电路来替换，得到的简化形式如图 2-6 所示。

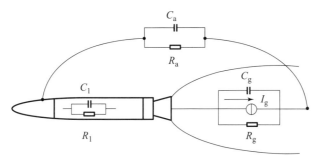

图 2-6　环形等效电路的简化形式

考虑到充电、放电过程对导弹内部电路的影响，得到相应的电路形式如图 2-7 所示。

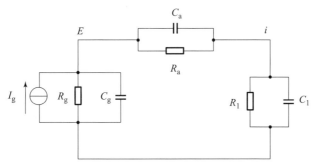

图 2-7　导弹充放电等效电路图

图 2-6、图 2-7 中，C_a 表示弹体周围大气电容；R_a 表示弹体周围大气的电阻；C_g 表示喷流等效电容；R_g 表示喷流等效电阻；C_1 表示导弹等效电容；R_1 表示导弹等效电阻。为方便表达，下文取电导 $G=1/R$ 带入公式。

对图 2-7 中的等效电路运用基尔霍夫定理，可得如下方程：

$$\begin{cases} I_g = G_g \dot{U}_E + C_g \dot{U}_E + G_a(\dot{U}_E - \dot{U}_i) + C_a(\dot{U}_E - \dot{U}_i) \\ 0 = G_1 \dot{U}_i + C_1 \dot{U}_i + G_a(\dot{U}_i - \dot{U}_E) + C_a(\dot{U}_i - \dot{U}_E) \end{cases} \quad (2-16)$$

上式用矩阵形式表示为：

$$\begin{bmatrix} G_{11} + C_{11}\dfrac{\mathrm{d}}{\mathrm{d}t} & -G_a - C_a\dfrac{\mathrm{d}}{\mathrm{d}t} \\ -G_a - C_a\dfrac{\mathrm{d}}{\mathrm{d}t} & G_{EE} + C_{EE}\dfrac{\mathrm{d}}{\mathrm{d}t} \end{bmatrix} \begin{bmatrix} U_i \\ U_E \end{bmatrix} = \begin{bmatrix} 0 \\ I_g \end{bmatrix} \quad (2-17)$$

式中，

$$\begin{bmatrix} G_{11} & C_{11} \\ G_{EE} & C_{EE} \end{bmatrix} = \begin{bmatrix} G_1 + G_a & C_{11} + C_a \\ G_E + G_a & C_E + C_a \end{bmatrix}$$

对式（2-17）进行拉普拉斯变换后，得：

$$\begin{bmatrix} G_{11} + C_{11}s & -G_a - C_a s \\ -G_a - C_a s & G_{EE} + C_{EE}s \end{bmatrix} \begin{bmatrix} U_i \\ U_E \end{bmatrix} = \begin{bmatrix} Q_{ii} \\ Q_{EE} + \dfrac{1}{s}I_g \end{bmatrix} \qquad (2-18)$$

式中，

$$\begin{bmatrix} Q_{ii} \\ Q_{EE} \end{bmatrix} = \begin{bmatrix} -C_{11}U_i(0) + C_a U_E(0) \\ -C_a U_i(0) - C_{EE}U_E(0) \end{bmatrix}$$

式（2-18）的特征根为：

$$s_{1,2} = b \pm \sqrt{b^2 - c} \qquad (2-19)$$

式中，

$$\begin{cases} \begin{bmatrix} -2b \\ c \end{bmatrix} = \dfrac{1}{K} \begin{bmatrix} C_E C_1 + C_E C_a + C_a C_1 + C_a C_E + C_1 C_E + C_1 C_a \\ C_1 C_E + C_1 C_a + C_E C_a \end{bmatrix} \\ K = C_1 C_E + C_1 C_a + C_E C_a \end{cases}$$

令 $\boldsymbol{U} = \begin{bmatrix} U_i \\ U_E \end{bmatrix}$，$\boldsymbol{Q} = \begin{bmatrix} Q_{ii} \\ Q_{EE} \end{bmatrix}$，$\boldsymbol{I} = \begin{bmatrix} 0 \\ I_g \end{bmatrix}$，$\boldsymbol{G} = \begin{bmatrix} G_{EE} & G_a \\ G_a & G_{11} \end{bmatrix}$，$\boldsymbol{C} = \begin{bmatrix} C_{EE} & C_a \\ C_a & C_{11} \end{bmatrix}$，则：

$$U(t) = \dfrac{1}{K s_1 s_2} \boldsymbol{GI} + \dfrac{1}{K(s_1 - s_2)} \left[\dfrac{1}{s_1} \boldsymbol{GI} + \boldsymbol{GQ} + \boldsymbol{CI} + s_1 \boldsymbol{CQ} \right] e^{s_1 t} -$$

$$\dfrac{1}{K(s_1 - s_2)} \left[\dfrac{1}{s_2} \boldsymbol{GI} + \boldsymbol{GQ} + \boldsymbol{CI} + s_2 \boldsymbol{CQ} \right] e^{s_2 t} \qquad (2-20)$$

式（2-20）可分解为一阶电路的零输入响应 $U_Q(t)$ 和零状态响应 $U_1(t)$：

$$U(t) = U_Q(t) + U_1(t) \qquad (2-21)$$

其中，

$$\begin{cases} U_Q(t) = \dfrac{1}{K(s_1 - s_2)} \left[(\boldsymbol{G} + s_1 \boldsymbol{C}) e^{s_1 t} - (\boldsymbol{G} + s_2 \boldsymbol{C}) e^{s_2 t} \right] \boldsymbol{Q} \\ U_1(t) = \dfrac{1}{K} \left\{ \dfrac{1}{s_1 s_2} \boldsymbol{G} + \dfrac{1}{s_1 - s_2} \left[\left(\dfrac{1}{s_1} \boldsymbol{G} + \boldsymbol{C} \right) e^{s_1 t} - \left(\dfrac{1}{s_2} \boldsymbol{G} + \boldsymbol{C} \right) e^{s_2 t} \right] \right\} \boldsymbol{I} \end{cases} \qquad (2-22)$$

零状态分量 $U_1(t)$ 反映了喷流对导弹荷电的影响，零输入分量 $U_Q(t)$ 则反映了当导弹上所荷有的电压超过周围大气的临界电压时进行电晕放电的情况。

当仅考虑喷流对导弹荷电的影响时，式（2-16）中的特征根 $s_{1,2}$ 可进一步简化为：

$$\begin{bmatrix} s_1 \\ s_2 \end{bmatrix} = - \begin{bmatrix} \tau_i^{-1} \\ \tau_E^{-1} \end{bmatrix} \qquad (2-23)$$

式中，τ_i 为导弹内部等效电路的时间常数；τ_E 为喷流等效电路的时间常数，即：

$$\begin{bmatrix} \tau_i \\ \tau_E \end{bmatrix} = \begin{bmatrix} C_1/G_1 \\ C_E/G_E \end{bmatrix} \tag{2-24}$$

将其代入式（2-22），并将 $U_1(t)$ 分解为两个分量 $U_{1i}(t)$ 和 $U_{1E}(t)$，$U_{1i}(t)$ 为喷流而使导弹荷有的电压，对 $U_{1i}(t)$ 求导［即 $\mathrm{d}U_{1i}(t)/\mathrm{d}t$］后即可求出导弹上最大电压所对应的时刻；$U_{1E}(t)$ 反映了喷流等效电路的电压。即：

$$U_1(t) = U_{1i}(t) + U_{1E}(t) \tag{2-25}$$

$$U_{1i}(t) = \frac{I_g}{G_1 G_E}\left\{ G_a + \frac{1}{\tau_i - \tau_E}[(-\tau_i G_a + C_a)e^{-t/\tau_i} + (\tau_E G_a - C_a)e^{-t/\tau_E}]\right\} \tag{2-26}$$

$$U_{1E}(t) = \frac{I_g}{G_1 G_E}\left\{ G_1 + \frac{1}{\tau_i - \tau_E}[(-\tau_i G_1 + C_1)e^{-t/\tau_i} + (\tau_E G_1 - C_1)e^{-t/\tau_E}]\right\} \tag{2-27}$$

2.3.3　喷流对导弹荷电影响的仿真研究

1. 喷流起电的物理模型

根据引擎燃料燃烧产生等离子体的物理过程，燃烧室内共有 4 种类型的载流子：自由电子、正离子、负离子和碳黑粒子。研究表明当燃烧室内不存在碳黑粒子时，喷流中"载流子"对飞行器的荷电影响可以忽略不计，并且粒径小于 40 nm 的碳黑粒子所能荷有的电荷数不超过 2，因此针对燃烧室内碳黑粒子所能荷有的最大电荷数为 1 和 2 时的两种情况，分别建立相应的燃烧室内荷电物理模型。当燃烧室富油区生成的碳黑粒子荷有的电荷数不超过 1 时，燃烧室内的荷电物理模型由式（2-28）中的 6 个微分方程表示。它们分别描述了正离子、负离子、自由电子、中性碳黑粒子、荷有一个正电荷的碳黑粒子和荷有一个负电荷的碳黑粒子随时间而演化的过程。

$$\begin{cases}
\dfrac{\mathrm{d}n_1}{\mathrm{d}t} = Q(t) - k_{31}n_3n_1 - k_{12}n_1n_2 - \beta_{10}n_1N_0 - \beta_{12}^{(1)}n_1N_2^{(1)} \\[2mm]
\dfrac{\mathrm{d}n_2}{\mathrm{d}t} = k_{3a}n_3\alpha_a A^2 - k_{12}n_1n_2 - \beta_{20}n_2N_0 - \beta_{21}^{(1)}n_2N_1^{(1)} \\[2mm]
\dfrac{\mathrm{d}n_3}{\mathrm{d}t} = Q(t) + J_{30}N_0 + J_{32}^{(1)}N_2^{(1)} - k_{31}n_3n_1 - k_{3a}n_3\alpha_a A^2 - \beta_{30}n_3N_0 - \beta_{31}^{(1)}n_3N_1^{(1)} \\[2mm]
\dfrac{\mathrm{d}N_0}{\mathrm{d}t} = J_{32}^{(1)}N_2^{(1)} - J_{30}N_0 + \beta_{31}^{(1)}n_3N_1^{(1)} - \beta_{30}n_3N_0 + \beta_{12}^{(1)}n_1N_2^{(1)} + \beta_{21}^{(1)}n_2N_1^{(1)} - \\
\qquad \beta_{10}n_1N_0 - \beta_{20}n_2N_0 \\[2mm]
\dfrac{\mathrm{d}N_1^{(1)}}{\mathrm{d}t} = J_{30}N_0 + \beta_{10}n_1N_0 - \beta_{31}^{(1)}n_3N_1^{(1)} - \beta_{21}^{(1)}n_2N_1^{(1)} \\[2mm]
\dfrac{\mathrm{d}N_2^{(1)}}{\mathrm{d}t} = -J_{32}^{(1)}N_2^{(1)} + \beta_{30}n_3N_0 - \beta_{12}^{(1)}n_1N_2^{(1)} + \beta_{20}n_2N_0
\end{cases}$$

$$\tag{2-28}$$

式中，N 表示碳黑粒子的浓度，其下标 0、1、2 分别表示碳黑粒子所荷有电荷的极性。其中，0 表示中性，1 表示极性为正，2 表示极性为负；N 的上标表示碳黑粒子荷有的电荷数，当碳黑粒子为中性时，可不使用上标。如：$N_1^{(1)}$ 表示荷有一个正电荷碳黑粒子的浓度，N_0 表示中性碳黑粒子。

n 表示离子与自由电子的浓度。其下标 1 表示正离子，2 表示负离子，3 表示自由电子。如 n_1 表示正离子的浓度。

k 表示正离子与负离子、自由电子与正离子间的复合系数以及自由电子与分子间的结合系数。

β 表示自由电子（或离子）与中性（或荷电）碳黑粒子的结合系数。

J 表示中性（或荷电）碳黑粒子热发射电子的速率。

碳黑粒子荷有电荷数不超过 2 时喷流中的荷电模型如式（2-29）所示。

$$
\begin{cases}
\dfrac{dn_1}{dt} = Q(t) - k_{31}n_3n_1 - k_{12}n_1n_2 - \beta_{10}n_1N_0 - \beta_{11}^{(1)}n_1N_1^{(1)} - \beta_{12}^{(1)}n_1N_2^{(1)} - \beta_{12}^{(2)}n_1N_2^{(2)} \\[2mm]
\dfrac{dn_2}{dt} = k_{3a}n_3\alpha_\alpha A^2 - k_{12}n_1n_2 - \beta_{20}n_2N_0 - \beta_{21}^{(1)}n_2N_1^{(1)} - \beta_{22}^{(1)}n_2N_2^{(1)} - \beta_{21}^{(2)}n_2N_1^{(2)} \\[2mm]
\dfrac{dn_3}{dt} = Q(t) + J_{30}N_0 + J_{31}^{(1)}N_1^{(1)} + J_{32}^{(1)}N_2^{(1)} + J_{32}^{(2)}N_2^{(2)} - \beta_{30}n_3N_0 - \beta_{31}^{(1)}n_3N_1^{(1)} - \\[2mm]
\qquad \beta_{32}^{(1)}n_3N_2^{(1)} - \beta_{31}^{(2)}n_3N_1^{(2)} - k_{31}n_3n_1 - k_{3a}n_3\alpha_a A^2 \\[2mm]
\dfrac{dN_0}{dt} = J_{32}^{(1)}N_2^{(1)} - J_{30}N_0 + \beta_{31}^{(1)}n_3N_1^{(1)} - \beta_{30}n_3N_0 + \beta_{12}^{(1)}n_1N_2^{(1)} + \beta_{21}^{(1)}n_2N_1^{(1)} - \\[2mm]
\qquad \beta_{10}n_1N_0 - \beta_{20}n_2N_0 \\[2mm]
\dfrac{dN_1^{(1)}}{dt} = J_{30}N_0 - J_{31}^{(1)}N_1^{(1)} + \beta_{31}^{(2)}n_3N_1^{(2)} - \beta_{31}^{(1)}n_3N_1^{(1)} + \beta_{21}^{(2)}n_2N_1^{(2)} - \beta_{21}^{(1)}n_2N_1^{(1)} + \\[2mm]
\qquad \beta_{10}n_1N_0 - \beta_{11}^{(1)}n_1N_1^{(1)} \\[2mm]
\dfrac{dN_2^{(1)}}{dt} = J_{32}^{(2)}N_2^{(2)} - J_{32}^{(1)}N_2^{(1)} + \beta_{30}n_3N_0 - \beta_{32}^{(1)}n_3N_2^{(1)} + \beta_{20}n_2N_0 - \beta_{22}^{(1)}n_2N_2^{(1)} + \\[2mm]
\qquad \beta_{12}^{(2)}n_1N_2^{(2)} - \beta_{12}^{(1)}n_1N_2^{(1)} \\[2mm]
\dfrac{dN_1^{(2)}}{dt} = J_{31}^{(1)}N_1^{(1)} - \beta_{31}^{(2)}n_3N_1^{(2)} - \beta_{21}^{(2)}n_2N_1^{(2)} + \beta_{11}^{(1)}n_1N_1^{(1)} \\[2mm]
\dfrac{dN_2^{(2)}}{dt} = -J_{32}^{(2)}N_2^{(2)} + \beta_{32}^{(1)}n_3N_2^{(1)} - \beta_{12}^{(2)}n_1N_2^{(2)} + \beta_{22}^{(1)}n_2N_2^{(1)}
\end{cases}
$$

$$(2-29)$$

通过求解给定喷流初始条件下的荷电数学模型，可以得到喷流中"载流子"浓度、净电荷浓度以及体电荷密度的分布规律。

求解喷流中的荷电数学方程，需要确定方程的初始条件和方程中的三类系数，即

k 系数、J 系数和 β 系数。初始条件即喷流中"载流子"的初始浓度。三类系数包括：

（1）k 系数：它包括喷流中自由电子与正离子的复合系数 k_{31}、自由电子与分子的结合系数 k_{3a} 及正、负离子的复合系数 k_{12}。燃烧室出口处自由电子的浓度很小，因此可以忽略喷嘴处的自由电子。由此可知，在喷流的荷电数学模型中，$k_{31} \approx 0$，$k_{3a} \approx 0$。也就是说，喷流荷电数学模型中的 k 系数仅包括 k_{12}。

（2）J 系数：涡喷发动机喷嘴处的温度通常仅在 600 K 左右，因此在简化分析时可以忽略表征喷流中（中性或荷电）碳黑粒子热发射电子速率的 J 系数。

（3）β 系数：主要包括 β_{10}、β_{20}、$\beta_{11}^{(1)}$、$\beta_{21}^{(1)}$、$\beta_{12}^{(1)}$、$\beta_{22}^{(1)}$、$\beta_{21}^{(2)}$ 及 $\beta_{12}^{(2)}$。它们表征的是正、负离子与（中性或荷电）碳黑粒子间的结合速率。

为确定喷流荷电方程组中的 k 系数和 β 系数，首先需要通过对喷流湍流场进行数值分析和仿真研究，以求得喷流中燃料的温度特性曲线。该曲线不仅与燃料的类型、喷流速度及长度等有关，还与航空器飞行的环境有关。为简化分析，仅取喷嘴处净电荷浓度较大的局部喷流进行仿真研究。

选择典型导弹参数进行计算，定量计算喷流起电对导弹荷电的贡献。目前，采用涡喷发动机作为主推动力装置的导弹主要有巡航导弹和反舰导弹，以某反舰导弹为例进行研究。该导弹在设计思想和作战作用上与美国的战斧式巡航导弹相同，其中战略型主要装备在战略轰炸机上；而改进型反舰导弹，专门用于在严重干扰条件下攻击航空母舰等大型水面舰艇。表 2 - 1 为该型反舰导弹的战术性能指标。

表 2 - 1　某反舰导弹的战术性能

制导方式	惯性制导 + 主动雷达末制导
射程	50 km
弹径	514 mm
弹长	6 040 mm
动力装置	涡轮喷气发动机
导弹最大飞行速度	263.6 m/s
导弹质量	650 kg

根据表 2 - 1 中的相关参数，建立该导弹喷流起电的物理模型，如图 2 - 8 所示。将导弹体视为导体，喷流形成的区域通常为锥形区域，为便于分析，忽略喷流的羽流现象且假定电荷在喷流内均匀分布，则喷流可近似为一均匀带电圆柱体，如图 2 - 9 所示。在此条件下，喷流形成的圆柱体体电荷密度 ρ_g 与喷嘴处的体电荷密度 ρ_n 值相等。

圆柱体的长取 2 m，半径取 0.257 m。圆柱体内的相对介电常数 ε_g 取 1.008。

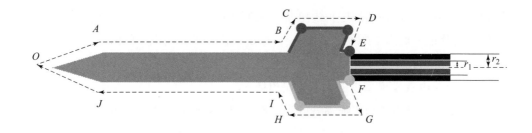

图 2 - 8　某型导弹喷流起电的物理模型

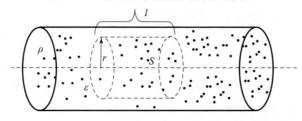

图 2 - 9　无限长均匀带电介质圆柱体的电场

假定带电体轴对称，在离轴线相同距离处的电场场强大小相等。因此在求圆柱体内的场强时，取过该点的圆柱面（其轴线与带电介质圆柱体轴线重合）为闭合面，过圆柱内的闭合面长为 l，半径为 r。

$$\oint_S E \cdot \mathrm{d}S = 2\pi rlE \tag{2-30}$$

根据高斯定理得：

$$2\pi rlE = \frac{\rho_g \pi r^2 l}{\varepsilon_g}$$

则圆柱体内任一点的场强为：

$$E = \frac{\rho_g \cdot r}{2\varepsilon_g} \tag{2-31}$$

选取圆柱轴线处为电势零点，由电势的定义即可求出圆柱体内的电势分布：

$$U_g = \int_r^0 E \cdot \mathrm{d}r = \int_r^0 \frac{\rho_g \cdot r}{2\varepsilon_g} \cdot \mathrm{d}r = -\frac{\rho_g \cdot r^2}{4\varepsilon_g} \tag{2-32}$$

根据以上分析及相关参数，可计算出燃烧生成的碳黑粒子粒径 a 分别为 20 nm 和 30 nm 时喷流中的电量 Q_g、电流 I_g、场强 E_g 和电压 U_g，计算结果分别见表 2 - 2 和表 2 - 3。

表 2 - 2　碳黑粒子荷有电荷数不超过 1 时喷流中的电参数

喷流中的电参数 \ 燃料类型		煤油	柴油	燃料油
电量 $Q_g/\mu C$	$a = 20$ nm	1.136 1	0.318 8	0.928 7
	$a = 30$ nm	− 0.761 2	− 0.808 0	− 0.913 1
电流 I_g/mA	$a = 20$ nm	0.297 4	0.083 5	0.243 1
	$a = 30$ nm	− 0.199 3	− 0.211 5	− 0.239 1
电场强度 $E_g/(V \cdot m^{-1})$	$a = 20$ nm	$7.675\ 9 \times 10^4 r$	$2.154\ 0 \times 10^4 r$	$3.344\ 7 \times 10^4 r$
	$a = 30$ nm	$-5.142\ 5 \times 10^4 r$	$-5.459\ 2 \times 10^4 r$	$-3.239\ 3 \times 10^4 r$
电压 U_g/V	$a = 20$ nm	$-3.208\ 0 \times 10^4 r^2$	$-1.077 \times 10^4 r^2$	$-3.137\ 4 \times 10^4 r^2$
	$a = 30$ nm	$2.571\ 3 \times 10^4 r^2$	$2.729\ 6 \times 10^4 r^2$	$3.084\ 7 \times 10^4 r^2$

表 2 - 3　碳黑粒子荷有电荷数不超过 2 时喷流中的电参数

喷流中的电参数 \ 燃料类型		煤油	柴油	燃料油
电量 $Q_g/\mu C$	$a = 20$ nm	3.691 9	3.566 7	0.896 6
	$a = 30$ nm	1.598 1	0.552 3	0.342 8
电流 I_g/mA	$a = 20$ nm	0.495 3	0.462 5	0.234 7
	$a = 30$ nm	0.418 4	0.144 6	0.090 0
电场强度 $E_g/(V \cdot m^{-1})$	$a = 20$ nm	$1.278\ 2 \times 10^5 r$	$1.193\ 6 \times 10^5 r$	$6.057\ 8 \times 10^4 r$
	$a = 30$ nm	$1.079\ 7 \times 10^5 r$	$3.731\ 7 \times 10^4 r$	$2.315\ 9 \times 10^4 r$
电压 U_g/V	$a = 20$ nm	$-3.109\ 10 \times 10^4 r^2$	$-5.968\ 0 \times 10^4 r^2$	$-3.028\ 9 \times 10^4 r^2$
	$a = 30$ nm	$-5.398\ 5 \times 10^4 r^2$	$-3.665\ 9 \times 10^4 r^2$	$-1.258\ 0 \times 10^4 r^2$

2. 弹体周围电场分布

由表 2 - 2 及表 2 - 3 可见，喷流电场强度 E_g 和电压 U_g 与喷流物理模型中的均匀带电介质圆柱体半径 r 相关，因此在仿真之前先需确定圆柱体半径（见图 2 - 9）。依据导弹相关参数，选取两个不同的圆柱体半径值分别进行分析比较。仿真计算中，分别取 $r_1 = 0.128\ 5$ m，$r_2 = 0.257$ m，计算圆柱体半径分别为 r_1 和 r_2 时喷流的电压和电场强度，计算结果如表 2 - 4 和表 2 - 5 所示。

表 2 - 4 碳黑粒子荷有电荷数不超过 1 时喷流中的电场强度和电压

喷流中的电场强度和电压			燃料类型 煤油	柴油	燃料油
电场强度 $E_g/(V \cdot m^{-1})$	$a = 20$ nm	r_1	$9.863\ 5 \times 10^3$	$2.767\ 9 \times 10^3$	$8.063\ 0 \times 10^3$
		r_2	$3.772\ 7 \times 10^4$	$5.538\ 5 \times 10^3$	$3.412\ 6 \times 10^4$
	$a = 30$ nm	r_1	$-3.130\ 81 \times 10^3$	$-7.015\ 1 \times 10^3$	$-7.927\ 6 \times 10^3$
		r_2	$-1.321\ 6 \times 10^4$	$-1.403\ 0 \times 10^4$	$-1.585\ 5 \times 10^4$
电压 U_g/V	$a = 20$ nm	r_1	$-3.407\ 4 \times 10^2$	$-3.578\ 4 \times 10^2$	$-5.180\ 5 \times 10^2$
		r_2	$-2.535\ 0 \times 10^3$	$-7.113\ 5 \times 10^2$	$-2.072\ 2 \times 10^3$
	$a = 30$ nm	r_1	$4.245\ 8 \times 10^2$	$4.507\ 3 \times 10^2$	$5.093\ 5 \times 10^2$
		r_2	$3.498\ 3 \times 10^3$	$3.602\ 9 \times 10^3$	$2.037\ 4 \times 10^3$

表 2 - 5 碳黑粒子荷有电荷数不超过 2 时喷流中的电场强度和电压

喷流中的电场强度和电压			燃料类型 煤油	柴油	燃料油
电场强度 $E_g/(V \cdot m^{-1})$	$a = 20$ nm	r_1	$3.442\ 5 \times 10^4$	$1.533\ 8 \times 10^4$	$7.784\ 5 \times 10^3$
		r_2	$3.285\ 0 \times 10^4$	$3.067\ 6 \times 10^4$	$1.556\ 9 \times 10^4$
	$a = 30$ nm	r_1	$1.387\ 4 \times 10^4$	$4.795\ 3 \times 10^3$	$2.976\ 0 \times 10^3$
		r_2	$2.774\ 8 \times 10^4$	$9.590\ 5 \times 10^3$	$5.951\ 9 \times 10^3$
电压 U_g/V	$a = 20$ nm	r_1	$-1.055\ 3 \times 10^3$	$-9.854\ 5 \times 10^2$	$-5.001\ 5 \times 10^2$
		r_2	$-4.221\ 2 \times 10^3$	$-3.941\ 8 \times 10^3$	$-2.000\ 6 \times 10^3$
	$a = 30$ nm	r_1	$-8.914\ 3 \times 10^2$	$-3.081\ 0 \times 10^2$	$-2.077\ 3 \times 10^2$
		r_2	$-3.565\ 7 \times 10^3$	$-1.232\ 4 \times 10^3$	$-8.309\ 0 \times 10^2$

采用仿真软件对图 2 - 8 中某导弹及喷流模型的二维电场进行仿真，结果如图 2 - 10 ~ 图 2 - 14 所示。其中，图 2 - 10 为燃料选用煤油且生成 20 nm 的碳黑粒子荷有最大电荷数为 1 时，弹体上的场强分布。图 2 - 11 为燃料选用煤油且生成 20 nm 的碳黑粒子荷有最大电荷数为 1 时，导弹周围的电力线。

图 2 - 10 中"弹体周长"指的是二维模型中导弹的周长，也即图 2 - 8 中 $O \rightarrow A \rightarrow B \rightarrow C \rightarrow D \rightarrow E$ 及 $F \rightarrow G \rightarrow H \rightarrow I \rightarrow J \rightarrow O$ 两段曲线长度之和。根据仿真结果，由于喷流中"载流子"而引起弹体上的场强变化主要集中在导弹的两个尾翼和喷嘴处，即图 2 - 8 中的 $BCDE$ 及 $FGHI$ 曲线所包围的区域。

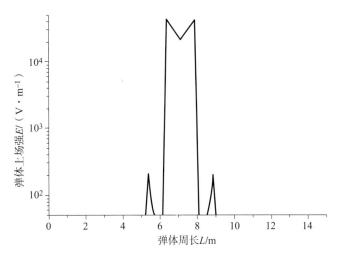

图 2 - 10　燃料为煤油且生成 20 nm 的碳黑粒子荷有

最大电荷数为 1 时弹体上的场强分布

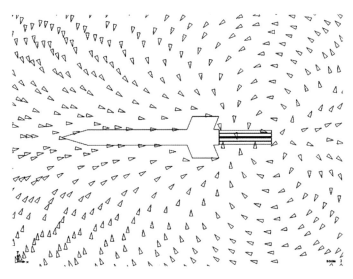

图 2 - 11　燃料为煤油且生成 20 nm 的碳黑粒子荷有

最大电荷数为 1 时的电力线

　　电场仿真的结果同样证明了上面的结论，即由于喷流中"载流子"而引起弹体上的场强变化主要集中在导弹的两个尾翼和喷嘴处。表 2 - 6 所示为不同情况下导弹尾翼和喷嘴处的场强分布。

表 2 - 6 不同情况下导弹尾翼和喷嘴处的场强分布

弹体上的场强 分布/(V·m⁻¹)		燃料类型	煤油	柴油	燃料油
碳黑粒子荷有的最大电荷数为1时	C(H)处	a = 20 nm	203.157	58.05	169.11
		a = 30 nm	138.60	147.14	163.34
	D(G)处	a = 20 nm	43 255.74	12 060.46	35 133.25
		a = 30 nm	28 981.07	30 567.38	34 543.23
	E(F)处	a = 20 nm	21 188.27	5 945.76	17 320.05
		a = 30 nm	14 194.89	15 069.17	17 029.19
碳黑粒子荷有的最大电荷数为2时	C(H)处	a = 20 nm	344.49	323.49	163.11
		a = 30 nm	290.99	100.58	62.42
	D(G)处	a = 20 nm	72 033.74	66 831.50	33 875.22
		a = 30 nm	60 846.09	20 894.81	12 963.155
	E(F)处	a = 20 nm	35 282.03	32 943.142	16 750.02
		a = 30 nm	29 804.00	10 300.76	6 392.59

图 2 - 12 ~ 图 2 - 14 为燃料分别选用煤油、柴油及燃料油时弹体上场强分布的仿真结果。

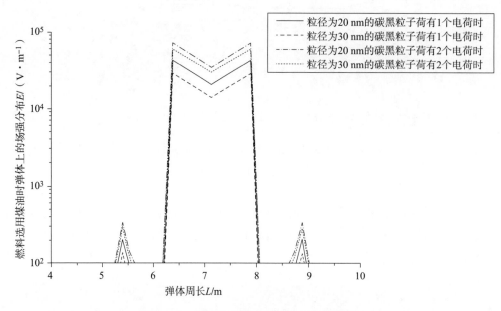

图 2 - 12　燃料选用煤油时弹体上的场强分布

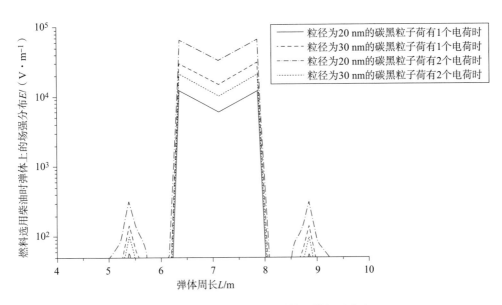

图 2 - 13　燃料选用柴油时弹体上的场强分布

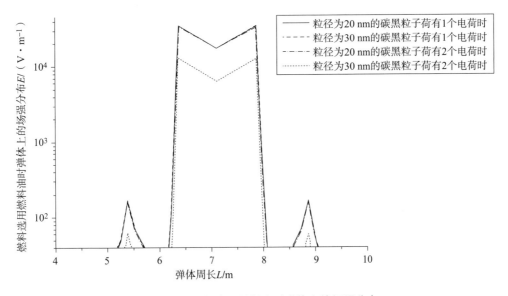

图 2 - 14　燃料选用燃料油时弹体上的场强分布

由仿真结果可以看出，选用不同的燃料时，弹体上各处的电场强度有所不同，但弹体上的电场强度分布规律一致。

根据仿真结果，粒径为 20 nm 的碳黑粒子在荷有 2 个电荷时对弹体场强的影响最大。弹体上荷有电荷的极性与碳黑粒子的性质有关。由表 2 - 7 可以看出，当生成的碳黑粒子粒径为 30 nm 且荷有的最大电荷数为 1 时，弹体上荷电极性为正，在其他 3 种情况下极性为负。弹体上的带电量为几 μC。

表 2 - 7　不同情况下弹体上的总电量

燃料类型 弹体上的总电量/μC		煤油	柴油	燃料油
碳黑粒子荷有的最大 电荷数为 1 时	$a = 20$ nm	- 1. 136 1	- 0. 318 8	- 0. 928 7
	$a = 30$ nm	0. 761 2	0. 808 0	0. 913 1
碳黑粒子荷有的最大 电荷数为 2 时	$a = 20$ nm	- 3. 691 9	- 3. 566 7	- 0. 896 6
	$a = 30$ nm	- 1. 598 1	- 0. 552 3	- 0. 342 8

§2.4　直升机荷电机理与特性分析

与喷气式飞机和导弹等带有涡喷发动机的飞行器不同，直升机的飞行高度一般较低，其飞行动力主要来自其旋翼旋转产生的升力。因此直升机的荷电机理和特性与带有涡喷发动机的飞行器存在差异。

2.4.1　直升机荷电机理分析

直升机荷电主要来源于其旋翼的摩擦起电。直升机旋翼的材料主要有玻璃纤维、碳纤维、尼龙等几种，多为复合材料，而机身蒙皮的材料主要是铝合金。由于低空大气中含有大量的尘埃、砂粒等，当直升机的旋翼以很高速度旋转时，大气粒子与之摩擦撞击产生起电电流。尤其是当直升机近地面飞行或旋停时，直升机旋翼产生的下冲气流使地面的尘埃飞扬起来，会进一步增大空气中的砂粒和尘埃颗粒浓度，从而产生更强的起电电流。

根据本章 2.1 节中关于摩擦起电及材料摩擦电序可知，当直升机旋翼与砂粒（砂粒的主要成分为硅和二氧化硅）摩擦时，旋翼带正电。而机身与砂粒摩擦时，机身也带正电，因此在直升机低空飞行时，摩擦起电使直升机带正电荷。在雨天环境下，直升机的带电过程相对复杂。由于旋翼旋转与雨滴发生撞击，雨滴会发生破裂。根据勒纳德效应，水滴破裂时，产生的小粒径的水滴带负电，大粒径的水滴带正电，而液滴的带电量近似与粒径成正比。由于雨量的不同，可能使直升机带上正电荷或负电荷。1967 年在新加坡用直升机做的起电试验，测得在强度不同的雨中，直升机的起电电流可为几 μA 至 500 μA。

2.4.2　直升机带电特性分析

由于直升机飞行高度通常较低，其荷电特性会受到大地的影响，可以通过建立等效电路模型和等效电场模型两种方法分别对直升机荷电电压进行分析。

1. 等效电路模型分析

为分析方便，忽略降雨等气象条件的影响，针对晴天条件下的直升机荷电情况建立等效模型。图 2 – 15 为荷电直升机"等效电路模型"示意图，图中 C 为直升机对地的等效电容，R 为直升机对地的等效电阻。

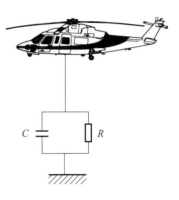

图 2 – 15　荷电直升机"等效电路模型"示意图

当荷电直升机尖端部位尚未发生电晕放电时，喷流电流 I_E 通过直升机的等效电导和等效电容向直升机进行充电，从而使其获得一定的电压。

当直升机上的电压继续增大到一定值时，荷电直升机的曲率半径最小处将形成电晕放电电流 I_C，从而限制了其电压的进一步增大。

由此可见，荷电直升机的电压是上述两个过程达到动态平衡的结果。

根据以上分析，可建立如图 2 – 16 所示的等效电路，图中 I_C 表示荷电直升机尖端处的电晕放电电流；I_H 表示 H 高度处荷电直升机上的电流；U_H 表示 H 高度处荷电直升机的电压；I_E 表示喷流电流，它与喷流中"载流子"的浓度、速度等参数有关。S 为一受 U_H''（直升机相对于周围大气的电压）控制的开关。当 $|U_H''| > U_C$ 时，S 闭合；当 $|U_H''| < U_C$ 时，S 开启，其中 U_C 为直升机周围大气的电压。

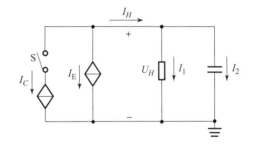

图 2 – 16　荷电直升机的等效电路

对上面电路运用基尔霍夫定律分析，有：

$$I_C + I_E + I_H = 0 \qquad\qquad (2-33)$$

当 I_E 用喷流中的"载流子"参数表示时为：

$$I_E = n'ev'A' \qquad\qquad (2-34)$$

式中，n' 为喷流中的净电荷浓度；v' 为喷流中"载流子"运动的平均速度；A' 为喷流中"载流子"运动而形成的区域横截面积。

I_C 用 U_H'' 和 U_C 表示为：

$$I_C = f(U_H'') = \begin{cases} \dfrac{KU_H''}{U_C}\left(1 - \dfrac{U_C}{|U_H''|}\right), & |U_H''| > U_C \\ 0, & |U_H''| \le U_C \end{cases} \qquad (2-35)$$

式中，K 为一常数，其取值与直升机参数有关。

运用基尔霍夫定律分析，有：

$$I_H = I_1 + I_2 \qquad\qquad (2-36)$$

把 $I_1 = U_H G$，$I_2 = C\dfrac{\mathrm{d}U_H}{\mathrm{d}t}$ 代入式（2-36），可得电路的微分方程：

$$\frac{C}{G}\frac{\mathrm{d}U_H}{\mathrm{d}t} + U_H = \frac{1}{G}I_H \qquad (2-37)$$

将式（2-33）~式（2-35）代入，即可得到荷电直升机"电路模型"的数学表达式：

$$\frac{C}{G}\frac{\mathrm{d}U_H}{\mathrm{d}t} + U_H = \begin{cases} -\dfrac{1}{G}\left[n'ev'A' + \dfrac{KU_H''}{U_C}\left(1 - \dfrac{U_C}{|U_H''|}\right) \right], & |U_H''| > U_C \\[3mm] -\dfrac{n'ev'A'}{G}, & |U_H''| \leq U_C \end{cases} \qquad (2-38)$$

由式（2-37）可以看出，荷电直升机的电压表达式是一个分段函数，它由喷流、直升机及周围环境中的相关参数共同决定。图 2-17 为荷电直升机电压 U_H 随时间 t 而变化的曲线。

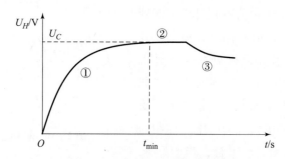

图 2-17　荷电直升机的电压曲线

由图可以看出，$U_H(t)$ 由①、②和③三段曲线组成。曲线①表示喷流电流 I_E 向直升机进行充电的过程，也即等效电路的动态响应。曲线斜率主要由直升机的时间常数 $\tau = C/G$ 及喷流中"载流子"的参数决定。当 τ 为常数时，$t_{\min}$（荷电直升机达到电晕放电所用的时间）与 v'、n' 及 A' 成反比。曲线②表示荷电直升机发生电晕放电时的情况。在理想情况下为一数值等于 U_C 的直线，其大小主要与直升机的形状（如直升机尖端处的曲率半径）和直升机的飞行环境（如飞行高度、飞行环境的温湿度等）等参数有关。直升机尖端部位的曲率半径越小、飞行环境的湿度越大，U_C 越小。曲线③表示荷电直升机进行放电的过程，曲线斜率同样与直升机的时间常数和周围环境有关。

2. 等效电场模型分析

假设喷流中的"载流子"全部落向地面，或者即使有部分未落向地面，也不会在直升机周围形成一个带电的喷气云团。在此条件下，有：

$$U_H = U_H'' + U_L \qquad (2-39)$$

式中，U_L 是喷流对地的电压。

当忽略大气中粒子对直升机的荷电影响，而仅考虑喷流中的"载流子"对其荷电的作用时，可将其等效为一个高度为 H、半径为 R_q 的圆柱体，则 U_L 可用位于轴心位置的电压 $U(H)$ 来求取。

利用镜像法可知，在大地（无限大导电平面）之下将存在与地面之上等量且极性相反的电荷，如图 2-18 所示。

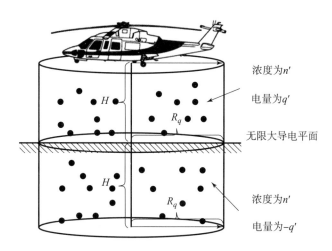

图 2-18　镜像法求取 $U(H)$ 示意图

由库仑定律可知：

$$U(H) = \int_{-H}^{H} \int_{0}^{R_l} \frac{n'q'}{4\pi\varepsilon} \frac{2\pi r \mathrm{d}r \mathrm{d}h}{\sqrt{(H-h)^2 + r^2}} \tag{2-40}$$

式中，ε 为喷流的介电常数。设喷流中的"载流子"在圆柱体内均匀分布，则对 r 积分后有：

$$U(H) = \int_{-H}^{H} \frac{n'q'}{2\varepsilon} [\sqrt{(H-h)^2 + R_q^2} - \sqrt{(H-h)^2}] \mathrm{d}h \tag{2-41}$$

将式（2-41）分解为导电平面上、下两部分，如式（2-42）所示：

$$U(H) = \frac{n'q'}{2\varepsilon} \left\{ \int_{0}^{H} [\sqrt{(H-h)^2 + R_q^2} - \sqrt{(H-h)^2}] \mathrm{d}h - \right.$$
$$\left. \int_{-H}^{0} [\sqrt{(H-h)^2 + R_q^2} - \sqrt{(H-h)^2}] \mathrm{d}h \right\} \tag{2-42}$$

令 $H - h = x$，对上式进行积分变换后，得：

$$U(H) = \frac{n'q'}{2\varepsilon} \left\{ -\int_{H}^{0} [\sqrt{x^2 + R_q^2} - \sqrt{x^2}] \mathrm{d}x + \int_{2H}^{H} [\sqrt{x^2 + R_q^2} - \sqrt{x^2}] \mathrm{d}x \right\}$$

$$= \frac{n'q'}{4\varepsilon}\left[x\left(\sqrt{x^2 + R_q^2} - \sqrt{x^2}\right) + R_q^2\ln\left(x + \sqrt{x^2 + R_q^2}\right)\right]\Big|_0^H -$$

$$\frac{n'q'}{4\varepsilon}\left[x\left(\sqrt{x^2 + R_q^2} - \sqrt{x^2}\right) + R_q^2\ln\left(x + \sqrt{x^2 + R_q^2}\right)\right]\Big|_H^{2H} \qquad (2-43)$$

将上式的分子分母同乘以 H^2，得：

$$U(H) = \frac{n'q'H^2}{4\varepsilon}\left\{\frac{x}{H}\left[\sqrt{\left(\frac{x}{H}\right)^2 + \left(\frac{R_q}{H}\right)^2} - \sqrt{\left(\frac{x}{H}\right)^2}\right] + \right.$$

$$\left.\left(\frac{R_q}{H}\right)^2\left[\ln\left(\frac{x}{H} + \sqrt{\left(\frac{x}{H}\right)^2 + \left(\frac{R_q}{H}\right)^2}\right) + \ln H\right]\right\}\Big|_0^H -$$

$$\frac{n'q'H^2}{4\varepsilon}\left\{\frac{x}{H}\left[\sqrt{\left(\frac{x}{H}\right)^2 + \left(\frac{R_q}{H}\right)^2} - \sqrt{\left(\frac{x}{H}\right)^2}\right] + \right.$$

$$\left.\left(\frac{R_q}{H}\right)^2\left[\ln\left(\frac{x}{H} + \sqrt{\left(\frac{x}{H}\right)^2 + \left(\frac{R_q}{H}\right)^2}\right) + \ln H\right]\right\}\Big|_H^{2H} \qquad (2-44)$$

令 $\dfrac{x}{H} = z$，并定义函数 $f(z, H, R_q)$：

$$f(z, H, R_q) = z\left[\sqrt{z^2 + \left(\frac{R_q}{H}\right)^2} - z\right] - \left(\frac{R_q}{H}\right)^2\left[\ln\left(z + \sqrt{z^2 + \left(\frac{R_q}{H}\right)^2}\right) + \ln H\right] \quad (2-45)$$

将 $U(H)$ 用函数 $f(z, H, R_q)$ 表示为：

$$U(H) = \frac{n'q'H^2}{4\varepsilon}\left[2f(1, H, R_q) - f(0, H, R_q) - f(2, H, R_q)\right] \qquad (2-46)$$

由式（2-46）可以看出，当测量高度 H 一定时，$f(z, H, R_q)$ 将是一个常数，令：

$$F_1 = 2f(1, H, R_q) - f(0, H, R_q) - f(2, H, R_q) \qquad (2-47)$$

则有：

$$U_L = F'n'q' \qquad (2-48)$$

式中，

$$F' = \frac{H^2 F_1}{4\varepsilon}$$

将式（2-48）代入式（2-39）后，得到的荷电直升机"场模型"数学表达式为：

$$U_H = U''_H + \frac{H^2 F_1}{4\varepsilon}n'q' \qquad (2-49)$$

由式（2-49）可见，处于悬停状态时直升机的对地电压 U_H 与直升机相对于周围大气的电压 U''_H 和喷流中"载流子"的参数有关。

2.4.3 直升机荷电有限元仿真分析

本小节采用基于瞬态方法（分段分析方法）的计算机建模技术对空中带电直升机进行了研究。为了仿真场源特性，将泊松方程变为积分恒等式，将这些等式应用于分析场的有限元边界条件。在介电常数为 ε 的区域内，电荷分布密度为 $\rho(x, y, z)$，静电电位 $\varphi(x, y, z)$ 满足泊松方程：

$$-\varepsilon\nabla^2\varphi(x, y, z) = \rho(x, y, z) \tag{2-50}$$

狄利克雷边界条件指出：在这些条件下，对于这一问题有唯一解：

$$\varphi(x', y', z') = \frac{1}{4\pi\varepsilon}\int_x\int_y\int_z \frac{\rho(x, y, z)}{r(x, y, z)}dxdydz \tag{2-51}$$

其中，r 表示的是源点 (x, y, z) 距离场点 (x', y', z') 的距离。且：

$$r(x, y, z) = \sqrt{(x-x')^2 + (y-y')^2 + (z-z')^2} \tag{2-52}$$

通常情况下，不能在边界面上的每一个点都利用方程（2-51）来解。然而可以将边界面 N 等分，对于每一部分定义一个等式：

$$\frac{1}{4\pi\varepsilon}\sum_{m=1}^{N} a_{mn}\rho_m = V_n \quad n = 1, 2, \cdots, N \tag{2-53}$$

利用这种方法将问题简化为解矩阵方程：

$$\frac{1}{4\pi\varepsilon}\boldsymbol{A}\boldsymbol{\rho} = \boldsymbol{V} \tag{2-54}$$

系数矩阵 $\boldsymbol{A}$ 可以被看作"反转电荷密度"矩阵。系数体现了各部分的相互关系，随所取部分的大小和与其他部分方位不同而变化，有

$$a_{mn} = \int_m \frac{1}{r(x, y, z)}dm \tag{2-55}$$

场点 (x', y', z') 在函数 r 中被选定为第 n 个元素的质心，电压向量 $\boldsymbol{V}$ 表明了边界表面上的狄利克雷边界条件，ρ_m 是每一个部分的建模单元的电荷密度。由于电荷的充放电达到稳定的时间比在特定的边界条件下的充电时间小，通常情况下将机体表面近似建模为等势面。这一系列准静态模型被称作动态模型，序列中的每一个准静态模型被称为一个帧。

下面以 Hind-D 直升机为例，基于瞬态方法的计算机建模技术对其进行建模和分析。

1. Hind-D 直升机模型

将 Hind-D 直升机的表面进行网格剖分，如图 2-19 所示，分割成许多小的梯形或三角形区域，建立表面模型，并在此基础上建立线段模型，如图 2-20 所示。其中主旋翼按 5 个转速为 240 r/min 的叶片建模，尾部按 3 个转速为 1 200 r/min（20 r/s）

的叶片建模。

图2-19　Hind-D直升机的表面模型图　　　图2-20　Hind-D直升机的线段模型

研究表明，对于主螺旋桨上有5个旋转叶片的Hind-D直升机，电容变化不超过平均值的0.5%，是叶片相位的函数。在只有4个叶片、大小和Hind-D相仿的海鹰直升机上，电容的变化超过了3%。在只有两个叶片的UH-1或AH-1型直升机上，它们的电容变化更显著。随着叶片的转动，充放到叶片上的电荷随着边界条件的变化而变化，机体外表面上的电荷也持续地重新分配。得出机体静电场随主轴叶片相位的变化在笛卡儿坐标系上3个方向的变化关系如图2-21所示。因为所研究的直升机有5个叶片，所以图上显示在主轴旋转一周内就有5个脉冲，尾轴上频率是主轴的3倍。

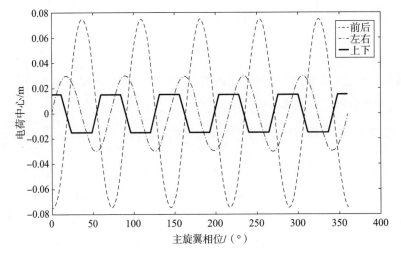

图2-21　Hind-D荷电特性

2. 轴叶片静电特性分析

图2-22显示了在两片选定叶片上的电量占整个直升机电量的比率。主轴上或尾轴上选定的叶片的相位被定为初始相位，其他的4个叶片上的电荷量与所选的叶片类似，只是相位上相差72°。如图2-22可见，在给定的任意时间，直升机机身上的电荷一半以上集中在叶片上。

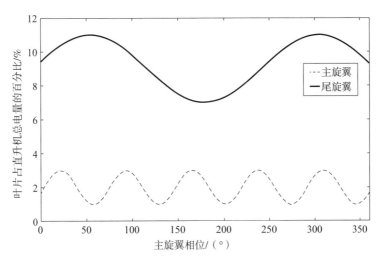

图 2 - 22　选定叶片上的电量变化

　　建立动态模型估计各种流经机身的电流值，得出电流值与机体的带电量成正比。如假定带电量为 5.1 μC，在主轴的模型中，每个叶片的充放电电荷都在 5.1 μC 的 2% 之间，基频为 8 Hz（每个周期都有两个波峰和两个波谷）。

　　如果将振荡的电荷当作正弦波处理，按时间微分，可以预测流经主轴叶片根部和每一个叶片的电流峰值大约为 5 μA。为了进行更精确的估算，将如图 2 - 22 所示的电量函数对时间进行微分，电流特性如图 2 - 23 所示。

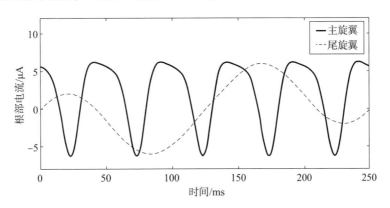

图 2 - 23　主轴叶片根部的电流图

　　当 Hind - D 直升机处于 100 m 的高度时，由于主旋翼的转动引起的机体电容与带电量变化而产生的静电场的变化，在 1 000 m 外的传感器上引起的场强变化大约有 14 μV/m。将仿真所用参数带入前述等效电场模型和等效电路模型中进行计算，所得结果与仿真结果一致。

§2.5 空中目标荷电特性总结

本章通过对典型空中目标（飞机、导弹和直升机）的起电方式进行逐一分析，得出了典型空中目标的荷电特性。不同类型的空中目标，其起电方式和荷电特性既有共同点，又有不同之处。

2.5.1 空中目标起放电方式

针对常见的空中飞行器，依据其主要动力来源不同，将其分为带有涡喷发动机的飞行器和旋翼型飞行器两大类，分别分析了不同起电方式对其荷电的影响。

喷流起电是带有涡喷发动机的飞行器荷电的一个主要来源。对于此类飞行器，由于喷流是其高速飞行的重要动力来源，喷流除了对飞行器产生巨大的反作用力推动其高速飞行的同时，也产生了大量的等离子体，由于尾喷中荷有正负电荷的粒子的不同特性，燃烧产生喷流的过程会使飞行器上的负电荷数量增加。而对于旋翼型飞行器，其引擎内燃料燃烧同样会产生等离子体，但由于其强度及动力输出方式不同，通过这种方式对直升机产生的充电作用较小。

摩擦起电是空中飞行器目标的主要荷电方式之一。飞机和导弹等以喷流作为主推力的飞行器飞行高度较高，摩擦主要发生在机体（弹体）与空气、云滴、冰晶等大气成分之间。直升机等旋翼型飞行器飞行高度较低，摩擦主要发生在旋翼和空气、砂粒、尘埃等大气成分之间。

感应起电主要是空中目标受到带电云团的电场作用并发生局部放电而产生的，吸附起电与目标飞行区域大气中的带电粒子浓度相关，水滴破裂起电则与环境中的微型水滴浓度和降水因素有关。不同空中目标在飞行过程中经历的大气环境不同，以上 3 种类型的起电方式对于飞行器荷电的影响也不尽相同。

飞行器飞行过程中，不仅存在使其带电量增加的各种起电因素，也存在不同方式使飞行器所带电荷减小，因此其带有的电荷量不会无限增长。飞行器的放电方式主要有异性电荷中和、电荷向大气中缓慢释放和剧烈静电放电等几种不同形式。静电放电主要通过飞行器的尖端和为保证飞行器安全而人为增加的放电装置进行。关于飞行器放电规律、特性及其应用，本书将在第 6~8 章进行详细讨论。

综合以上分析，无论何种类型的飞行器，均会通过各种不同原因带上电荷，并且所带电荷无法完全消除，这就为通过被动式静电探测方式对空中目标进行探测提供了前提条件。根据相关研究，高空飞行的喷气式飞机、导弹一般带负电，低空飞行的直升机一般带正电。

2.5.2　目标荷电性质及其变化规律

不同飞行器荷电方式不同，其荷电极性和荷电量也不同。喷气式飞机和导弹等带有涡喷发动机的飞行器，其荷电主要来源于喷流起电和飞行过程中与高空大气摩擦起电，其综合作用的结果通常使飞机带负电荷。直升机等旋翼型飞行器由于飞行高度较低，其荷电主要通过旋翼与低空大气及其中的砂粒、尘埃等摩擦起电方式产生，其所带电荷通常为正电荷。

根据理论分析及试验测量数据，喷气式飞机的荷电量可达 10^{-3} C，直升机的荷电量可达 $10^{-6} \sim 10^{-4}$ C，其电位一般为几万伏，最大可达 50 万伏。但空中目标荷电量因自身体积、外形、表面及发动机材料特性、运动速度不同而有较大差异。不同种类喷气式飞机荷电量相差两个数量级，直升机在不同情况下荷电量相差也达两个数量级。表 2 - 8 中列出了几种典型飞机降落过程中的荷电量，表 2 - 9 中给出了几种不同口径弹丸飞行中的荷电量。从表中可以看出，不同飞机之间荷电量差距明显。

表 2 - 8　典型飞机降落过程中的荷电量

飞机种类	机身长度/m	飞行速率/($m \cdot s^{-1}$)	飞行高度/m	荷电量/μC
Boeing727	42	70	43	-720
DC - 9	41	60	40	-580
Caravelle	32	60	41	-110
DC - 8	42	61	42	-890
Piper	10	57	31	-13

由于目标在运动过程中的充电现象和放电现象总是同时存在，因此运动目标的荷电量是动态变化的，因此由目标所带电荷形成的电场不是一种严格意义上的静电场，而是一种准静电场。目标的最大带电量，在一定天气条件下，由目标机身曲率最大处尖端的电晕放电阈值决定。当目标通过各种起电方式充电、电势超过放电阈值时，将发生放电，使目标电势下降；当电势下降至低于放电阈值时，目标停止放电，其电势因充电因素而增加，如此反复，呈现动态变化规律。

表 2 - 9　典型弹丸飞行过程中的荷电量

口径/mm	4.5	7.62	20	30	76	120
速度/($m \cdot s^{-1}$)	100	820	1 000	1 065	700	1 200
荷电量/C	10^{-11}	5×10^{-12}	10^{-9}	10^{-11}	10^{-7}	10^{-8}
极性（+/-）	+	+	+/-	-	+	+

针对不同空中目标的研究和试验结果表明，目标所带电荷及其电场变化频率在直流至几千赫兹范围内，变化频率与大气气象条件和飞机形状等因素有关。直升机目标由于旋翼的转动引起的机体荷电量及其分布变化会附加产生一个频率变化与旋翼转速有关的交变电场，使其周围的电场呈现特殊的变化规律。

典型目标的荷电特性及其电场变化规律为静电探测器的设计提供了参考依据，本书第 3 章将详细论述静电探测的基本原理和针对空中目标的探测器设计方法。

2.5.3　目标荷电与周围环境的关系

空中目标的起电电流和电位受环境因素，如温度、气压、降水等影响很大。如同一架 B-17 飞机，在不同的天气条件下飞行，其起电电流有明显差别，其在小雪中飞行时起电电流为 100 μA，在中雪中为 150 μA，在大雪中为 400 μA。除此之外，摩擦起电电流、喷流起电电流和感应起电电流 I 都是大气温度 T 和气压 P 的函数，即有：

$$I = f(P, T) \qquad (2-56)$$

而决定目标最大荷电电压的放电阈值也与大气环境因素密切相关，即：

$$U_j = k_1 + (k_2 + k_3 r)\frac{P}{P_0} \qquad (2-57)$$

式中，k_1、k_2、k_3 为常数；P_0 为通常情况下大气压强；r 为放电处的曲率半径；P 为放电处当前时刻的大气压强。

通过上述公式可以发现，由于受这些因素的共同作用，飞机的荷电量和电位不是一个恒定值。在扰动天气条件下，大气电场活动更加剧烈，大气中的各种降水粒子（如冰晶、雨滴、雪等）数量增大，运动物体特别是飞行高度较高的喷气式飞机因为飞跃带电云层的机会较多，所以此时目标带电变化的幅度更大。在降水情况下，运动目标起电主要受勒纳德效应和降水电流（即降水粒子带有的电荷在飞机上产生的电流）影响明显增强。各种类型的降水粒子带有不同大小和不同极性的电荷，通常，带正电的降水粒子数大于带负电的降水粒子数，其综合效果则使平均降水电流为正。对各类降水而言，降水电流密度绝对值的变化范围介于 $10^{-16} \sim 10^{-11}$ A/cm 之间，总充电电流为 300~500 μA。可见，降水情况下，运动目标（特别是高空飞行喷气式飞机）荷电量比晴天大。因此，目标在不同气象条件下飞行时，其荷电量会有较大变化。本书第 5 章将对各种环境因素对于目标荷电与目标探测的影响及干扰抑制方法进行论述。

综合以上分析，不同类型空中目标的荷电特性和规律既有共性，也存在差异。基于各种典型目标的荷电特性设计静电探测器及相应的信号处理方法，能够剔除各种干扰，以对空中目标进行准确的探测和识别。

第3章　静电探测原理与探测系统设计

对带电物体的探测，主要通过静电探测器感应目标静电场实现。利用静电探测系统检测电场的参量如电场强度、电场强度变化率或电势差等，并通过感知这些物理量在弹目交会过程中的变化特征，得到目标信息。静电目标探测有主动式静电探测方法和被动式静电探测方法，其中被动式静电探测方法又分为测量电场变化率的检测电流式静电探测方法、测量电场的调制式电场探测方法和光电式电场探测方法、测量电势差变化量的电势差探测方法。本章将针对静电探测原理及方法、检测电流式静电探测器的目标探测方程、弹目交会信号特性、静电探测器设计与性能测试进行介绍。

§3.1　静电探测原理与方法

3.1.1　静电探测原理

对运动的带电目标进行探测，可以通过测量静电目标产生的电场强度、电场强度变化率或电势差等物理量实现，静电探测的基本原理是静电感应理论。

1. 非接地金属导体静电感应

静电感应理论指出，当带电体附近有一非接地金属导体时，非接地金属导体与物体接近的一端感应出与带电体极性相反的电荷，另一端感应出等量异号的电荷，如图 3-1 所示。

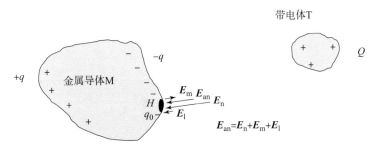

图 3-1　自由空间非接地金属导体静电感应原理图

图 3 - 1 所示系统中，自由空间中有带电体 T 和非接地金属导体 M，带电体 T 带正电荷 Q，非接地金属导体 M 两端感应的电荷为 $-q$ 和 $+q$。非接地金属导体 M 靠近带电体 T 一端的任意点 H，其表面法向电场强度 E_{an} 由带电体 T 的电场强度 E_n 和非接地金属导体 M 的电场强度 E_m 共同叠加形成，即：

$$E_{an} = E_n + E_m \tag{3-1}$$

此外，如果非接地金属导体除感应电荷以外，自身还有净电荷 q_0，则 H 点的合成场强还应包含自身净电荷 q_0 产生的场强分量 E_1，那么此时的合成场强为：

$$E_{an} = E_n + E_m + E_1 \tag{3-2}$$

根据高斯定理，可得出非接地金属导体 M 表面的电荷密度为：

$$\rho = \varepsilon_0 E_{an} \tag{3-3}$$

式中，ε_0 为空气的介电常数。

非接地金属导体 M 靠近带电体 T 一侧所带的异号电荷总量为：

$$-q = \int_S \rho dS = \int_S \varepsilon_0 E_{an} dS \tag{3-4}$$

式中，S 为金属导体带异号电荷的面积。

非接地金属导体静电平衡后表面为等势体，但其表面电荷分布不一定均匀。一般地，表面曲率大的地方电荷密度大，曲率小的地方电荷密度小。

由于非接地金属导体上感应的异号电荷 $-q$ 是在带电体 T 的作用下产生的，其大小和带电体 T 所带电荷量 Q、非接地金属导体 M 与带电体 T 的位置关系紧密相关。因此可以通过检测电荷量 $-q$ 的大小及变化情况获取带电体 T 的信息。

检测电荷量 $-q$ 的大小及变化情况可通过将非接地金属导体 M 分成两个电极来实现。将图 3 - 1 所示非接地金属导体 M 分为 M_1 和 M_2 两部分，中间由导线相连，其中 M_2 为距离带电体 T 较近的一端，感应出异号电荷，M_1 为距离带电体 T 较远的一端，感应出同号电荷，感应原理如图 3 - 2 所示。在静电感应过程中，自由电子通过导线流动，形成感应电流，可通过测量感应电流获得感应电荷量，测量时可将 M_1 作为参考电极，M_2 作为探测电极。

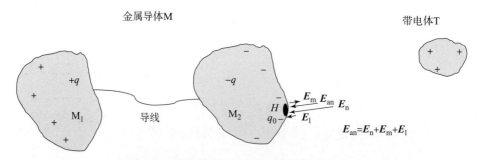

图 3 - 2　可测量感应电荷量的自由空间非接地金属导体静电感应原理图

2. 接地金属导体静电感应

当带电体 T 靠近接地金属导体时，接地金属导体与物体接近的一端感应出与带电体极性相反的电荷，等量异号的电荷通过接地线导入大地，如图 3 - 3 所示。

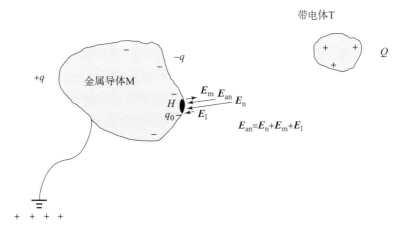

图 3 - 3　接地金属导体静电感应原理图

接地金属导体静电平衡后与大地形成等势体，其电势为零。

在静电引信中，对空引信探测系统为非接地状态，根据前述非接地金属导体静电感应原理，采用双电极感应方式进行探测。在实际应用中，一般采用如图 3 - 4 所示的探测电极和参考电极方式对感应电荷进行检测。

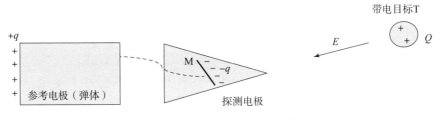

图 3 - 4　静电引信探测电极示意图

3.1.2　主动式静电探测方法

对于主动式静电探测方法，首先构建一个静电场，通常由弹上电源通过给探测电极和弹体组成的电极对加载电压产生。当目标出现时对这一静电场产生扰动，探测器通过扰动信号获取目标信息。20 世纪 50 年代国外开展了相关研究，研制出主动式静电探测器，其利用弹目接近过程中，电极、弹体与目标间电容的变化，引起两电极间产生电压差 ΔU，这一电压经阴极射线放大器放大后输入晶闸管，最后起爆雷管。

早期的主动式静电引信的工作原理如图 3 - 5 所示。图中弹体被分为两部分：探测电极 N 和弹体 B，其间用绝缘材料隔离。在弹丸遇到目标以前，弹体主动地给自身带上电荷。由于两电极间的绝缘材料有轻微的导电能力，允许两电极的电荷因电势的高低不等而流动，在接近目标前，两电极间电荷分布达到平衡，不再有电荷的流动，即两电极间电压差为零；在弹目交会的几十米范围内，由于两电极之间绝缘材料的导电能力有限，两电极上的电荷保持不变。然而，随弹目的接近，探测电极 N 和弹体 B 间均引入对目标 T 的电容，且距离越近其间的电容越大。根据电容和电荷的关系，当电容增大时，探测电极对目标 T 的电势降低，且距离越近电势越低。由于探测电极 N 比弹体 B 更靠近目标，所以探测电极 N 的电容增加比弹体 B 大，其电势的下降比弹体 B 更快，从而在两电极间产生一负压 ΔU。这一电压经阴极射线放大器放大，至晶闸管然后起爆雷管。

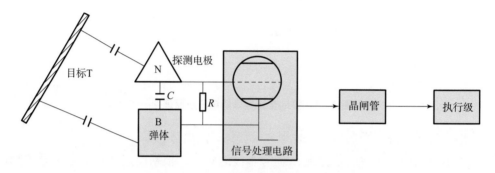

图 3 - 5　早期的主动式静电引信工作原理图

弹丸主动给自身带电的方法有两种：一种是弹丸携带带电微粒状物质，当弹丸脱离炮口以后在空中自由飞行时，带电微粒从容器中高速喷向探测电极和弹体，给两电极带上电荷；另一种方式是接触起电，即弹丸在脱离炮口的瞬间，接触带很高电压的金属电极，从而带上上万伏的电压。试验证明两种方法都是可行的。

这种引信的缺点是作用距离太近，其平均作用距离不超过 3 英尺（1 英尺 = 30.48 厘米）。此外，不同气候条件下，飞行体在空中飞行时电荷泄放的数量不一致，使作用距离散布较大，在雨天的情况下不能正常作用。

另一种主动式静电引信是通过在两探测电极间施加直流电压的方式进行探测，称为 DC 型主动式静电引信，主要解决早期的主动式静电引信受气象条件影响大的问题。DC 型主动式静电引信与早期的主动式静电引信的区别是电极电荷的产生方式，即它通过在两探测电极间施加一恒定的直流电压获得电荷，并保持两电极上的电荷始终恒定。其原理如图 3 - 6 所示，图中 A 电极为探测电极，B 电极为弹体，两电极间通过电阻 R 相连。

当弹丸脱离炮口以后，在探测电极与弹体间预先加一直流电压 U，从而在探测电极 A 和弹体电极 B 间形成静电场，并分别给两电极带上等量异号的电荷，这一电荷在引信遇到目标前的飞行过程中始终保持不变。假设探测电极 A 和弹体电极 B 间的电容

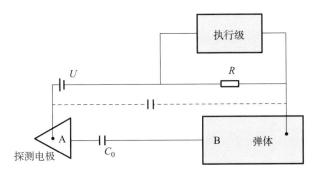

图 3-6　DC 型主动式静电引信

为 C_0，两电极间的电荷为 Q，则有：

$$Q = UC_0 \qquad (3-5)$$

当接近目标时，目标对探测电极 A 与弹体电极 B 间的电容产生扰动，使两电极间出现电容增加 ΔC，由此电荷增量 ΔQ 为：

$$\Delta Q = U\Delta C \qquad (3-6)$$

当有 ΔQ 的电荷变化时，为维持电荷的平衡，将通过电流流动来实现，从而在两电极间电阻 R 上产生电压变化信号。该引信直接利用电阻 R 上的电压变化信号探测目标并控制执行级动作。

DC 型主动式静电引信的优点是受气象条件影响小。但是该引信加在两探测电极间的电压通常仅为几十伏，因而建立的电场相对较弱，这使得该引信探测距离极为有限。国外对主动式静电探测器的研究主要集中在 20 世纪五六十年代，这些探测器都有作用距离近的缺点。

3.1.3　被动式检测电流静电探测方法

基于电流检测的被动式静电探测方法通过检测目标电场变化时在探测器上产生的感应电流变化获得目标信息。弹目交会时，目标电场因为弹目相对位置的快速变化产生电场的快速变化，从而在被动式探测器上产生感应信号。基于电流检测的被动式静电探测方法也称为检测电流式静电探测方法。

检测电流式静电探测方法原理如图 3-7 所示，被检测电流式静电探测系统由探测电极、参考电极和两电极间的取样电阻组成，当目标电场变化引起探测电极的感应电荷发生变化时，电荷从取样电阻流过形成电流 i，通过检测这一微弱电流，可获得目标信息。

由式（3-2）可知，静电引信探测器探测电极上任一点的电场强度法向分量 E_{an} 由带电目标 T 的场强 E_n、探测电极 M 感应电荷产生的场强 E_m 和探测器自身净电荷产生的场强分量 E_1 共同叠加形成。探测电极 M 感应电荷产生的场强 E_m 和带电目标 T 的场

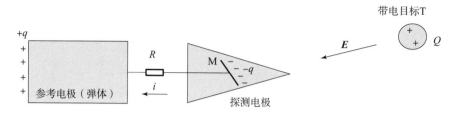

图3-7 检测电流式静电探测方法原理图

强 E_n 有如下关系：

$$E_m = KE_n \tag{3-7}$$

式中的系数 K 主要是由静电探测电极和探测器的形状、体积等几何参数确定的非线性函数。

探测电极 M 上的合成场强可写为：

$$E_{an} = (1+K)E_n + E_1 \tag{3-8}$$

式中 E_1 在静电引信中是由弹体自身带电产生的，即弹丸在飞行中因各种因素产生的静电荷。弹丸自身的电荷在弹丸脱离炮口以后很短的时间内即达到平衡，弹体的电荷保持不变；在弹丸和目标交会过程这一短暂时间中，可认为弹体自身的电荷同样保持恒定。因此在弹目交会过程中弹丸自身携带电荷的场强为常量。

在静电探测中，探测电极的电场强度变化率方程为：

$$\frac{dE_{an}}{dt} = (1+K)\frac{dE_n}{dt} + \frac{dE_1}{dt} \tag{3-9}$$

式中的 E_1 在弹目交会过程中可视为常量，即式（3-9）中的第二项为零，于是式（3-9）可写为：

$$\frac{dE_{an}}{dt} = (1+K)\frac{dE_n}{dt} \tag{3-10}$$

如果在两电极间连接一个取样电阻，当目标电场变化引起探测电极的感应电荷发生变化时，电荷从取样电阻流过，形成感应电流，通过检测这一微弱感应电流，可获得目标电场变化的信息。根据式（3-4），有：

$$i = \frac{d(-q)}{dt} = \varepsilon_0 \int_S \frac{dE_{an}}{dt}dS \tag{3-11}$$

将式（3-10）带入式（3-11）可得：

$$i = \varepsilon_0(1+K)\int_S \frac{dE_n}{dt}dS \tag{3-12}$$

即感应电流 i 表征了电场强度变化率。

从该式可知：

（1）当 $\dfrac{\mathrm{d}E_\mathrm{n}}{\mathrm{d}t}$ 为零时，输出电流 i 为零，说明探测器只对变化电场产生响应，不变的静电场不产生输出电流，所以探测器自身荷电产生的稳定的静电场不会在探测器上产生输出电流。

（2）同样的电场分布情况下，弹目接近速度越大，即相同的 ΔE 变化量，Δt 越小，电场的变化量 $\dfrac{\Delta E}{\Delta t}$ 越大，输出信号 i 也越强。因此，弹目交会速度越高，这种检测方式灵敏度越高，探测距离越远。

（3）同样的弹目交会速度下，由于 E_n 大小随电极的位置改变而变化，因此输出电流 i 的大小也随电极的位置改变而变化。利用这一性质，可采用多电极阵列方式，实现对目标方位的识别。

从上述分析可知，检测电流式静电探测方法原理简单，仅对变化电场敏感且探测灵敏度高，适合作为静电引信的目标探测体制。

3.1.4 被动式电场探测方法

被动式电场探测方法通过使用电场传感器测量目标周围电场的电场强度，获得弹目交会过程中的目标信息。电场传感器由于有机械运动部件或大体积光学器件，相比电流检测式传感器结构复杂，目前无法在静电引信探测器上应用，但是随着微机电（MEMS）技术和微光机电（MOEMS）技术的发展，被动式电场探测方法也有应用在静电引信探测器上的可能。电场传感器主要有基于调制式原理的电场传感器和基于电光效应的光电式电场传感器。下面分别对这两种传感器进行介绍。

1. 调制式电场传感器

基于调制式原理的静电场探测传感器，通过周期性的机械运动，改变感应电极的有效感应面积或改变感应电极与电荷源之间的等效电容大小，将静电场调制成周期变化电场进行测量。基于调制式原理的静电场探测传感器主要有旋叶式电场传感器、谐振式电场传感器、振动电容式电场传感器等。下面以旋叶式电场传感器为例介绍调制式静电场探测方法。

旋叶式电场传感器通过旋转接地金属叶片将静电场斩波成交变电场进行电场测量。旋叶式电场传感器有两组形状相似、均为四块相互连接在一起的扇形金属叶片，分别称为定子（感应电极）和转子（接地屏蔽片），如图 3-8 所示。

转子的旋转使定子交替地暴露在外电场 **E** 中或被转子遮挡所屏蔽，从而产生交变电流信号，电流信号峰值为：

$$i(t) = 4\pi E f_0 (r_2^2 - r_1^2) \qquad (3-13)$$

式中，r_2 为扇形金属片外径；r_1 为扇形金属片内径；f_0 为叶片旋转频率。

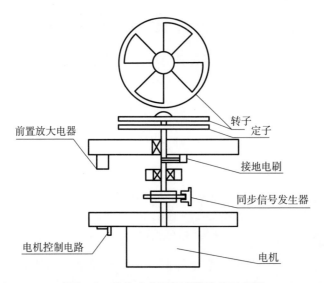

图 3-8　旋叶式电场传感器结构示意图

将式（3-8）带入式（3-13）可得旋叶式电场传感器的输出方程：

$$i(t) = 4\pi f_0 (r_2^2 - r_1^2)[(1+K)E_n + E_1] \qquad (3-14)$$

2. 光电式电场探测器

光电式电场探测器，是通过电光效应测量目标周围静电场大小。电光效应是指一些光学上各向同性或者各向异性的物质，在外加电场作用下产生或改变了其光学各向异性的现象。具有这种电光效应的物质，一般以晶体材料为主，称之为电光晶体。

下面以光电式电场传感器中常用的磷酸二氢钾（KDP）晶体为例，说明利用光波通过介质时所获得的附加位相差检测电场强度的方法。

光电式电场传感器主要由起偏器 P_1、KDP 晶体和检偏器 P_2 组成。如图 3-9 所示，xyz 坐标系原点为 O，x 轴和 y 轴顺时针旋转 $45°$ 分别为 x' 轴和 y' 轴。KDP 晶体为长方体，短边平面为 xy 平面，长边平行 z 轴且长度为 L，光线垂直入射到 xy 平面并沿 z 轴

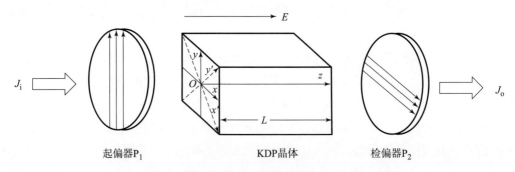

图 3-9　利用线性电光效应测量电场强度原理图

传播。起偏器 P_1 和检偏器 P_2 的 "偏振化方向"（透光轴）分别平行于 y 轴和 x 轴。来自半导体激光器的光信号，经过起偏器 P_1 后变为平行于 y 轴的线偏振光。当外加电场为零时，晶体的光轴 x 和 y 方向的折射率相等，光为寻常光（o 光），在晶体内传播时不分解为两种光振动。当沿 z 轴方向施加电场时，因电光效应使晶体的光轴顺时针旋转 $45°$，在 x' 和 y' 轴方向光的折射率不再相等，光振动分解为沿 x' 和 y' 轴的两个分量，且分量大小与外加电场相关，两个分量合成椭圆偏振出射光，经检偏器 P_2 检偏后作为输出光。

为了获得良好的线性关系，通常在起偏器 P_1 和 KDP 晶体之间插入 $1/4$ 波片，此时通过检偏器 P_2 输出的光强度表达式为：

$$J_o = \frac{J_i}{2}\left(1 + \frac{2\pi}{\lambda_0}n_0^3\gamma_{63}E_zL\right) \qquad (3-15)$$

式中，J_o 为输出光强度；J_i 为输入光强度；$n_0^3\gamma_{63}$ 为 KDP 晶体的光学常数；E_z 为 z 轴方向电场强度；L 为晶体厚度；λ_0 为入射光波长。

由此可见，在输入光强度、光学常数和晶体厚度恒定情况下，输出光强和外加电场强度 E_z 呈线性关系，用光接收器（PIN 二极管）把输出光强转换成电信号，经信号处理电路进一步换算后，即可获得电场强度。

将式（3-8）带入式（3-15）可得光电式电场传感器输出方程：

$$J_o = \frac{J_i}{2}\left\{1 + \frac{2\pi L}{\lambda_0}n_0^3\gamma_{63}\left[(1+K)E_n + E_1\right]\right\} \qquad (3-16)$$

光电式电场传感器的电场敏感元件是电光晶体，输入/输出光源可使用光纤，所以光电式电场传感器可以将所有电子元器件进行屏蔽，仅仅将非导体的光学器件暴露在外。这种方式可以使得光电式电场传感器不改变测量点的电场分布情况，而且可抗强电磁脉冲干扰。

3.1.5　被动式电势差探测方法

被动式电势差探测方法，是通过使用电荷放大器检测探测电极与参考地电极间的电势差对目标进行探测的方法。当探测电极和参考地电极间电容为 C 时，两个电极感应电荷量分别为 $-q$ 和 $+q$，则两个电极间的电势差 $U = \dfrac{q}{C}$，将式（3-4）带入，不考虑电荷极性，可得两电极间电势差为：

$$U = \frac{1}{C}\int_S \varepsilon_0 E_{an}\mathrm{d}S \qquad (3-17)$$

在弹目接近过程中，两个电极间的电势差 U 的变化量 ΔU 为：

$$\Delta U = \frac{1}{C}\int_S \varepsilon_0\frac{\mathrm{d}E_{an}}{\mathrm{d}t}\mathrm{d}S = \frac{\varepsilon_0(1+K)}{C}\int_S \frac{\mathrm{d}E_n}{\mathrm{d}t}\mathrm{d}S \qquad (3-18)$$

通过使用电荷放大器直接测量两电极间的电势差在弹目交会过程中的变化情况，可获得目标信息。

基于"信号自屏蔽 – 电荷耦合"的动态电势传感器，可对电势差进行测量，该传感器具有两个电极，两个电极既是被测信号的输入端，又是耦合信号的屏蔽导体。电极因静电感应产生电荷，把被测电势信号转换为与其成正比的电荷量，通过电荷放大器转换为两个电极间的电势差。其等效电路如图 3 – 10 所示，其中 R_0、C_0 分别为传感器的输入电阻和输入电容，C_F 为电荷放大器的反馈电容，U、U_o 分别为被测电势和电荷放大器的输出电压。

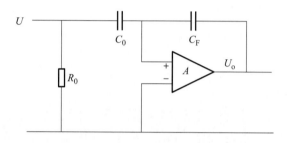

图 3 – 10　动态电势传感器等效电路

由于电荷放大器的输入端虚地，由等效电路可求出：

$$U_o = -\frac{C_0}{C_F}U \tag{3 – 19}$$

在弹目交会过程中，传感器的电路以弹体作为参考地，因此被测电势 U 为探测电极与参考地电极间的电势差。由于引信的运动，被测电势 U 发生变化导致传感器输出 U_o 跟随变化，U_o 的变化量可表示为：

$$\Delta U_o = -\frac{C_0}{C_F}\Delta U \tag{3 – 20}$$

将电势差变化量方程（3 – 18）带入式（3 – 20）可得被动式电势差探测方法的输出方程为：

$$\Delta U_o = -\frac{\varepsilon_0 C_0}{C_F}\frac{(1 + K)}{C}\int_S \frac{dE_n}{dt}dS \tag{3 – 21}$$

式中，C 为探测电极与参考地电极间的等效电容。

§3.2　检测电流式静电探测方法分析

国内外研究表明，利用静电场进行目标探测的方法中，主动式静电探测方法存在探测距离较近的问题，因此静电引信探测器一般采用被动式静电探测方法。通过对几种被动式静电探测方法的分析与对比，检测电流式静电探测方法具有探测灵敏度相对较高、无机械运动部件、电路相对简单以及探测器自身荷电对探测无影响等优势，适合引信探测器应用。为了更好地指导检测电流式静电探测器设计，首先对检测电流式静电探测方法做进一步分析，获得检测电流式静电探测方法的目标探测方程与弹目交会时的输出信号特性。

3.2.1　静电目标探测方程

在由目标、静电场和探测器三部分构成的体系中，静电场是联系目标和探测器的媒介。建立图 3-11 所示的静电目标探测示意图，对目标电荷产生的静电场在探测电极所处位置的大小和变化情况进行分析。如图 3-11 所示，探测电极中心为坐标原点 O，带电目标 T 的坐标为 (x, y)，探测器与目标沿 x 轴方向交会，速度为 v，探测电极与 x 轴（探测器运动方向/弹轴方向）夹角为 θ，TO 连线与探测电极法线的夹角为 δ，与 x 轴夹角为 φ。

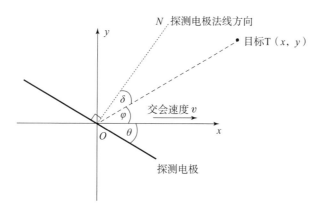

图 3-11　静电探测示意图

探测电极某一微小区域 $\mathrm{d}S$ 感应的电荷量大小与电场在该微小区域的法向分量紧密相关，在闭区域 S 内，由高斯定理可得：

$$\oiint_S E \mathrm{d}S \cos\delta = \frac{\sum q}{\varepsilon_0} \qquad (3-22)$$

式中，E 为场强；S 为某一闭区域面积；q 为该闭区域面积包围的电荷，电场方向与该面积单元法向方向夹角 δ 的变化将影响感应电荷 q 的大小。

令目标 T 所带的电荷量为 Q，则目标电场在探测电极法向方向的场强分量为：

$$E_\mathrm{n} = \frac{Q\cos\delta}{4\pi\varepsilon_0(x^2 + y^2)} \qquad (3-23)$$

由图 3-11 中的几何关系可知：

$$\delta = 90° - (\varphi + \theta)$$

所以有：

$$\cos\delta = \cos\left[90° - \varphi + \theta\right] = \sin\varphi\cos\theta + \cos\varphi\sin\theta \qquad (3-24)$$

其中，$\sin\varphi = \dfrac{y}{\sqrt{x^2 + y^2}}$，$\cos\varphi = \dfrac{x}{\sqrt{x^2 + y^2}}$。

将式（3-24）代入式（3-23）中得：

$$E_n = \frac{Q}{4\pi\varepsilon_0(x^2 + y^2)^{\frac{3}{2}}}(y\cos\theta + x\sin\theta) \qquad (3-25)$$

假设静电探测器以速度 v 做直线运动，探测电极面积为 S，根据式（3-12）和式（3-25），可获得静电目标探测方程为：

$$\begin{aligned}
i &= \varepsilon_0(1 + K)\int_S \frac{\mathrm{d}E_n}{\mathrm{d}t}\mathrm{d}S \\
&= (1 + K)\frac{QS}{4\pi}\frac{(y^2 - 2x^2)\sin\theta - 3xy\cos\theta}{(x^2 + y^2)^{\frac{5}{2}}}\frac{\mathrm{d}x}{\mathrm{d}t} \\
&= (1 + K)\frac{QvS}{4\pi}\frac{(y^2 - 2x^2)\sin\theta - 3xy\cos\theta}{(x^2 + y^2)^{\frac{5}{2}}} \qquad (3-26)
\end{aligned}$$

由静电目标探测方程可知，在探测电极面积 S 一定的情况下，输出电流 i 的大小与目标带电量 Q、弹目相对速度 v、带电目标坐标（x，y）以及探测电极与弹轴夹角 θ 有关。

3.2.2　静电探测信号特性

根据静电目标探测方程，采用 MATLAB 编程计算，可以得到静电探测弹目交会时检测电流波形。通过对弹目交会时检测电流波形进行分析，可以获得其特征点、时域特征和频域特征，为静电探测器设计提供依据。

1. 静电探测信号波形与特征点

按图 3-11 所示坐标系，将弹目交会过程中的弹目距离变量 x、y，弹目交会速度 v、目标带电量 Q、探测电极面积 S、两电极间电容 C 以及探测电极与弹轴的夹角 θ 设为常数，带入静电目标探测方程式（3-26），计算探测器输出电流 i 并进行归一化处理，得到归一化静电探测输出信号的波形。计算时，设弹丸与目标从距离 60 m 开始相向运动，相对运动速度为 100 m/s，探测电极与弹轴的夹角 θ 为 0°。图 3-12 为输出信号波形，以检测电流峰值 $i(t)_{\max}$ 为 1 对图中纵坐标电流值做了归一化处理，横坐标为弹目水平距离。

对弹目交会时检测电流波形进行分析可知，该波形有上升段时长、上升段斜率、

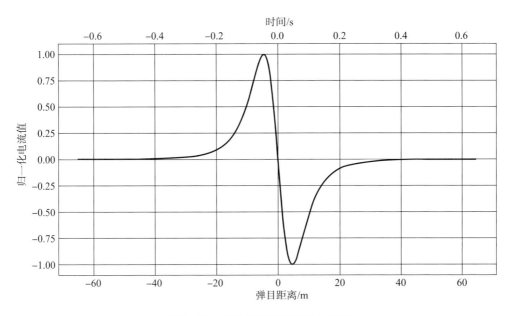

图 3 – 12　弹目交会时输出信号波形

峰值点时刻、峰值点幅值、过零点时刻、峰值点 – 过零点时长、峰值点 – 过零点斜率 7 个特征量，其中过零点出现在弹目距离最近时。图 3 – 13 中示意了弹目交会时输出信号波形特征点。

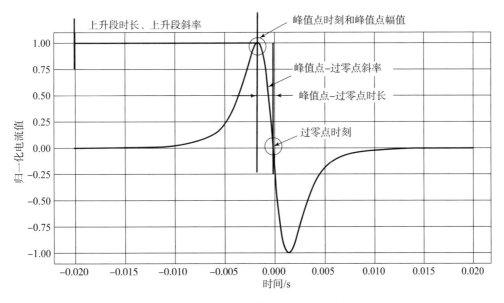

图 3 – 13　弹目交会时输出信号波形特征点

由于影响检测电流波形的因素包括弹目交会速度 v、目标带电量 Q、探测电极面积 S 及探测电极与弹轴的夹角 θ，在一次交会过程中，v、Q、S 为常数，夹角 θ 与弹目距

离分量 x、y 组成的函数对感应电流产生影响，夹角 θ 的影响较为复杂。按图 3-11 所示坐标系，将弹目交会过程中的弹目距离变量 x、y，弹目交会速度 v、目标带电量 Q、探测电极面积 S 带入静电目标探测方程式（3-26），分别计算探测电极与弹轴的夹角 θ 为 $0°$、$30°$、$45°$、$60°$、$90°$、$120°$、$145°$ 时的归一化弹目交会时检测电流 i，并进行归一化处理，其中交会速度 v 设为 100 m/s。图 3-14 为不同 θ 值时的输出信号波形。

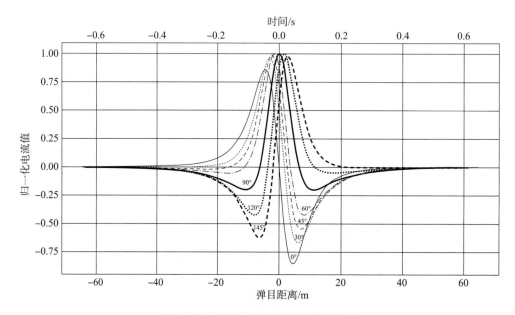

图 3-14　不同 θ 值时的输出信号波形

从图 3-14 可看出，探测电极与弹轴的夹角 θ 值不同时，弹目交会时检测电流波形发生变化，且具有一定的规律性。在弹目距离最近点（脱靶点）之前，所有输出信号波形都有峰值点。在 θ 值不为 $90°$ 时，输出信号的波形均为正负双峰形态。如图 3-15 所示，在 θ 值为 $90°$ 时，输出信号波形出现 3 个峰值，其中一个最大峰值出现在弹目距离最近点。在弹目交会过程中，上升/下降段时长、上升/下降段斜率、峰值点时刻、峰值点幅值 4 个特征点都出现在脱靶点之前，可利用这些特征值作为判断目标出现的依据。

2. 弹目交会时信号波形的时域特征与频域特征

空中带电目标中，喷气式飞机带电量典型值为 10^{-3} C，直升机带电量典型值为 $10^{-6} \sim 10^{-4}$ C，导弹带电量典型值为 10^{-8} C。选取带电量最小的导弹作为典型目标，进行弹目交会时信号波形的时域特性与频域特征分析。

设目标带电量为 10^{-8} C，弹丸与目标从距离 60 m 开始相向运动，选取 1 000 m/s、2 000 m/s 和 4 000 m/s 三种弹目交会速度，探测电极与弹轴夹角 θ 为 $0°$，绘制弹目交会过程检测电流信号的波形并进行快速傅里叶分析（FFT），结果如下：

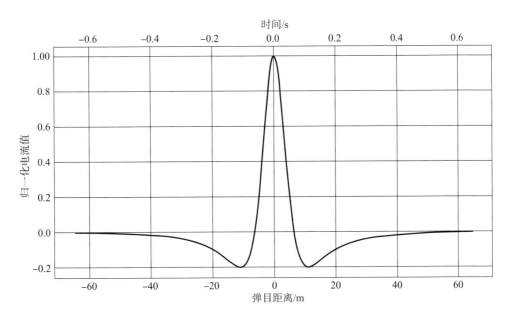

图 3 – 15　探测电极与弹轴的夹角 θ 值为 90°时的输出信号波形

交会速度为 1 000 m/s 时，检测电流信号的时域波形与频域波形如图 3 – 16 所示。从图中可以看出检测电流信号幅值在 $10^{-12} \sim 10^{-11}$ A 数量级，在时间上持续过程为 600 ms，信号频率在 20 Hz 以下。

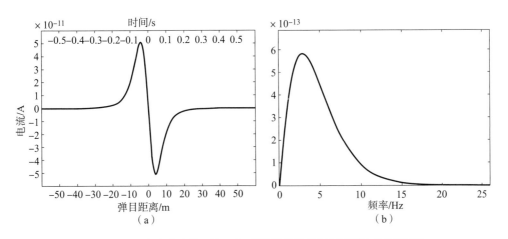

图 3 – 16　交会速度为 100 m/s 时输出信号的时域波形与频域波形
（a）时域波形；（b）频域波形

交会速度为 2 000 m/s 时，检测电流信号的时域波形与频域波形如图 3 – 17 所示。从图中可以看出，检测电流信号幅值在 $10^{-10} \sim 10^{-9}$ A 数量级，在时间上持续过程为 30 ms，信号频率在 400 Hz 以下。

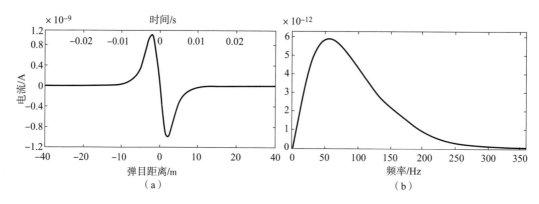

图 3 – 17　交会速度为 2 000 m/s 时输出信号的时域波形与频域波形

（a）时域波形；（b）频域波形

交会速度为 4 000 m/s 时，检测电流信号的时域波形与频域波形如图 3 – 18 所示。从图中可以看出，检测电流信号幅值在 $10^{-10} \sim 10^{-9}$ A 数量级，在时间上持续过程为 24 ms，信号频率在 700 Hz 以下。

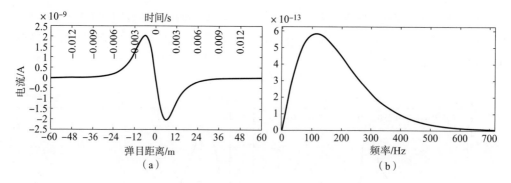

图 3 – 18　交会速度为 4 000 m/s 时输出信号的时域波形与频域波形

（a）时域波形；（b）频域波形

通过分析以上三种交会速度下的信号时域特征与频域特征可知，以导弹目标为例，当目标带电量为 10^{-8} C，探测电极面积 S 一定时，检测电流信号幅值、频率与交会速度有关，弹目交会速度越高，检测电流信号幅值越大，信号波形时域持续时间越短，信号频率越高。在交会速度为 4 000 m/s 以内时，检测电流信号幅值在 $10^{-11} \sim 10^{-9}$ A 数量级，信号波形时域持续时间为 24 ms 以上，频率在 700 Hz 以内。

由于喷气式飞机和直升机目标带电量比导弹目标大，所以当弹目交会速度和探测电极面积一定时，上述两种目标在探测器上产生的检测电流信号幅值要大于导弹目标信号的幅值，信号持续时间和频率与导弹目标的类似。

§3.3 静电引信探测器设计

根据国内外研究结果，静电引信探测器采用检测电流式静电探测方法，具有电路简单、探测灵敏度高、对探测器自身荷电不敏感的优势。针对荷电量为 $10^{-8} \sim 10^{-3}$ C 数量级的典型空中目标，在弹目交会速度为 4 000 m/s 以下，弹目距离为 60 m 内，引信探测器探测到目标时探测电极的最小感应电流可低至 10^{-12} A 数量级，感应电流较微弱。因此静电探测器设计的关键任务是通过合理布设电极、设计高灵敏度微弱电流检测电路、滤波电路和信号处理电路，使得静电探测器具有较高灵敏度、信噪比和环境适应性。本节主要介绍静电探测器总体设计、电极设计、高灵敏度微弱电流检测电路和滤波电路设计，以及探测器标定和性能测试方法。信号处理电路和信号处理算法将在下一章介绍。

3.3.1 静电引信探测器总体设计与电路模型分析

根据检测电流式静电探测方法和空中目标电荷特性，进行静电引信探测器总体设计。静电引信探测器分为探测电极、微弱电流检测电路、低通滤波电路和信号处理电路 4 个主要部分，其总体结构如图 3-19 所示。探测电极感应目标电场变化，产生感应电荷，形成感应电流；微弱电流检测电路是整个系统的核心，是决定探测系统探测性能高低的重要因素；低通滤波电路滤除系统和环境中的各种高频干扰，提高系统信噪比；信号处理电路进行目标识别和起爆控制。

图 3-19 静电引信总体结构框图

为了指导静电引信探测器电路设计，依据目标、环境和引信三者之间的关系，建立如图 3-20 所示的探测系统电路模型。从图中可以看到，目标和探测电极间等效电容为 C_1；探测电极与参考地电极之间的等效电容为 C_2，两电极间的等效电阻为 R；目标和参考地电极间的等效电容为 C_3。其等效电路如图 3-21 所示。

电路中，C_2 的电容包括两电极形成的电容、电极引线电容、元器件连线及引脚电容。由于电极电容远大于后两者，为便于分析，忽略后两者的影响而仅认为 C_2 是电极电容。同样，总电阻 R 也只考虑两电极间的电流检测电阻。

目标、引信探测电极、引信参考地之间分别存在电势差，将目标和引信参考地之间的电势差记为 U_i，将目标和引信探测电极间的电势差记为 U_1，引信探测电极与参考

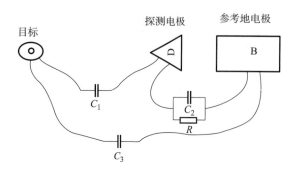

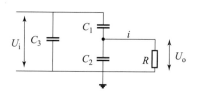

图 3-20　探测系统电路模型　　　　　　图 3-21　探测系统等效电路图

地之间的电势差记为 U_2。当弹目间有相对运动时，目标、探测电极和参考地之间的电势差发生变化，从而导致探测电极的电荷发生变化，由于电容存在容抗，其作用可等效为有电流从目标流向探测电极，即充电电流从 C_1 流过，令电流为 i_1。同样，可令流过电容 C_2 的电流为 i_2，流过电阻 R 的电流为 i，电阻 R 两端的电压为 U_o。根据频域分析理论和电路分析方法，有如下关系：

$$U_o = \frac{R // \dfrac{1}{j\omega C_2}}{\dfrac{1}{j\omega C_1} + R // \dfrac{1}{j\omega C_2}} U_i$$

$$= \frac{j\omega R C_1}{1 + j\omega R(C_1 + C_2)} U_i \qquad (3-27)$$

可得到探测电路输出与目标和参考地间电位差的传递函数为：

$$H(j\omega) = \frac{j\omega R C_1}{1 + j\omega R(C_1 + C_2)} \qquad (3-28)$$

探测系统的模型可简化为图 3-22。系统的输入为 U_i，弹目接近过程中，目标到弹体参考地电位的变化代表了这一过程中的目标电场变化。探测系统的输出为探测电路电流检测电阻两端的电压输出。系统传递函数就是从目标到电路输出端所有作用环节的总和。

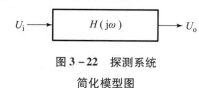

图 3-22　探测系统
简化模型图

式（3-28）中，C_1 是目标和探测电极之间的电容，由弹目间位置、距离和弹目间介质特性共同决定；C_2 为引信探测电极和参考地电极（一般为弹体）之间的电容，表征了引信两电极间的关系；R 为电流检测电阻，为探测电路的重要参数。该式包含了目标、环境和引信的相互关系，为分析目标特性及其与环境关系和设计探测系统提供了基本途径。

从式（3-28）可以得到探测系统传递函数的相频响应为：

$$\theta = 90° - \arctan\left[\omega R(C_1 + C_2)\right] \qquad (3-29)$$

由于被动式静电引信的弹目交会信号波形频率较低，在 1 kHz 以下，电容和电阻的变化引起的相位变化相当微弱，暂不考虑。

从式（3－28）可以得到探测系统传递函数的幅频响应为：

$$|H(j\omega)| = \frac{|\omega RC_1|}{\sqrt{1 + [\omega R(C_1 + C_2)]^2}} \qquad (3-30)$$

根据此式，可推导出如下结论：

（1）增大 C_1，探测系统传递函数增益增大。

将式（3－30）变形可得到：

$$|H(j\omega)| = \frac{|\omega R|}{\sqrt{\left(\dfrac{1}{C_1}\right)^2 + \left[\omega R\left(1 + \dfrac{C_2}{C_1}\right)\right]^2}} \qquad (3-31)$$

在其他条件不变的情况下，增大 C_1，$|H(j\omega)|$ 增大，即同样输入下探测系统有更大的输出响应。

由于目标飞机的大小、结构不确定，弹目交会时探测电极与飞机间相互位置关系不确定，难以用具体的表达式描述弹目交会过程中探测电极与飞机间电容的变化。根据电动力学理论可知，电容 C_1 的大小与目标和探测电极间的等效电极面积 S_1 成正比，与目标和探测电极间介质的介电常数成正比，与目标和探测电极的距离 d_1 成反比，因此可定性地描述为：

$$C_1 \propto k_1 \frac{\varepsilon_0 S_1}{d_1} \qquad (3-32)$$

式中，k_1 为与探测电极、目标形状结构及其相互位置有关的因数。

由式（3－32）可知，探测电极与目标间的等效电极面积 S_1 越大，电容 C_1 就越大，因此探测系统增益越大；与环境温度、湿度及气压等因素有关的环境介质介电常数 ε_0 也和探测系统增益成正比。这和静电目标探测方程式（3－26）反映的规律一致。

（2）减小 C_2，探测系统传递函数增益增大。

由式（3－30）可得出，当探测电极和参考地电极间的电容 C_2 减小时，系统增益 $|H(j\omega)|$ 增大。C_2 的值由探测电极和参考地电极决定，采用经验公式有：

$$C_2 \propto k_2 \frac{\varepsilon_2 S_2}{d_2} \qquad (3-33)$$

式中，k_2 为与探测电极和参考地电极相互关系有关的因数；S_2 为探测电极和参考地电极间的等效电极面积；d_2 为探测电极和参考地电极间的距离；ε_2 为两电极间的介电常数。

减小探测电极和弹体间的等效电极面积 S_2 和增大两电极间距离 d_2 可减小 C_2，增大探测系统增益。同时，两电极间的介电常数 ε_2 要尽量小，因此电极表面的绝缘介质介电常数应选择介电常数较小的物质。

（3）电流检测电阻 R 增大，探测系统传递函数增益增大。

将式（3-30）中分子分母同除以电阻 R，有如下式：

$$|H(\mathrm{j}\omega)| = \frac{|\omega C_1|}{\sqrt{\left(\dfrac{1}{R}\right)^2 + \left[\omega(C_1 + C_2)\right]^2}} \qquad (3-34)$$

当电阻 R 增大时，系统增益 $|H(\mathrm{j}\omega)|$ 增加。但是当 R 的值过大，探测系统的弛豫时间常量 $\tau = RC$ 与弹目交会的有效探测时间相比处于同一数量级或更大时，电阻 R 上流过的电流无法反应弹目交会时电极感应电荷的变化。通常保证时间常量 τ 在 μs 数量级，使得探测系统具有高动态性，能够有效响应弹目交会时的目标信息。

前述对检测电流式静电探测系统的分析可为静电引信探测器的设计提供指导。

3.3.2 探测电极设计

静电探测电极设计的主要工作是根据静电目标探测方程、静电学的导体与电介质性质分析和计算探测电极面积、电极布设位置以及探测电极与弹轴夹角，选择电极材料及电极内外表面敷设材料等。

1. 探测电极面积、电极布设位置、探测电极与弹轴夹角设计

根据静电目标探测方程（3-26）：

$$i = (1 + K)\frac{QvS(y^2 - 2x^2)\sin\theta - 3xy\cos\theta}{4\pi}\cdot\frac{1}{(x^2 + y^2)^{\frac{5}{2}}}$$

可知在目标荷电量、交会速度和相对位置确定的情况下，探测电极的感应电荷形成的感应电流 i 与电极面积 S、探测电极与弹轴夹角 θ 有关。下面对探测电极面积、布设位置和探测电极与弹轴夹角进行分析。

（1）探测电极面积参数：由上式可知，电极面积 S 越大，探测电极的感应电流越大。因此，在探测器设计过程中，需要考虑根据实际空间尺寸，尽量使得电极有较大有效面积，从而提高感应电流。

（2）探测电极布设位置：根据不同弹种，可视具体情况将探测电极布设在引信内部或者引信、弹体的内外表面上，其中布设在引信或弹体内表面的，须确保其外侧的引信或弹体结构为绝缘材料。

（3）探测电极与弹轴夹角：使用 MATLAB 对静电目标探测方程进行计算，设定目标荷电量、交会速度和相对位置，对探测电极与弹轴夹角 θ 在 $0 \sim \pi/2$ 范围内进行扫描，得到电流 i 的值，归一化处理后得到图3-23。

从图3-23可以看出，当探测电极与弹轴夹角 θ 为 $\pi/2$，即探测电极与弹体轴向垂直时，探测电极输出的感应电流最大。因此在静电探测器设计时，在弹体结构和空间

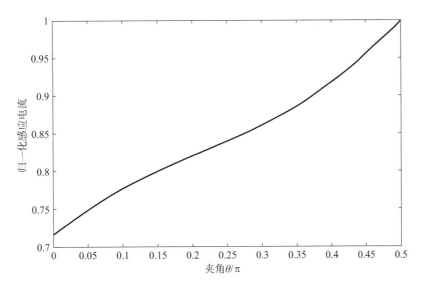

图 3 – 23　探测电极与弹轴夹角与输出电流关系图

大小允许时，尽可能使得探测电极与弹轴夹角最大。

2. 探测电极材料及电极内外表面敷设材料选择

探测电极材料选择：根据静电感应原理，选择静电探测电极材料时，应考虑材料性质和加工工艺情况，优先选择铜作为电极材料，因为铜具有较高的导电率、耐腐蚀性和良好的加工性。

电极内外表面敷设材料选择：根据电流检测式静电探测原理分析可知，在弹目交会的过程中电场的变化使得探测电极与参考地电极的电荷重新分布形成微弱电流，微弱电流从检测电阻 R 上流过。理想情况下，探测电极感应电荷全部从电阻 R 上流过，但是在实际应用时，由于探测电极和作为参考地电极的弹体之间会有等效电阻作为旁路通道，当空气潮湿、带电灰尘沉积以及雨水浸湿等情况导致等效电阻下降时，旁路通道流过的电流会增加，使得探测灵敏度降低。因此探测电极内外表面敷设的材料首先要具有高绝缘性。

绝缘介质层的使用，克服了外界环境变化（如湿度、灰尘等）对检测电流旁路的影响。高绝缘性材料属于电介质，电介质在电场中会产生极化现象，从而也会引起电极电荷感应特性的变化。因此必须研究和选择合适的绝缘介质，以获得最大的探测灵敏度。下面分析绝缘介质层的极化对探测电极性能的影响。

试验表明，对于绝大多数各向同性的介质，极化强度 P 与电场强度 E 成正比，即：

$$P = \chi \varepsilon_0 E \tag{3-35}$$

式中，χ 称为介质的电极化率，是介质材料的属性，与电介质的种类有关。电场强度 $E = E_0 + E_1$，其中 E_0 为外电场强度，E_1 是介质极化后极化电荷在该点产生的附加电场强度。附加电场起着抵制外电场的作用，其方向与外电场方向相反，因此介质中的总电场强度要比真空中小。在介质选择上，要选择介电常数小的介质，尽量减少附加电场的影响。

引信的电极布设有多种方式，其中一种是在引信内布设探测电极。由于将弹体作为参考地电极，弹体和引信体一般都为导体，风帽旋在引信体上，外界电场通过风帽进入引信内部。引信内的探测电极与弹体距离较近，可将探测电极后面的弹体整体等效为一个平板电极，作为参考地电极。探测电极和参考地电极间的关系可等效为图 3 – 24 所示。

两电极间的绝缘介质是空气，探测电极与目标间的绝缘介质是风帽与空气。风帽作为电极与外界环境的隔离层，使电极间的介质环境相对稳定。在这种使用情况下，风帽的介电特性作为主要因素影响探测器的探测能力。为了分析风帽的材料和厚度对探测器的影响，建立易于用解析式表达的中空介质球模型代替图 3 – 24 所示的风帽与电极，模型如图 3 – 25 所示。介质球的介电常数为 ε，球的内外半径分别为 a、b，外加的电场为匀强电场，场强为 $\boldsymbol{E}_0$，介质球内为匀强电场，电场场强为 $\boldsymbol{E}$。

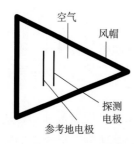

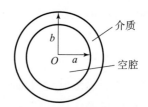

图 3 – 24　电极内置原理图　　　　图 3 – 25　电极内置模型图

根据匀强电场下介质球内场强计算公式，可得内部场强为：

$$E = \frac{9\varepsilon\varepsilon_0 E_0}{(2\varepsilon + \varepsilon_0)(\varepsilon + 2\varepsilon_0) - 2(\varepsilon - \varepsilon_0)^2 (a/b)^3} \qquad (3-36)$$

从式 (3 – 36) 可知，在 b 恒定的情况下，增大 a，介质球腔内的电场增强。因此，在静电引信的风帽设计中，风帽的厚度应尽可能薄。

使用 MATLAB 按式 (3 – 36) 计算风帽介质介电常数与风帽介质中的空间电场强度的对应关系。由于一般介质相对介电常数在 1～80 之内，所以风帽介质的介电常数取值范围为：$\varepsilon_0 < \varepsilon < 80\varepsilon_0$。计算结果如图 3 – 26 所示。

通过中空介质球模型计算结果可知，风帽介质的引入使探测电极表面的场强减弱，从而使得探测器灵敏度减低，且风帽介质的介电常数越大，场强衰减越大。

使用有限元仿真分析方法对图 3 – 24 的电极设置方法进行仿真计算，得到风帽介质空腔内电场随介电常数变化关系如图 3 – 27 所示。仿真时电场的方向为电极表面法

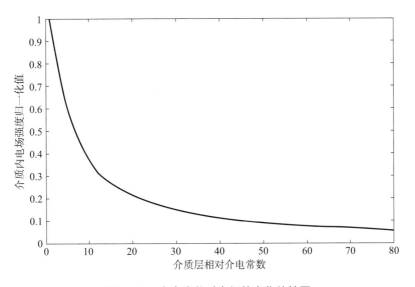

图 3 - 26　介电常数对电场的变化特性图

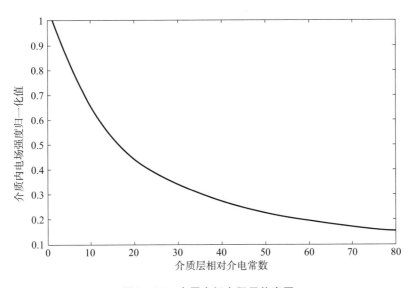

图 3 - 27　内置电极有限元仿真图

向方向。仿真结果与中空介质球模型计算结果一致。因此，在选择风帽的材料时，应选择介电常数低的材料。

　　第二种探测电极布设方式是将其敷设在引信或弹体内外表面上，敷设后需要在电极外表面或内表面覆盖绝缘介质，以保证电极表面的高绝缘性，如图 3 - 28 所示。这种布设方式下探测电极直接与绝缘介质接触，一方面由于绝缘介质反向电偶极矩的衰减作用，使电极表面的电场减弱，另一方面绝缘介质与电极接触端面的电荷层使电极感应的电荷因中和而进一步减弱。

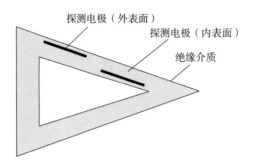

图 3 – 28　电极嵌入式布设示意图

这种绝缘介质和电极直接接触，对电极处电场的影响效果可等效于包裹有绝缘介质的金属球电荷感应情况，因此使用如图 3 – 29 所示的包裹绝缘介质的金属球荷电模型进行等效分析。图中白色部分是球心为 O、半径为 a 的导体球，灰色部分是与导体球同心的绝缘介质球壳，其内径为 a，外径为 b，介电常数为 ε。为便于分析，令外电场为场强 $\boldsymbol{E}_0$ 的均匀场。

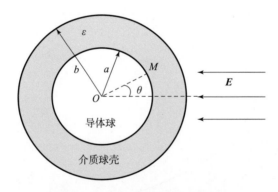

图 3 – 29　电极嵌入式设置模型图

图 3 – 29 所示模型作为电动力学计算中的常见问题，其导体球表面任一点 M 处的电场 E 为：

$$E = \frac{9\varepsilon_0 E_0 a^3}{2(\varepsilon - \varepsilon_0)b^3 + (2\varepsilon_0 + \varepsilon)a^3}\cos\theta \qquad (3-37)$$

式中，θ 为导体球任一点 M 与球心 O 的连线（OM）与电场方向的夹角。

由于绝缘介质层的介电常数 ε 始终大于真空的介电常数 ε_0，所以从式（3 – 37）可以看出，绝缘介质层的引入使该点的电场比真空中减小，且随着介电常数 ε 的逐渐增大，导体球表面的电场强度逐渐减弱。同时可以看到，随着绝缘介质层厚度的增加，导体球表面电场强度减弱。

使用有限元分析手段，按照图 3 – 28 电极设置方式进行有限元计算，计算结果如图 3 – 30 所示。有限元分析结论与上述包裹绝缘介质层的导体球模型计算结论一致，

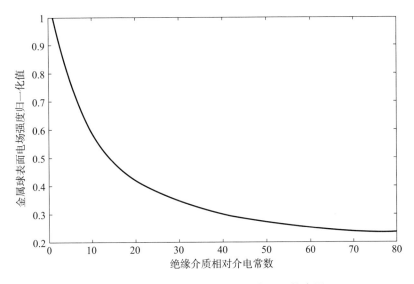

图 3 – 30　介电常数与电场关系有限元仿真图

所以表面敷设电极的设置方式同样应遵循选择小介电常数材料和使用薄介质层这一设计原则。

　　综上可知，由于电极上的绝缘介质介电常数增大和厚度增大均使介质极化，增强了与外电场方向相反的电偶矩，从而使得探测电极表面的总场强减弱。所以探测电极上下表面介质材料选择高绝缘性、低介电常数的材料，在满足结构性能要求的前提下介质层应尽量减薄。

3.3.3　微弱电流检测电路设计

　　受弹上空间限制，静电引信探测电极面积不可能做得很大，为了实现较远的探测距离，需要探测电路有较高的探测灵敏度。针对低至 10^{-12} A 的微弱感应电流，采用可检测皮安（pA）级电流的虚地运算放大电路进行放大，其电路如图 3 – 31 所示。

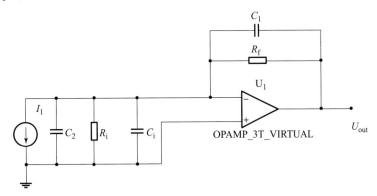

图 3 – 31　微弱电流检测电路原理图（1）

虚地运算放大电路是通过 I – V 转换和电压放大实现高灵敏度检测。I – V 转换过程中，待检测电流通过电路的等效输入电阻实现电流到电压的跨导放大，跨导增益一般在 10^9 量级。I – V 转换后的电压通过电压放大电路进一步放大，电压放大电路增益一般在 10^3 量级。图 3 – 31 中，R_i 是运算放大器输入端与地间总的有效电阻，包括信号源电阻和运算放大器差分输入电阻；C_i 为运算放大器输入端对地的总寄生电容，包括电极到电路的输入引线间电容、电路板走线间电容和器件引脚间电容；电容 C_1 并联在反馈电阻 R_f 两端，其作用是防止电路自激振荡。

图 3 – 31 电流检测电路的输入端接在探测电极和参考地电极（弹体）之间，以电流源和电容 C_2 的模型来代表探测电极和弹体间电容的等效作用，其中 C_2 接地一端表示弹体，另一端表示探测电极。总电阻 R 为电容 C_2 两端的电阻总和，包括电阻 R_i、R_f 和运算放大器输出端到地的电阻。由于 R_i 远大于 R_f，而运算放大器输出端到地的电阻又远小于 R_f，所以总电阻 R 主要由反馈电阻 R_f 决定。

从图 3 – 31 可得到电流检测电路的输出为：

$$U_{out} = \frac{-A_{VOL}Z_1Z_2}{(A_{VOL}+1)Z_1+Z_2}I \qquad (3-38)$$

式中，$Z_1 = \dfrac{j\omega R_i C_i}{1+j\omega R_i C_i}$，$Z_2 = \dfrac{j\omega R_f C}{1+j\omega R_f C}$；$U_{out}$ 为系统输出电压；I 为电路的输入电流；A_{VOL} 为运算放大器的开环增益。

将上述两式代入式（3 – 38）中，可得到电流检测电路的传递函数 $H_I(j\omega)$：

$$H_I(j\omega) = \frac{U_{out}}{I} = \frac{-A_{VOL}}{(1+A_{VOL})\left(1+\dfrac{1}{j\omega R_f C}\right)+\left(1+\dfrac{1}{j\omega R_i C_i}\right)} \qquad (3-39)$$

式（3 – 39）中输出电压的大小和反馈电阻 R_f、运算放大器输入端与地间总的有效电阻 R_i 的大小成正相关，增大 R_f 和 R_i 的阻值可以增大电路对微弱电流检测的能力。

电路零点漂移：温度变化时引起失调电流漂移，失调电流漂移经过 I – V 转换电路进一步放大，导致输出电压不仅反映目标信号特征，还包含了电路温度漂移带来的影响，因此需要选择失调电流小的运算放大器及温度系数小的 R_f 和 R_i。

电路噪声：电路噪声主要来自反馈电阻 R_f、运算放大器输入端与地之间总的有效电阻 R_i、运算放大器输入电压噪声和运算放大器输入电流噪声四部分。后两者噪声通过运算放大器的反馈电阻而放大，电路增益增大的同时噪声也同时增大，这也是反馈电阻不能设置过大的原因。微弱电流放大器为高增益放大器，当反馈电阻 $R_f > 1$ MΩ 时，反馈电阻噪声是主要的噪声源，因此对反馈电阻阻值选择及热噪声系数有很高要求，反馈电阻阻值要适中，热噪声系数要小。

通过上述分析，可知检测电路可检测的最小电流由输入信号电流、失调电流和温度漂移共同影响。为了增强探测性能，减小上述不利因素的影响，工程实践中遵循如下设计方法可有效地提高检测电路的性能。

1. 减小电路零点漂移的设计方法

采用 FET 结型场效应运算放大器，这种运算放大器具有较小的输入失调电流，一般为若干皮安。

尽量使 $R_i \gg R$，否则输入偏置电压将会被放大。

为进一步减小输入失调电流的影响，可在运算放大器反向输入端和地间接一与 R 等大小的电阻，同时在该电阻上并接一去耦电容，以减小该电阻所引入的噪声及阻止电路可能产生的振荡。

为减小温度变化所引起的失调电流漂移，应尽量采用低电压芯片，降低运算放大电路输出负载（输出负载电阻 ≥ 10 kΩ），或将 $I-V$ 转换级与电压放大级分开。

2. 减小噪声的设计方法

其方法是选用低噪声运算放大器、低热噪声系数电阻，反馈电阻 R_f 适中。

为了进一步提高微弱电流检测电路的稳定性，还需要注意以下设计方法：

（1）减小增益误差的设计方法。增益的大小是由反馈电阻 R_f 决定的，通常阻值都设计得较高。高阻值的电阻易受温度和湿度的影响而变化，导致增益的不稳定性。因此应选择金属膜电阻等受外界环境较小的电阻作为反馈电阻。

（2）减小频响误差的设计方法。寄生电容 C_s 的不确定性，导致信号不同频率分量时滞的不一致性。为避免这个问题，可在反馈电阻 R_f 上并联一小电容，以降低寄生电容 C_s 的影响。

（3）减小干扰的设计方法。高增益的弱电流放大器属于高灵敏、高阻抗的电路，易受到外界自然干扰信号的影响，为此应使用金属壳将电路封装。

根据上述原则对静电探测电路进行了设计，具体电路和元器件参数如图 3 - 32

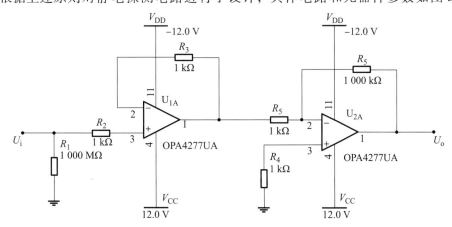

图 3 - 32 微弱电流检测电路原理图（2）

所示。

使用 Multisim 对电路性能进行仿真测试，测试结果如图 3 – 33 所示，从测试结果可知，该电路第一级有 10^9 跨导增益，第二级放大有 989 倍电压增益，能够实现对皮安级电流的检测。

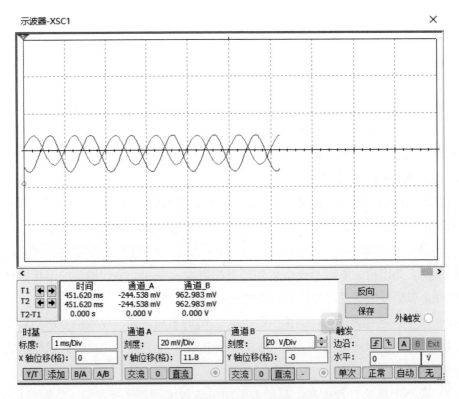

图 3 – 33　微弱电流检测电路增益测试图

3.3.4　滤波器设计

微弱电流检测电路两级增益为 10^{12}，对目标信号外的干扰信号和噪声也会进行放大，所以需要对目标信号频带外的信号进行滤除。根据静电目标特性研究，静电探测器输出信号的频率与弹目交会时的速度有关，弹目交会速度在 4 000 m/s 时，信号频率在 700 Hz 以下，随着交会速度降低，信号频率也降低。在应用中，将静电探测目标信号带宽设置为 1 kHz。

设计静电探测器的低通滤波器时要特别关注相频特性的非线性。如果设计的滤波器相频特性不好，不同交会速度条件下探测器输出信号的频率变化时，滤波器输出信号产生的延迟不同，将对信号处理电路进行起爆控制的精度产生影响。因此在设计滤波器时，应选择通频带内幅频响应较平坦、相频响应具有线性群延迟的低通滤波器。

常用的低通滤波器主要有巴特沃斯（Butterworth）、切比雪夫（Chebyshev）和贝塞尔（Bessel）低通滤波器 3 种。其中巴特沃斯滤波器的特点是通频带内幅频特性曲线平坦，没有起伏，而在阻频带则逐渐下降为零。切比雪夫滤波器在过渡带比巴特沃斯滤波器衰减快，但幅频特性不如巴特沃斯滤波器平坦，在通频带内存在幅度波动。贝塞尔滤波器具有最平坦的幅度和相位响应，通频带内的相位响应近乎呈线性。

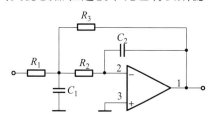

图 3 - 34　贝塞尔低通滤波器电路原理图

在巴特沃斯滤波器、切比雪夫滤波器和贝塞尔滤波器中，贝塞尔低通滤波器符合通频带内幅频响应较平坦、相频响应具有线性群延迟的要求。贝塞尔低通滤波器电路原理如图 3 - 34 所示。

该低通滤波器的传递函数为：

$$H(s) = \cfrac{\cfrac{1}{R_1 R_2 C_1 C_2}}{s^2 + s\left(\cfrac{1}{R_3 C_1} + \cfrac{1}{R_1 C_1} + \cfrac{1}{R_2 C_2}\right) + \cfrac{1}{R_1 C_1 R_2 C_2 \dfrac{R_1}{R_3}}} \tag{3 - 40}$$

采用 Multisim 软件进行滤波器设计，根据通频带截止频率计算滤波器参数，确定 R_1、R_2、R_3、C_1 和 C_2 参数，滤波器电路及各元件参数如图 3 - 35 所示。

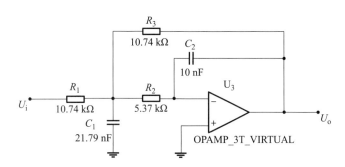

图 3 - 35　贝塞尔低通滤波器电路参数图

对该滤波器进行幅频响应、相频响应和延迟时间分析，结果分别如图 3 - 36、图 3 - 37 和图 3 - 38 所示。

从分析结果看，二阶贝塞尔低通滤波器 1 kHz 时衰减 3.171 dB，10 kHz 时衰减 34.058 dB，相频特性平坦，对脉冲信号延时约为 0.119 ms，可满足使用要求。探测器在空中环境对目标进行探测时，使用上述二阶贝塞尔低通滤波器可将通频带外噪声滤除，从而提高信噪比获得较好的输出信号。

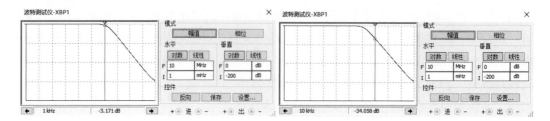

图 3 - 36　贝塞尔低通滤波器幅频响应曲线图

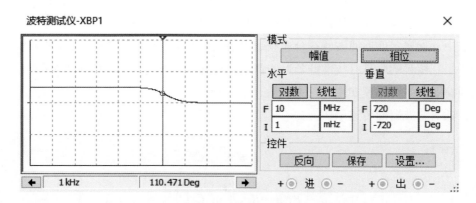

图 3 - 37　贝塞尔低通滤波器相频响应曲线图

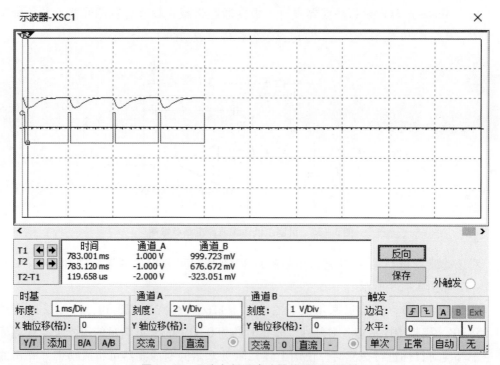

图 3 - 38　贝塞尔低通滤波器信号延迟测量

§3.4　静电引信探测器标定与性能测试

不同静电引信探测器由于电路元器件参数存在轻微差异，经过高增益放大后会导致探测性能不一致。因此在静电引信探测器使用前需要进行标定，以保证探测器的准确性和一致性，并通过模拟试验对其动态探测性能进行测试。

探测器在实验室环境中进行调试、标定和性能测试时，由于室内有较强的 50 Hz 工频干扰，会使得整个输出信号正负饱和，无法有效获得静电目标信号。因此在探测器调试、标定、测试过程中，需要在低通滤波电路前串联一级 50 Hz 陷波电路才能正常输出目标信号。所以 50 Hz 陷波电路也是静电探测器电路调试和测试环节中不可缺少的部分。且由于室内环境的 50 Hz 信号强度较大，而且 50 Hz 干扰频率和目标信号频率非常接近，所以 50 Hz 陷波电路需要有较高的 Q 值。

采用双 T 形陷波电路，可有效提高 Q 值，电路原理及参数如图 3 – 39 所示。

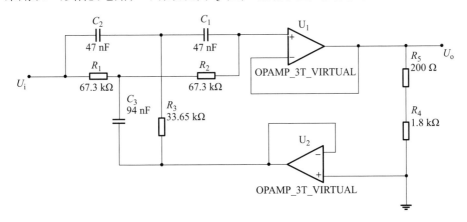

图 3 – 39　双 T 形陷波电路参数图

双 T 形陷波电路的幅频特性和相频特性分别如图 3 – 40 和图 3 – 41 所示。可知双 T 形陷波器对 50 Hz 有 52.408 dB 的衰减，Q 值为 5，能够有效滤除工频信号。

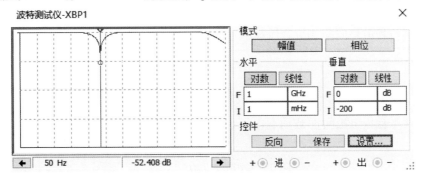

图 3 – 40　双 T 形陷波电路幅频响应曲线图

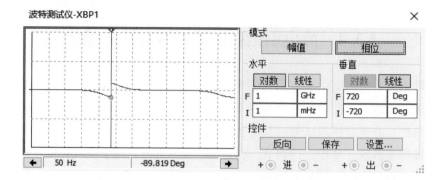

图 3 - 41　双 T 形陷波电路相频响应曲线图

双 T 形陷波器只是在探测器调试、标定和性能测试时使用，在空中环境对目标探测时，不需要该级电路。

3.4.1　静电引信探测器标定

静电引信探测器使用平行板电容器原理进行标定。标定原理如图 3 - 42 所示，在两块相距一定距离的平行板电极上加载电压，两平行板电极间会产生匀强电场。若控制加载电压变化，两平行板电极间会产生变化电场，可作为标定电场源，其电场强度和变化率可通过计算获得。将待标定探测器放入标定装置，比较理论计算值与探测器测量值实现标定。标定后将理论计算值与测量值相比获得标定系数，将标定系数写入数字信号处理电路，对测得信号进行校正，从而保证探测器的探测准确性，也能保证不同探测器的探测一致性。

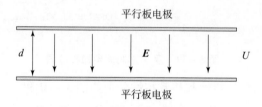

图 3 - 42　标定原理示意图

设两平行板电极间距为 d，加载电压为 U，则两平行板电极间电场强度理论计算值为：

$$E = \frac{U}{d} \qquad (3-41)$$

若在两平行板电极间加载动态电压，则可产生变化电场，电场强度变化率的理论计算值为：

$$\frac{\mathrm{d}E}{\mathrm{d}t} = \frac{1}{d}\frac{\mathrm{d}U}{\mathrm{d}t} \qquad (3-42)$$

若探测器极板面积为 S，将其放在标定装置内，当电场变化时探测器极板产生的感应电流理论计算值为：

$$i = \varepsilon_0 \int_S \frac{\mathrm{d}E}{\mathrm{d}t}\mathrm{d}S = \varepsilon_0 \frac{1}{d} \int_S \frac{\mathrm{d}U}{\mathrm{d}t}\mathrm{d}S \tag{3-43}$$

从理论上分析，平行板电容结构的电场标定装置，外侧由于边缘效应，电场线会发生畸变，因此应该尽量加大平行板面积，降低边缘效应影响，获得较大的匀强电场区域，保证标定准确性。但在实际使用中，加大平行板面积会出现上极板中心位置下垂变形，导致内部电场畸变，以及导致占用空间过大等问题。因此，采用增加均压环的方式减小标定装置的边缘效应，从而实现了在较小面积标定装置中获得较大匀强电场区域。

如图 3-43 所示，标定装置由平行板电容箱、可调直流高压电源、RC 放电模块构成。平行板电容箱由两块平行的金属极板、高绝缘支架、均压环和均压电阻构成。平行板电容箱上极板是完整的平面，下极板在中心开了标定孔，标定时将探测器的电极放置在标定孔中，使得电极平面与下极板平面水平。上下极板间采用聚四氟乙烯绝缘支架支撑。平行板电容箱的四周平行设置多组均压环，均压环从上往下等距离放置，极板与均压环，以及均压环之间由等值分压电阻相连（称之为均压电阻），使得均压环的电位梯度依次下降，从而有效地消除了标定装置的边缘效应，提高其标定精度。RC放电模块由高压电容 C 和一组串联电阻构成，主要作用是给标定装置加载稳定可调的放电电压，构建变化电场，并且可以通过电阻分压获得准确的加载电压。

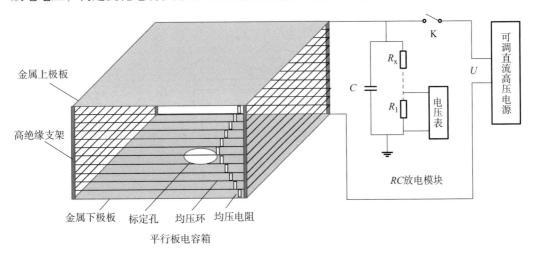

图 3-43　标定装置组成图

静电引信探测器的一般标定步骤如下：

（1）将探测器的探测电极放入标定装置下极板的标定孔中，调整位置，使得探测电极平面和标定装置下极板平面一致。

（2）加载直流高压 U 到标定装置，直至电压表读数稳定。

（3）断开可调直流高压源与 RC 放电模块间的连接，使用 RC 放电模块给标定装置加载衰减电压，记录探测器输出波形与 RC 放电模块衰减电压波形。

（4）用 RC 放电模块衰减电压波形计算最大电场强度变化率 $\dfrac{\mathrm{d}E}{\mathrm{d}t}$。

（5）由式（3-43）计算出面积为 S 的探测电极产生的感应电流理论值 i_1。

（6）根据探测器输出峰值和探测器跨导增益，反算出探测器输入端感应电流 i_2。

（7）探测器标定系数 $k = \dfrac{i_1}{i_2}$。

3.4.2 静电引信探测器性能测试

在实验室内，采用一个荷电物体模拟带电目标，通过一定运动方式使其与静电引信探测器相对运动，对探测器的动态探测性能进行测试。

1. 室内弹目交会模拟装置

采用带电金属球自由落体运动模拟弹目交会，如图 3-44 所示，将探测器放置在高度可调整的支架上，带电金属球放置在门形支架上。带电金属球从门形支架释放，做自由落体运动，下落过程中与探测器相对运动，模拟弹目交会过程，带电金属球所带电荷产生的电场将在探测器电极表面感应出变化的电荷，形成感应电流，经探测电路放大滤波后输出电压信号。

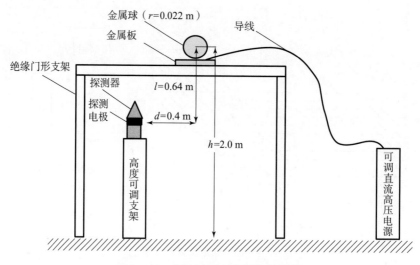

图 3-44 室内弹目交会模拟装置图

给金属球带电有两种方式，一种是让金属球在和高压源连接的导线悬吊下运动，使得金属球下落时与高压源电压相同。另一种是将金属球放置在门形支架的金属板上，使金属板通过导线与高压源导通。金属球充电后，从金属板上释放做自由落体运动。第一种方式能够保证金属球带电电压不变，但是拖拽的导线也作为带电体在空间中产生了电场，会对探测器的探测结果产生一定影响。第二种方式消除了拖拽导线的影响，但是需要对金属球与高压源断开连接后的带电情况进行分析，说明金属球下落过程中带电量不发生变化，探测器的输出曲线只与弹目位置和相对速度有关。

下面对使用金属球进行目标模拟的可行性进行分析：

使用高压源对金属球加载电压 U，金属球对地等效电容为 C，金属球上的电荷量 Q 为：

$$Q = UC \tag{3-44}$$

由于金属球的电容效应，要对金属球充电一段时间以后才能达到理论上的电荷量，这个时间值称为充电时间常量，充电时间常量通常用 τ 表示，有：

$$\tau = RC \tag{3-45}$$

式中，R 为球对地电阻。

通常情况下，C 的值可近似地用金属球对地电容计算：

$$C = \frac{16\pi\varepsilon_0 h}{\left(\dfrac{2\pi}{h} - 3\right) + \sqrt{\left(\dfrac{h}{r} + 1\right)^2 + 8}} \tag{3-46}$$

式中，h 为金属球离地面的距离；r 为金属球半径。根据式（3-46），可知金属球的电容约为 pF 级。

金属球对地的电阻 R 由三部分组成：金属球和地间空气电阻、门形支架对地电阻和通过金属板连接的高压源的对地电阻。为了确保金属球在很短的时间充满电荷，可在充电电源的正负极间接一个 1 MΩ 电阻，可计算出充电时间常量 τ，一般约为 ms 量级，即高压源输出稳定后即可认为金属球已充满电荷。

金属球一旦离开金属板即成为带有电量 Q_0 的做自由落体运动的孤立金属导体。这时，金属球与周围大气空间存在电荷泄放，于是有：

$$Q = Q_0 e^{-\frac{4\pi\lambda}{\varepsilon}t} \tag{3-47}$$

式中，Q 为金属球当前时刻电荷量；Q_0 为 $t=0$ 时金属球带的初始电荷量；t 为金属球做自由落体运动的时间；λ 为大气总电导率。通常洁净大气下可认为介电常数 $\varepsilon = 1$，大气总电导率 $\lambda = 2.1 \times 10^{-4}\ \text{s}^{-1}$，则弛豫时间 τ 的表达式为：

$$\tau = \frac{\varepsilon}{4\pi\lambda} \tag{3-48}$$

将各量代入式（3-48），可得弛豫时间 $\tau = 380\ \text{s} = 6.3\ \text{min}$。

金属球距地面的高度 h 为 2 m 时，根据运动学原理有：

$$h = \frac{1}{2}gt^2$$

其中，h 为距离，g 为重力加速度，t 为时间，于是有：

$$t = \sqrt{\frac{2h}{g}} = 0.553\ 3 \ （s）$$

为获得金属球落地瞬间所带的电荷量，由于

$$\frac{Q}{Q_0} = e^{-t/\tau} \approx 1 \qquad\qquad\qquad (3-49)$$

可认为金属球在做自由落体运动过程中，所带电荷量保持不变。探测器输出曲线反应的是弹目位置变化，因此该系统可用来模拟弹目交会过程。

2. 探测性能测试

静电引信探测器性能测试的目的是通过实验室模拟试验验证其探测性能。使用图 3-44 所示室内弹目交会模拟装置进行试验，采用半径为 0.022 m 的金属球作为目标，探测电极面积为 1.5 cm × 3 cm，与弹轴夹角为 0°，探测电极和参考地电极间的距离为 0.08 m，金属球下落轨迹与探测电极表面的垂直距离为 0.4 m，金属球充电位置距离探测电极的高度为 0.64 m，对地的距离为 2.0 m，根据式（3-46）可得金属球对地电容约为 0.137 05 pF。

从式（3-26）可知，探测器感应电流大小与电荷 Q 和弹目交会的速度成正比，金属球带电量越大，金属球周围电场强度越大，探测器输出信号越强，则探测距离越远；弹目间相对运动速度越大，电场强度变化率越大，探测器输出信号越强，同样探测距离越远。

为了验证这一关系，可改变金属球的带电量和探测器高度进行金属球下落试验，以模拟不同带电量的目标和模拟不同的弹目交会速度。通过这两个试验来验证上述理论推导及推论真实弹目交会下的情况。

1）改变电荷量试验

通过对金属球施加不同的带电电压获得不同带电量，其带电量根据式（3-44）计算得到，所加的电压和金属球的近似带电量如表 3-1 所示。为了描述输出信号的强弱，以输出信号的最大变化量，即峰峰值作为衡量的指标。

表 3-1 目标带电量与探测器输出峰峰值

充电电压/V	50	100	152
带电量/C	$6.852\ 5 \times 10^{-12}$	$1.370\ 5 \times 10^{-11}$	$2.083\ 2 \times 10^{-11}$
峰峰值/V	0.153 8	0.884 6	1.149 1

图 3 - 45 所示为金属球电压为 100 V 时探测器的输出信号波形。

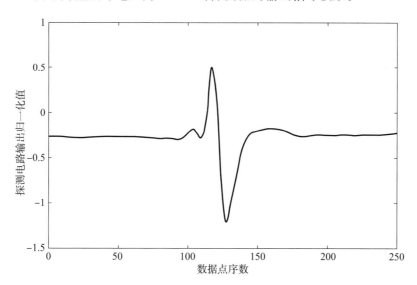

图 3 - 45　探测器输出信号波形图

通过试验可验证，随着金属球带电量的增加，探测器的输出信号增强。

2）改变交会速度试验

在改变交会速度试验中，通过调节探测器距离地面的高度，改变金属球与探测电极的距离 l，以改变弹目交会速度。金属球的充电电压固定为 100 V，使得金属球的带电量保持不变，一直为 $1.370\ 5 \times 10^{-11}$ C。

金属球的自由落速为：

$$v = \sqrt{2gl} \tag{3-50}$$

根据式（3 - 50），设定的测量高度和其对应的速度如表 3 - 2 所示，通过试验，得到相应的探测器输出信号峰峰值如表 3 - 2 中所示。

表 3 - 2　目标落速与探测器输出信号峰峰值

落高/m	0.24	0.64	1	1.3	1.6
落速/(m · s⁻¹)	2.168 9	3.541 8	4.427 2	5.047 8	5.6
峰峰值/V	0.278 6	0.857 4	1.346 3	1.618 2	1.825 7

从表 3 - 2 中结果可知，随着交会速度增大，探测器输出信号幅值增强，理论分析和试验结果一致。

为了外推实际情况中弹目交会的情况，以目标带电量为 $1.370\ 5 \times 10^{-11}$ C，落速为 2.168 9 m/s 的情况为例进行分析。由于弹目间最短距离 $d = 0.64$ m，比球的直径 0.044 m 大了一个数量级，可将其视为点电荷处理。计算金属球下落过程中在离探测电极最近处时探测电极所处位置的场强变化率约为：

$$\frac{\mathrm{d}E}{\mathrm{d}t} = \frac{Qv}{2\pi\varepsilon_0 d^3} \qquad (3-51)$$

式中，Q 为金属球带电量；v 为金属球落速；d 为弹目最近距离。

将目标带电量 Q、落速 v、弹目最近距离 d 代入式（3-51），可得到金属球距探测电极最近时电场强度的变化率为：

$$\left.\frac{\mathrm{d}E}{\mathrm{d}t}\right|_{t_0} \approx 7.966\ 3\ \mathrm{V/(m \cdot s^{-1})}$$

从表 3-2 可知，当电场强度变化率为 7.966 3 V/（m·s⁻¹）时，静电引信探测器输出信号峰峰值为 0.278 6 V。

对实际空中目标进行探测时，如果以 0.278 6 V 作为静电引信探测器判断目标存在的比较值电压，即静电引信探测器所处位置电场强度变化率大于或等于 7.966 3 V/（m·s⁻¹）时，认为静电引信探测器探测到有效目标，此时探测距离可由下式计算：

$$d = \sqrt[3]{\frac{vQ}{2\pi\varepsilon_0 \left.\dfrac{\mathrm{d}E}{\mathrm{d}t}\right|_{t_0}}} \qquad (3-52)$$

典型空中目标中，喷气飞机的带电量一般为 10^{-3} C，直升机的带电量一般为 10^{-5} C，导弹的带电量一般为 10^{-8}。如果令弹目交会速度为 500 m/s，典型目标带电量大于 10^{-8} C，按式（3-52）计算可知静电引信探测器对典型目标的探测距离大于 25 m。

第4章　静电目标方位识别方法

引信作为弹药起爆的控制系统，不断追求获取更多的目标信息，从而实现弹药毁伤效能的最大化。新型弹药定向战斗部技术的发展也对引信探测器的功能和性能提出了更高的要求，引信探测器不仅要探测弹体是否接近目标，而且需要获取目标相对于弹体的空间方位。

探测目标方位的方法可分为两种：第一种是通过探测某种形式的运动（包括探测器本身的运动和探测波束的运动），根据探测器输出信号的变化进行方位的测量，称为搜索式定位；另一种则是构建探测阵列，通过对阵列中各探测单元输出信号进行分析处理来获取目标方位。静电探测作为一种被动式探测体制，通过对目标静电场的探测来实现，无法像无线电探测、声探测等探测方法一样采用波束进行扫描，只能通过静电探测器自身运动实现上述第一种方法的测向。对于第二种探测方式，则可以通过采用探测阵列方式进行测量。

利用多个静电探测器布设阵列，根据阵列中各探测器的相对位置关系以及探测器输出信号与目标方位的关系确立定位方程，可以对空中静电目标进行测向。通过合理布设电极、优化算法设计，静电引信可以实现对目标较高精度的测向。

§4.1　基于信号特征点的目标测向方法

根据静电探测器的探测原理和文献可知，当空中目标距探测器距离与目标尺寸相比具有一定比例时，可将空中带电目标视为点电荷进行分析。因此在本节的测向方法介绍中，将带电目标静电场近似为点电荷静电场。将 6 块探测电极分别布设在立方体的 6 个面上，构成立方体探测阵列，如图 4 - 1 所示。立方体探测阵列各探测单元采用检测电流式静电探测电路独立工作。根据第 3 章中检测电流式静电目标探测方程，各单元输出信号波形如图 4 - 2 所示，存在过零点、峰值点等特征点。由于探测阵列各探测电极空间位置的差别，各单元输出信号波形出现峰值点和过零点的时刻存在差异。

根据静电探测信号特性分析可知，信号过零点出现在目标与探测器距离最近处，信号过零点之前会出现峰值点。出现过零点时目标与探测电极阵列的空间关系更为明确，通过分析各探测单元输出信号的过零点时刻的差异与各探测电极空间位置的关系，

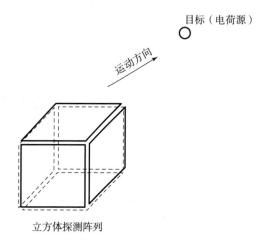

图 4 - 1　立方体探测阵列示意图

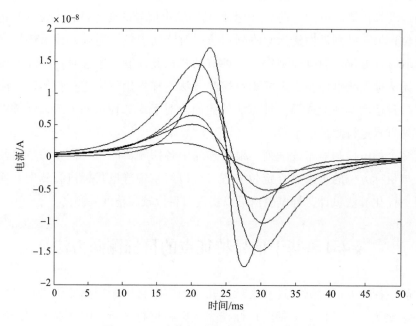

图 4 - 2　立方体探测阵列输出信号波形图

可实现对目标方位测量。但是当出现信号过零点时，即意味着目标已处于与探测器最近的位置，利用信号过零点计算得到目标方位，再给出起爆信号，引信无法实现在最佳位置起爆的要求，因此必须在弹目接近过程中达到最近距离处给出方向信息用于起爆控制，因此要利用静电探测器输出信号的其他特征点进行方位识别。由于信号峰值点出现在过零点之前，可利用峰值点与过零点之间的关系，通过检测峰值点实现目标测向。

考虑到基于信号过零点目标测向方法是基于信号峰值点目标测向方法的基础，先介绍基于信号过零点的目标测向原理。

4.1.1　基于信号过零点的目标测向原理

为了便于分析，将目标与弹载探测器的交会过程等效为探测器静止、目标相对探测器运动。在弹目交会过程末段，可将目标运动视为匀速直线运动。以立方体探测阵列几何中心为坐标原点，使 3 条坐标轴垂直于立方体表面建立三维坐标系，则 6 块探测电极分别在 X 轴、Y 轴和 Z 轴距离坐标原点等距离的位置上且与坐标轴垂直，每一对平行电极之间的距离为 d。在不同弹目交会条件下，分别讨论探测器输出信号的特点和基于信号特征点的测向方法。

1. 目标运动轨迹平行于 *XOY* 平面时的测向方法

在图 4 - 3 所示坐标系中，当带电目标运动轨迹平行于 *XOY* 平面时，只需电极中心位于 *XOY* 平面内的 4 个探测单元即可完成运动轨迹方位角的测量。假设目标沿直线 $\overrightarrow{AB}$ 运动，速度为 v，其中 A、B 两点的坐标分别为 $A(x_0, y_0, z_0)$ 和 $B(x_1, y_1, z_0)$。运动轨迹在 *XOY* 平面的投影与 X 轴的夹角为 α，α 角即为系统需要测量的带电目标运动轨迹相对于探测阵列的方位角。

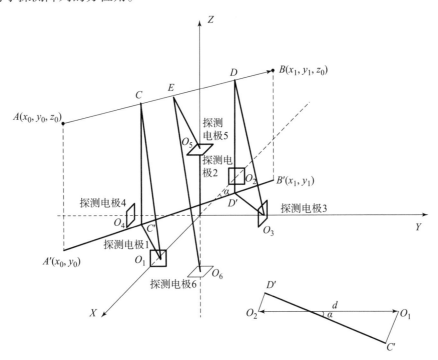

图 4 - 3　目标运动轨迹平行于 *XOY* 平面时测向原理

当目标沿直线 $\overrightarrow{AB}$ 运动时，每个探测单元都有检测信号输出。由于各探测电极的空间分布位置不同，各探测单元输出信号过零点的时刻不同。如图 4 - 3 所示，对于探测

单元1和探测单元2，分别在 C 点和 D 点出现过零点，即目标分别处于距两探测电极的距离最近点。此时，$\overrightarrow{O_1C} \perp \overrightarrow{AB}$，$\overrightarrow{O_2D} \perp \overrightarrow{AB}$。$A'$、$B'$、$C'$ 和 D' 分别为 A、B、C 和 D 点在 XOY 平面上的投影。根据几何关系可以得到 $\overrightarrow{O_1C'} \perp \overrightarrow{A'B'}$，$\overrightarrow{O_2D'} \perp \overrightarrow{A'B'}$。因此，目标沿直线 $\overrightarrow{AB}$ 运动时，探测单元1、2输出信号出现过零点的目标位置 C、D 两点，分别对应直线 $\overrightarrow{A'B'}$ 上的 C' 和 D' 两点。$\overrightarrow{A'B'}$ 与 X 轴的夹角为 α，则 $|\overrightarrow{C'D'}| = d \cdot \cos\alpha$。设探测单元1 的输出信号出现过零点的时刻为 t_1，探测单元2 的输出信号出现过零点的时刻为 t_2，则目标的运动速度 v 为：

$$v = \frac{d \cdot \cos\alpha}{t_1 - t_2} \tag{4-1}$$

同理，设探测单元3输出信号出现过零点的时刻为 t_3，探测单元4输出信号出现过零点的时刻为 t_4，则目标的运动速度为：

$$v = \frac{d \cdot \sin\alpha}{t_3 - t_4} \tag{4-2}$$

联立上述两式，可得 $\tan\alpha = \dfrac{t_3 - t_4}{t_1 - t_2}$，则：

$$\alpha = \arctan\left(\frac{t_3 - t_4}{t_1 - t_2}\right) \tag{4-3}$$

式（4-3）即为目标运动轨迹平行于 XOY 平面时的目标测向方程。方程中 t_1、t_2、t_3 和 t_4 分别为4个探测单元输出信号的过零点时刻。

2. 目标运动轨迹为空间任意直线时的测向方法

当带电目标运动轨迹为空间内任意直线时，目标运动轨迹与探测电极空间位置关系如图4-4所示，此时需要全部6个探测电极才能完成其运动轨迹方位角的测量。目标沿直线 $\overrightarrow{AB}$ 做匀速运动，速度为 v，A、B 两点的坐标分别为 $A(x_0, y_0, z_0)$ 和 $B(x_1, y_1, z_1)$，该运动轨迹与 XOY 平面的夹角为 β，轨迹在 XOY 平面上的投影与 X 轴的夹角为 α。

则得到直线上任意点的坐标方程：

$$\begin{cases} x = x_0 + N \cdot (x_1 - x_0) \\ y = y_0 + N \cdot (y_1 - y_0) \\ z = z_0 + N \cdot (z_1 - z_0) \end{cases} \tag{4-4}$$

假设目标在 $t = 0$ 时刻从 $A(x_0, y_0, z_0)$ 开始，则经过时间 t 后，目标运动的距离为：

$$\sqrt{(x - x_0)^2 + (y - y_0)^2 + (z - z_0)^2} = N \cdot \sqrt{(x_1 - x_0)^2 + (y_1 - y_0)^2 + (z_1 - z_0)^2} = v \cdot t \tag{4-5}$$

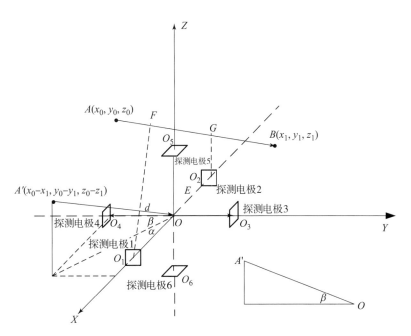

图 4 - 4　目标运动轨迹为任意空间直线时测向原理

则 $N = v \cdot t / \sqrt{(x_1 - x_0)^2 + (y_1 - y_0)^2 + (z_1 - z_0)^2}$，代入式（4 - 4），即可得出目标在任意时刻空间位置随时间变化规律为：

$$\begin{cases} x = x_0 + v \cdot (x_1 - x_0) t / \sqrt{(x_1 - x_0)^2 + (y_1 - y_0)^2 + (z_1 - z_0)^2} \\ y = y_0 + v \cdot (y_1 - y_0) t / \sqrt{(x_1 - x_0)^2 + (y_1 - y_0)^2 + (z_1 - z_0)^2} \\ z = z_0 + v \cdot (z_1 - z_0) t / \sqrt{(x_1 - x_0)^2 + (y_1 - y_0)^2 + (z_1 - z_0)^2} \end{cases} \quad (4 - 6)$$

由方程（4 - 3）和各探测电极的空间坐标，可得任意时刻目标与各探测电极的距离。探测电极的空间坐标为：探测电极 1（$d/2$, 0, 0），探测电极 2（$-d/2$, 0, 0），探测电极 3（0, $d/2$, 0），探测电极 4（0, $-d/2$, 0），探测电极 5（0, 0, $d/2$），探测电极 6（0, 0, $-d/2$）。目标与探测电极 1 之间的距离记为 $D_1(t)$，则：

$$\begin{aligned} D_1(t) &= \sqrt{(x - d/2)^2 + y^2 + z^2} \\ &= \Bigg\{ \left[x_0 + \frac{v \cdot (x_1 - x_0) t - d/2}{\sqrt{(x_1 - x_0)^2 + (y_1 - y_0)^2 + (z_1 - z_0)^2}} \right]^2 + \\ &\quad \left[y_0 + \frac{v \cdot (y_1 - y_0) t}{\sqrt{(x_1 - x_0)^2 + (y_1 - y_0)^2 + (z_1 - z_0)^2}} \right]^2 + \\ &\quad \left[z_0 + \frac{v \cdot (z_1 - z_0) t}{\sqrt{(x_1 - x_0)^2 + (y_1 - y_0)^2 + (z_1 - z_0)^2}} \right]^2 \Bigg\}^{\frac{1}{2}} \end{aligned} \quad (4 - 7)$$

当目标运动到与探测电极 1 最近处，即 $F(x_F, y_F, z_F)$ 点时，$D_1(t)$ 取最小值，则：

$$t = \frac{(x_1 - x_0) \cdot d}{2v \sqrt{(x_1 - x_0)^2 + (y_1 - y_0)^2 + (z_1 - z_0)^2}} - \frac{[x_0(x_1 - x_0) + y_0(y_1 - y_0) + z_0(z_1 - z_0)]}{v \sqrt{(x_1 - x_0)^2 + (y_1 - y_0)^2 + (z_1 - z_0)^2}}$$

$$(4-8)$$

将 t 代入式（4-6），则 F 点的坐标为：

$$x_F = x_0 + \frac{(x_1 - x_0)^2 \cdot d}{2[(x_1 - x_0)^2 + (y_1 - y_0)^2 + (z_1 - z_0)^2]} - \frac{(x_1 - x_0)[x_0(x_1 - x_0) + y_0(y_1 - y_0) + z_0(z_1 - z_0)]}{(x_1 - x_0)^2 + (y_1 - y_0)^2 + (z_1 - z_0)^2}$$

$$y_F = y_0 + \frac{(y_1 - y_0)(x_1 - x_0) \cdot d}{2[(x_1 - x_0)^2 + (y_1 - y_0)^2 + (z_1 - z_0)^2]} - \frac{(y_1 - y_0)[x_0(x_1 - x_0) + y_0(y_1 - y_0) + z_0(z_1 - z_0)]}{(x_1 - x_0)^2 + (y_1 - y_0)^2 + (z_1 - z_0)^2}$$

$$z_F = z_0 + \frac{(z_1 - z_0)(x_1 - x_0) \cdot d}{2[(x_1 - x_0)^2 + (y_1 - y_0)^2 + (z_1 - z_0)^2]} - \frac{(z_1 - z_0)[x_0(x_1 - x_0) + y_0(y_1 - y_0) + z_0(z_1 - z_0)]}{(x_1 - x_0)^2 + (y_1 - y_0)^2 + (z_1 - z_0)^2}$$

同理，当目标运动到距探测电极 2 最近时，目标运动到点 $G(x_G, y_G, z_G)$，则 G 点的坐标为：

$$x_G = x_0 - \frac{(x_1 - x_0)^2 \cdot d}{2[(x_1 - x_0)^2 + (y_1 - y_0)^2 + (z_1 - z_0)^2]} - \frac{(x_1 - x_0)[x_0(x_1 - x_0) + y_0(y_1 - y_0) + z_0(z_1 - z_0)]}{(x_1 - x_0)^2 + (y_1 - y_0)^2 + (z_1 - z_0)^2}$$

$$y_G = y_0 - \frac{(y_1 - y_0)(x_1 - x_0) \cdot d}{2[(x_1 - x_0)^2 + (y_1 - y_0)^2 + (z_1 - z_0)^2]} - \frac{(y_1 - y_0)[x_0(x_1 - x_0) + y_0(y_1 - y_0) + z_0(z_1 - z_0)]}{(x_1 - x_0)^2 + (y_1 - y_0)^2 + (z_1 - z_0)^2}$$

$$z_G = z_0 - \frac{(z_1 - z_0)(x_1 - x_0) \cdot d}{2[(x_1 - x_0)^2 + (y_1 - y_0)^2 + (z_1 - z_0)^2]} - \frac{(z_1 - z_0)[x_0(x_1 - x_0) + y_0(y_1 - y_0) + z_0(z_1 - z_0)]}{(x_1 - x_0)^2 + (y_1 - y_0)^2 + (z_1 - z_0)^2}$$

则：

$$|\overrightarrow{FG}| = d \cdot \left\{ \left[\frac{(x_1 - x_0)^2}{(x_1 - x_0)^2 + (y_1 - y_0)^2 + (z_1 - z_0)^2} \right]^2 + \left[\frac{(x_1 - x_0)(y_1 - y_0)}{(x_1 - x_0)^2 + (y_1 - y_0)^2 + (z_1 - z_0)^2} \right]^2 + \right.$$

$$\left[\dfrac{(x_1 - x_0)(z_1 - z_0)}{(x_1 - x_0)^2 + (y_1 - y_0)^2 + (z_1 - z_0)^2}\right]^2\Bigg\}^{\frac{1}{2}}$$

$$= v \cdot \Delta t = v \cdot (t_1 - t_2) \tag{4-9}$$

式中，$R(x_1 - x_0) = \cos\alpha \cdot \cos\beta$，$R(y_1 - y_0) = \sin\alpha \cdot \cos\beta$，$R(z_1 - z_0) = \sin\beta$，其中 $R = \dfrac{1}{\sqrt{(x_1 - x_0)^2 + (y_1 - y_0)^2 + (z_1 - z_0)^2}}$，$t_1$、$t_2$ 分别为目标距离探测电极 1、2 最近的时刻，可通过检测信号的过零点时刻获得，代入上式可得：

$$d\sqrt{\cos^4\alpha \cdot \cos^4\beta + \cos^2\alpha \cdot \sin^2\alpha\cos^4\beta + \cos^2\alpha \cdot \cos^2\beta \cdot \sin^2\beta} = v \cdot (t_1 - t_2) \tag{4-10}$$

化简可得：

$$d \cdot \cos\alpha \cdot \cos\beta = v \cdot (t_1 - t_2) \tag{4-11}$$

同理根据探测电极 3、探测电极 4 的空间坐标及目标运动方程，可得：

$$d \cdot \sin\alpha \cdot \cos\beta = v \cdot (t_3 - t_4) \tag{4-12}$$

根据探测电极 5、探测电极 6 的空间坐标及目标运动方程，可得：

$$d \cdot \sin\beta = v \cdot (t_6 - t_5) \tag{4-13}$$

联立以上 3 式：

$$\begin{cases} d \cdot \cos\alpha \cdot \cos\beta = v \cdot (t_1 - t_2) \\ d \cdot \sin\alpha \cdot \cos\beta = v \cdot (t_3 - t_4) \\ d \cdot \sin\beta = v \cdot (t_5 - t_6) \end{cases}$$

可得：

$$\begin{cases} \alpha = \arctan\left(\dfrac{t_3 - t_4}{t_1 - t_2}\right) \\ \beta = \arctan\left[\dfrac{t_5 - t_6}{\sqrt{(t_3 - t_4)^2 + (t_1 - t_2)^2}}\right] \end{cases} \tag{4-14}$$

式（4-14）为目标运动轨迹为任意直线时的测向方程。

3. 基于信号过零点的目标测向精度仿真分析

在 MATLAB 上建立基于信号过零点的测向仿真模型，探测阵列按照图 4-4 所示位置关系布设，探测电极之间的距离为 0.1 m，设目标带电量为 10^{-7} C，探测电极面积为 5 cm×5 cm。目标的运动轨迹通过给定的起始点和终点确定，通过仿真验证基于信号过零点测向方法的精度。仿真结果如表 4-1 所示。

由仿真结果可以看出，由测向方程解算的目标方位角、俯仰角，与实际的方位角、俯仰角较为一致，最大误差不超过 ±5°。

基于信号过零点的测向方法，其本质在于当探测阵列中各探测单元的电极布设位

表4-1　基于信号过零点测向方法仿真结果

目标运动轨迹		理论值		仿真计算值			
起始坐标	终点坐标	方位角 $\alpha/(°)$	俯仰角 $\beta/(°)$	方位角 $\alpha/(°)$	误差 $/(°)$	俯仰角 $\beta/(°)$	误差 $/(°)$
(5, 5, 5)	(-5, -5, -5)	45	35.3	45	0	35.3	0
(5, 5, 5)	(5, -5, -5)	-90	45	-90	0	45	0
(5, 5, 5)	(-5, 5, -5)	0	45	0	0	45	0
(5, 5, 5)	(-5, -5, 5)	45	0	45	0	0	0
(5, 5, 5)	(-5, 5, 5)	0	0	0	0	0	0
(5, 4, 3)	(-3, -5, -4)	48.4	30.2	45	-3.4	35.2	5
(5, 4, 3)	(-3, -2, 4)	36.8	-5.7	38.6	1.8	-8.8	-3.1
(5, 4, 3)	(3, -2, 4)	71.6	-8.9	74.1	2.5	-7.8	1.1
(-5, 4, 3)	(2, -3, 2)	-45	5.6	-45	0	6.7	1.1
(-5, 4, 3)	(4, -2, -2)	-33.7	24.8	-38.6	-4.9	21.8	-3
(-5, 4, 3)	(2, -3, -3)	-45	31.2	-45	0	27.9	-3.3
(-5, 4, 3)	(2, -3, 3)	-45	0	-45	0	0	0

置不同时，产生的探测信号过零点时刻不同，以此实现目标方位的测量。探测电极布设参数，如电极间距、面积会对探测精度产生影响。为优化探测器的探测精度，进行了探测电极间距和面积对探测精度影响的仿真计算。表4-2为探测电极间距 $d=0.4$ m、探测电极面积 $S=5$ cm×5 cm，以及探测电极间距 $d=0.4$ m、探测电极面积 $S=10$ cm×10 cm 时，按照式（4-14）测向方程计算的结果。

表4-2　改变探测电极间距和面积时测向仿真结果

理论值		仿真计算值 $d=0.4$ m，$S=5$ cm×5 cm				仿真计算值 $d=0.4$ m，$S=10$ cm×10 cm			
方位角 $\alpha/(°)$	俯仰角 $\beta/(°)$	方位角 $\alpha/(°)$	误差 $/(°)$	俯仰角 $\beta/(°)$	误差 $/(°)$	方位角 $\alpha/(°)$	误差 $/(°)$	俯仰角 $\beta/(°)$	误差 $/(°)$
45	35.3	45	0	35.3	0	45	0	35.3	0
-90	45	-90	0	45	0	-90	0	45	0
0	45	0	0	45	0	0	0	45	0
45	0	45	0	0	0	45	0	0	0
0	0	0	0	0	0	0	0	0	0
48.4	30.2	45.8	-2.6	27.9	-2.3	45.8	-2.6	27.9	-2.3
36.8	-5.7	36.0	-0.8	-4.2	1.5	36.0	-0.8	-4.2	1.5
71.6	-8.9	72.9	1.3	-8.4	0.5	72.9	1.3	-8.4	0.5
-45	-5.6	-45	0	-8.1	-2.5	-45	0	-8.1	-2.5
-33.7	24.8	-30.9	2.8	27.2	2.4	-30.9	2.8	27.2	2.4
-45	31.2	-45	0	31.7	0.5	-45	0	31.7	0.5
-45	0	-45	0	0	0	-45	0	0	0

对比表 4 - 1 与表 4 - 2 所示结果可以看出，随着探测电极间距的增加，角度测量精度提高，最大误差不超过 ±3°，这是由于各探测电极感应信号过零点的时间间隔增加，使得系统的测量误差降低；由表 4 - 2 所示结果可知，探测电极面积的增大对测量精度的提高没有贡献，不同探测电极面积情况下，测向精度差异不大。测向的精度与探测面积较小时的测向精度相比没有提高，这是由于理论上探测电极的面积大小只会对感应信号的幅值产生影响，而对信号过零点出现的时刻没有影响。

4.1.2　基于信号峰值点的目标测向方法

在引信的实际使用中，引信探测器需要在接近目标过程中的最佳位置给出起爆信号，这意味着要在距离目标最近处之前就给出目标方位，则探测器要在输出信号过零点时刻之前给出目标方位角。

在弹目交会的末段，可认为探测器做匀速直线运动，其相对于目标的脱靶量不变。如图 4 - 5 所示，目标的运动轨迹与探测器的水平距离记为 x，垂直距离记为 y，则在交会过程中，只有 x 随时间发生变化，y 保持不变。由静电探测方程可知，目标带电量、弹目交会速度对目标特性曲线的极值点、过零点等特征点位置没有影响，特性曲线的特征点总是出现在相对固定的弹目交会位置上。但是，不同的弹目交会过程，脱靶量 y 不同会使探测器输出信号达到极值点的位置发生变化，图 4 - 5 中，当脱靶量分别为 y_1、y_2、y_3 时，对应的探测器水平位置分别为 x_1、x_2、x_3。但极值点出现位置的变化也存在一定的规律。

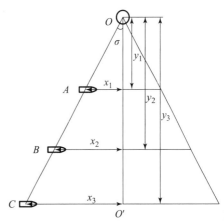

图 4 - 5　信号极值点时探测器与
目标相对位置图

以 x/y 为横坐标，画出探测器在交会过程中的输出信号波形，如图 4 - 6 所示。可以看出，在不同的交会过程中，由于脱靶量 y 不同，信号极值点出现的位置和时刻会发生变化。但是出现极值点时 x 与 y 的比值是恒定值，即 $\dfrac{x_1}{y_1} = \dfrac{x_2}{y_2} = \dfrac{x_3}{y_4} = \lambda$，$\lambda$ 不随着 y 的变化发生改变。即目标特征曲线的极值点总是出现在以目标为坐标原点，与 y 成一定夹角的连线上，图 4 - 5 中的直线 OC，其与 $O'O$ 的夹角记为 σ，则 σ 由式 $\tan\sigma = \dfrac{x_i}{y_i}$ 确定。

对于立方体探测阵列中的探测单元而言，在一次弹目交会的过程中，每个探测单元的探测电极与目标交会的 y 值不同，而其他的交会条件相同。设探测电极 1、2 分别

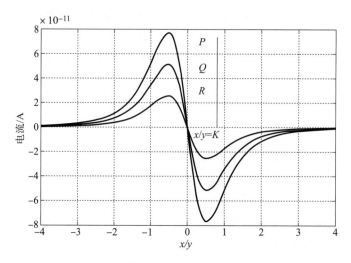

图 4 – 6　横坐标为 x/y 时目标特性曲线

在 t_1、t_2 时刻距离目标最近，信号出现过零点，探测电极与带电目标运动轨迹的垂直距离分别为 y_1、y_2。在 T_1、T_2 时刻探测电极 1、2 出现峰值点，此时探测电极距与目标垂直位置的水平距离分别为 x_1、x_2。则：

$$t_1 = T_1 + x_1/v, \ \ t_2 = T_2 + x_2/v$$

所以：

$$t_1 - t_2 = T_1 - T_2 + (x_1 - x_2)/v \tag{4 – 15}$$

探测电极 1、2 与带电目标交会过程中的距离分别为：

$$D_1 = \sqrt{(x - d/2)^2 + y^2 + z^2}$$
$$= \left\{ \left[x_0 + \frac{v \cdot (x_1 - x_0)t}{\sqrt{(x_1 - x_0)^2 + (y_1 - y_0)^2 + (z_1 - z_0)^2}} - \frac{d}{2} \right]^2 + \right.$$
$$\left[y_0 + \frac{v \cdot (y_1 - y_0)t}{\sqrt{(x_1 - x_0)^2 + (y_1 - y_0)^2 + (z_1 - z_0)^2}} \right]^2 +$$
$$\left. \left[z_0 + \frac{v \cdot (z_1 - z_0)t}{\sqrt{(x_1 - x_0)^2 + (y_1 - y_0)^2 + (z_1 - z_0)^2}} \right]^2 \right\}^{\frac{1}{2}}$$

$$D_2 = \sqrt{(x - d/2)^2 + y^2 + z^2}$$
$$= \left\{ \left[x_0 + \frac{v \cdot (x_1 - x_0)t}{\sqrt{(x_1 - x_0)^2 + (y_1 - y_0)^2 + (z_1 - z_0)^2}} + \frac{d}{2} \right]^2 + \right.$$
$$\left[y_0 + \frac{v \cdot (y_1 - y_0)t}{\sqrt{(x_1 - x_0)^2 + (y_1 - y_0)^2 + (z_1 - z_0)^2}} \right]^2 +$$

$$\left[z_0 + \frac{v \cdot (z_1 - z_0)t}{\sqrt{(x_1 - x_0)^2 + (y_1 - y_0)^2 + (z_1 - z_0)^2}}\right]^2\Biggr\}^{\frac{1}{2}}$$

当式中探测电极间隔 d 远远小于 y 时，则 $D_1 \approx D_2$。

当目标起始点为 $(x_0, y_0, z_0) = (50, -40, 10)$，终点 $(x_1, y_1, z_1) = (-20, 30, 10)$，探测器间隔 $d = 0.1$ m 时，探测电极 1、2 与目标之间距离的仿真结果如图 4 - 7 所示。

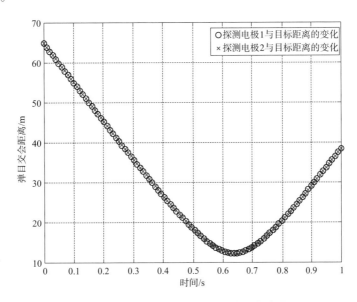

图 4 - 7　目标与探测电极之间的距离变化

图中 "○" 表示探测电极 1 与目标距离的变化，"×" 表示探测电极 2 与目标距离的变化。由计算结果可知，由于电极间距 d 相对于目标和电极间的距离很小，探测电极 1、2 的弹目交会距离的变化非常近似，其比值约等于 1，如图 4 - 8 所示。

在工程上可以近似认为，在任何时刻 $y_1 \approx y_2$。由于 $\dfrac{x_1}{y_1} = \dfrac{x_2}{y_2}$，所以可以得到 $x_1 \approx x_2$。对于 $t_1 - t_2 = T_1 - T_2 + (x_1 - x_2)/v$，可得 $t_1 - t_2 \approx T_1 - T_2$。因此，在应用中可以检测探测电极 1、2 的峰值点时刻 T_1、T_2，用于替代 t_1、t_2 进行测向计算。

立方体探测阵列各探测单元电流信号的峰值点时刻分别为 T_1、T_2、T_3、T_4、T_5、T_6，可按照下式进行方位测量：

$$\begin{cases} \alpha \approx \arctan\left(\dfrac{T_3 - T_4}{T_1 - T_2}\right) \\[3mm] \beta \approx \arctan\left[\dfrac{T_5 - T_6}{\sqrt{(T_3 - T_4)^2 + (T_1 - T_2)^2}}\right] \end{cases} \tag{4-16}$$

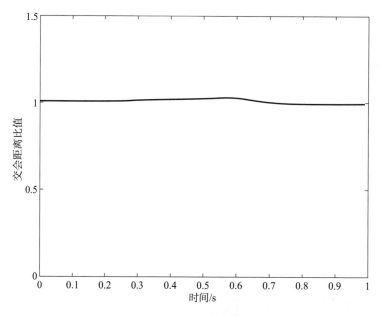

图 4 - 8　相对两个探测电极与目标距离的比值

当目标相对于弹体的方位角一定时，基于峰值点的目标测向结果与理论值的差别是固定的，因此可依据这个差别对测向结果进行补偿。按照式（4 - 16）进行基于信号峰值点测向方法的仿真计算，并与补偿后的结果进行对比。仿真条件除探测电极间距外与 4.1.1 节中基于过零点的条件相同，仿真计算结果如表 4 - 3 所示。

表 4 - 3　基于信号峰值点的测向仿真结果

理论值		仿真计算值				修正后计算值			
方位角 $\alpha/(°)$	俯仰角 $\beta/(°)$	方位角 $\alpha/(°)$	误差 $/(°)$	俯仰角 $\beta/(°)$	误差 $/(°)$	方位角 $\alpha/(°)$	误差 $/(°)$	俯仰角 $\beta/(°)$	误差 $/(°)$
45	35.3	45	0	35.3	0	45	0	35.3	0
36.8	- 5.7	38.6	1.8	- 11.9	- 6.2	37.5	0.7	- 8.2	- 2.5
71.6	- 8.9	85.6	14	- 11.5	- 2.6	75.7	4.1	- 9.5	- 0.6
- 45	- 25.6	- 50.7	- 5.7	- 22.8	2.8	- 47.2	- 2.2	- 23.8	1.8
- 33.7	24.8	- 23.8	9.9	18.4	- 6.4	- 31.2	2.5	20.4	- 4.4
- 45	0	- 50.9	- 5.9	- 13.1	- 13.1	- 47.5	- 2.5	- 2.1	- 2.1

由仿真结果可知，基于信号峰值点的测向结果经修正后误差在 ± 5° 以内，与基于信号过零点的测向方法精度相近。

§4.2　基于静电场矢量探测的测向方法

静电场为矢量场，具有方向性。根据静电场矢量定向原理也可以测得目标相对于探测器的方位，该方法对任意形状带电目标都可完成测向，并不局限于点电荷目标，且有更高的探测精度。本节分别介绍基于静电场矢量探测原理的二维空间带电目标方位测量方法和三维空间目标方位测量方法。

4.2.1　二维静电场矢量测向原理

在二维空间有一个携带电量为 q 的带电目标，为测量带电目标的空间方位，在距离此电荷一定距离处建立直角坐标系 XOY，并布设 4 个探测电极。如图 4-9 所示，电极 A 和 B 以原点为中心对称布设于 X 轴上，板面垂直于 X 轴，电极 C、D 以同样方式布设于 Y 轴。

设坐标原点到带电目标的距离为 R，由静电场理论知电场强度满足：

$$E = \frac{-q}{4\pi\varepsilon R^2}e_R \qquad (4-17)$$

式中，e_R 是沿电场强度方向的单位矢量，方向如图 4-9 所示。

当区域 M 足够小、且探测电极与带电目标的距离足够大时，认为区域 M 中的静电场近似为匀强场。根据匀强电场方向及大小的求解方法，可以计算带电目标相对于坐标系的方位角。

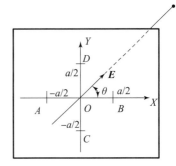

图 4-9　求解二维空间带电目标方位原理图

根据图 4-9 所示的几何关系，电极间的电位差与电场强度关系为：

$$U_{AB} = Ea\cos\theta \qquad (4-18)$$

$$U_{CD} = Eb\sin\theta \qquad (4-19)$$

如果测得 U_{AB} 和 U_{CD}，则可以通过求取 θ 确定静电场的方向，即目标的方位。因此可以计算出此时带电目标的方位：

$$\theta = \arctan\left(\frac{U_{CD}}{U_{AB}}\right) \qquad (4-20)$$

通过式（4-20）并不能在 $0° \sim 360°$ 范围内唯一确定 θ。在图 4-9 所示坐标系中，不同极性电荷形成静电场引起的电位差 U_{AB} 和 U_{CD} 的符号也不同，据此可以判断带电目标所在坐标象限，如表 4-4 所示。

表4-4　电极电势差符号与带电目标位置关系表

电荷所在坐标象限	正电荷		负电荷	
	U_{AB}	U_{CD}	U_{AB}	U_{CD}
第一象限	<0	<0	>0	>0
第二象限	>0	<0	<0	>0
第三象限	>0	>0	<0	<0
第四象限	<0	>0	>0	<0

这样，就可以在 $0° \sim 360°$ 范围内唯一确定 θ 值，求解场强和目标的方向。

4.2.2　三维静电场矢量探测方法

上一节分析了在二维空间利用静电场矢量探测法对带电目标定向的方法，本节同样利用匀强电场来近似三维空间带电目标形成的电场。

如图4-10所示，在 XYZ 空间有一带电目标，其携带电量为 q，与坐标原点距离为 R。在原点附近足够小的范围 M 内，可以认为由该带电目标形成的静电场 E 为匀强场，其方向如图4-10所示：与 Z 轴正向的夹角为 β，在 XOY 平面的投影与 X 轴正向的夹角为 θ。在区域 M 内设置3对电极：A、B 位于 X 轴，对称于坐标原点；C、D 位于 Y 轴，对称于坐标原点；E、F 位于 Z 轴，对称于坐标原点。这3对电极的连线互相正交，每对电极间距为 a。

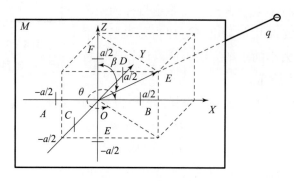

图4-10　求解三维空间带电目标方位原理图

由于静电场的作用，此电场在电极对 AB、CD 和 EF 上产生的电势差 U_{AB}、U_{CD} 和 U_{EF} 为：

$$U_{AB} = \frac{-q}{4\pi\varepsilon R^2}a \cdot \sin\beta \cdot \cos\theta \tag{4-21}$$

$$U_{CD} = \frac{-q}{4\pi\varepsilon R^2} \cdot a \cdot \sin\beta \cdot \sin\theta \tag{4-22}$$

$$U_{EF} = \frac{-q}{4\pi\varepsilon R^2}a \cdot \cos\beta \qquad (4-23)$$

测得 U_{AB}、U_{CD} 和 U_{EF}，则可求出区域 M 内的静电场强度的大小 E 和方向（θ，β）。

$$\theta = \arctan\left(\frac{U_{CD}}{U_{AB}}\right) \qquad (4-24)$$

$$\beta = \arctan\left(\frac{\sqrt{U_{AB}^2 + U_{CD}^2}}{U_{EF}}\right) \qquad (4-25)$$

$$E = \frac{\sqrt{U_{AB}^2 + U_{EF}^2 + U_{CD}^2}}{a} \qquad (4-26)$$

利用正交放置的 3 对探测电极测定静电场的方向和大小，能实现对静电场矢量的探测。

§4.3　静电测向方法的试验验证

基于本章提出的两种目标方位识别方法，设计合理的试验方案，分别对基于信号特征点的测向算法和静电场矢量探测法进行验证。

4.3.1　基于信号特征点的测向试验

为了验证基于信号特征点的测向方法的正确性和测量精度，建立与第 3 章 3.4 节相同的室内弹目交会模拟试验系统，如图 4-11 所示。由于运动方位角和俯仰角的测量原理相同，该试验中只对带电目标的运动方位角进行了测量。

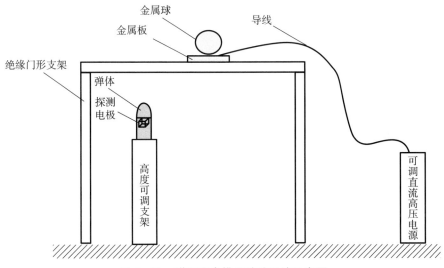

图 4-11　弹目交会模拟试验系统示意图

　　试验系统由立方体测向探测器、数据采集系统和目标运动模拟系统等组成。目标运动模拟系统为自由落体，带电球体以 3 m 的高度做自由落体运动。每次试验时，可将探测阵列绕几何中心转动一定的角度，在金属球运动状态不变的情况下，其运动轨迹相对于探测阵列的夹角发生变化，从而测量在不同角度时测向方法的测量精度。试验中，改变探测阵列与金属球的夹角，分别用信号过零点和峰值点的方法验证探测阵列的测向结果。探测阵列的间隔为 $d = 0.23$ m。

　　图 4 – 12 为金属球运动轨迹与探测阵列夹角为 45°时，静电探测器各单元输出信号波形，其中图 4 – 12（a）为探测器输出的原始信号，图 4 – 12（b）为滤波后的信号。对滤波后的信号进行处理，可以确定其特征点对应时刻，进而可以分别利用过零点测向方法和极大值测向方法计算目标相对于探测器的空间方位。

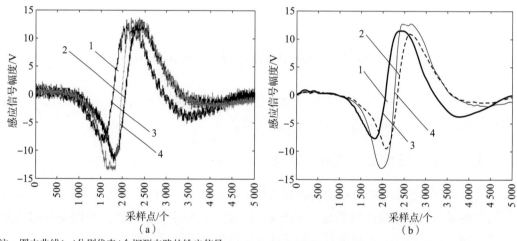

注：图中曲线 1~4 分别代表 4 个探测支路的输出信号。

图 4 – 12　测向试验波形

（a）试验原始信号波形；（b）滤波后的信号波形

　　按照式（4 – 14）、式（4 – 16）计算出的结果如表 4 – 5 所示。

表 4 – 5　测向试验数据

方位角 α/(°)（实际值）	方位角 α/(°)（基于信号过零点）	方位角误差/(°)（基于信号过零点）	方位角 α/(°)（基于信号峰值点）	方位角误差/(°)（基于信号峰值点）
0	2.8	2.8	9.3	9.3
22.5	21.9	– 0.6	20.6	– 1.9
45	42.2	– 2.8	37.5	– 7.5
62.5	57.6	– 4.9	55.1	– 7.4
90	82.3	– 7.7	79.5	– 10.5

由试验结果可以看出，基于信号过零点和基于信号峰值点的测向方法均具有较高的测向精度，其中基于信号过零点测向方法误差在 10° 以内，而基于信号峰值点的测向方法误差小于 12°。因为基于信号特征点测向方法的精度与每对探测电极之间的距离有关，因此对静电探测系统的探测电极进行改进，采用在弹体外部布设共形电极的方式增加探测电极的相对距离。重复以上测向试验，所得结果如表 4 - 6 所示。

表 4 - 6　测向试验数据

方位角 α/(°)（实际值）	方位角 α/(°)（基于信号过零点）	方位角误差/(°)（基于信号过零点）	方位角 α/(°)（基于信号峰值点）	方位角误差/(°)（基于信号峰值点）
0	2.3	2.3	8.7	8.7
22.5	22	-0.5	20.9	-1.6
45	43.1	-1.9	39	-6
62.5	59	-3.5	57.2	-5.3
90	84.8	-5.2	81.3	-8.7

从以上测量结果可以看出，通过增加探测电极间的距离可以进一步提高测向精度。在应用中，可以根据使用条件和对测向精度的要求选择适当的探测电极布设方式进行目标方位测量。

4.3.2　基于静电场矢量探测法的测向试验

在实际工程实践中，立方体探测阵列需要较大弹内空间，使用受到一定限制，因此将立方体探测阵列进行改进，变成与弹体共形的静电探测阵列布设方式，并使用该结构静电探测阵列开展静电场矢量探测测向方法试验。

与弹体共形的探测阵列采用 6 块金属箔敷设在圆柱形的弹体表面，如图 4 - 13 所示。其中 A、B、C、D 四个电极沿圆周均匀布设，E、F 电极为环状电极，绕弹体布设，构成三维探测阵列。试验中的圆柱体基材为 PVC 管，其上紧密地覆盖一层绝缘层，在薄膜上贴有铜箔，每个铜箔的尺寸为 6 cm × 10 cm，作为静电传感器前端的探测电极。

1. 实验室测向试验

在室内环境下使用静电测向系统进行静电测向试验。试验以荷电金属小球为目标，将静电探测器固定放置，荷电金属小球利用气垫导轨运动。利用高压发生器给小球加入一定的电压，将静电探测电极置于气垫导轨旁，通过旋转静电探测器的角度来改变带电目

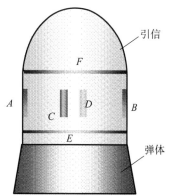

图 4 - 13　与弹体共形探测
阵列电极布设方式

标与探测电极之间的相对角度关系。图 4 – 14 所示是室内测向试验的试验场景示意图，主要包括静电传感器、信号处理电路、稳压电源、带电目标（金属小球）以及气垫导轨。

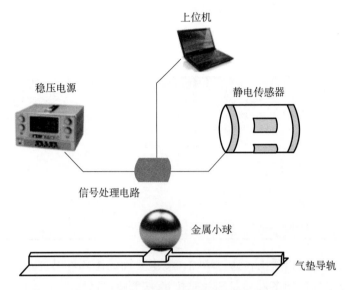

图 4 – 14　室内静电测向试验场景示意图

图 4 – 15 为实际角度为 60°情况下静电探测器输出信号及实时解算的目标方位测量结果，从图中可以直观地看出，利用静电场矢量探测法可以准确地测量目标方位角。

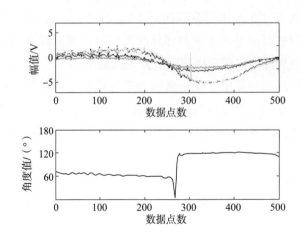

图 4 – 15　静电目标信号与实测角度对应图（60°）

表 4 – 7 和图 4 – 16 显示了 0°~90°范围内间隔 15°的所有测量结果。从表中可以看出，采用与弹体共形的电极间距进行目标方位识别，测得的角度误差在 ± 11. 25°之内。

表 4 – 7　静电场矢量探测法测向结果

真实值/(°)	试验值/(°)	误差/(°)
0	7.3	7.3
15	18.9	3.9
30	26.4	−3.6
45	35.9	−9.1
60	61.5	1.5
75	84.6	9.6
90	95.9	5.9

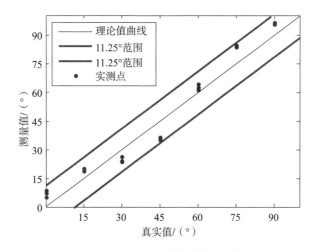

图 4 – 16　静电场矢量探测法测向结果示意图

2. 室外测向试验 II

利用静电目标特性测试系统进行了室外的测向试验。静电目标特性测试系统主要由荷电飞机模型、龙门架、轨道和移动小车组成。在试验中，将静电测向探测器放置在移动小车上沿轨道运动，与荷电飞机模型交会，交会速度约 10 m/s。图 4 – 17 是试验系统示意图。

图 4 – 18 为 45°情况下静电信号与实测角度对应图，从图中可以看出，在静电探测的有效探测距离内，实测角度与 45°较为接近。

经过大量试验测试，利用静电测向系统进行的室外测向结果如图 4 – 19 所示，能够达到测向误差小于 ±11.25°的精度。

分析试验结果可知，在室外环境下，利用静电场矢量探测法对静电目标进行测向，误差小于 11.25°。改变目标荷电量和目标位置重复多次试验，测向精度始终优于 11.25°。

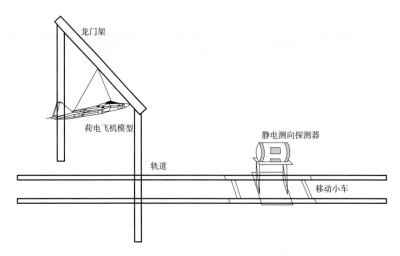

图 4 – 17　室外测向试验场景示意图

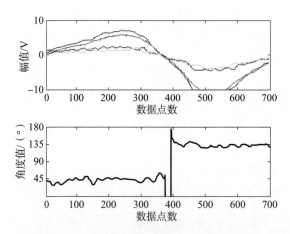

图 4 – 18　静电信号与实测角度对应图（45°）

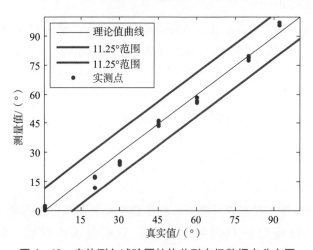

图 4 – 19　室外测向试验圆柱体共形电极数据点分布图

§4.4　静电探测与其他探测体制的复合应用

静电探测器具有很好的隐身和抗干扰特性,同时具备对目标的精确测向能力。将静电探测器与其他体制探测器复合,能够利用两种探测器各自优势,在提高引信抗干扰能力的同时,大幅度提高目标方位识别精度。

4.4.1　静电无线电复合探测的设计

1. 复合探测器方案设计

无线电探测是一种较为成熟的引信探测体制,但其面临着两个方面的问题:一方面,作为一种主动发射无线电信号的有源探测方式,在使用过程中面临各种方式的人工有源/无源干扰,影响其正常工作;另一方面,在对目标进行近距离探测时,由于体目标效应,无线电探测器无法准确测量目标方位信息。因此,将静电探测与无线电探测体制相结合,能够大幅提高对空目标近炸引信的抗自然干扰与人工干扰机干扰的能力及引信探测器性能。静电探测器与具有定距功能的无线电调频探测器、激光探测器等组成复合引信,可采用如图 4-20 所示的方案。

图 4-20　静电探测与其他探测体制复合的引信总体方案示意图

为充分发挥静电、无线电调频两种探测体制各自的优势,复合探测器需要按照合理的发火控制策略进行工作。静电探测与无线电探测复合使用时,可设计为静电探测器首先处于工作模式,无线电探测器处于静默状态,不发射信号,当弹体进入目标电场的作用范围时,静电探测器识别确认为真实目标,启动无线电探测器工作,提高引信的抗人工干扰性能。在无线电探测器与静电探测器同时处于工作状态时,通过两者信息相“与”的方式,利用无线电探测获取与目标之间的距离、静电探测器测量目标方位,当弹体处于最佳起爆位置时,给出起爆指令,从而实现目标炸点的精确控制,提高毁伤效能。发火控制策略流程如图 4-21 所示。

2. 复合探测器结构及电磁兼容设计

基于以上引信复合探测器方案和复合策略设计复合探测系统,其由静电目标探测系统、无线电调频探测系统和数字信号处理系统组成。对复合探测器的结构提出两种设计方案,方案 A 为在弹体表面两端布设两个静电环状电极,将无线电天线敷设在静电极之间;方案 B 为在弹体单端布设一个静电环状电极,将无线电天线敷设在弹体表面另一端,如图 4-22 所示。通过两种结构的电磁兼容性能选择更好的结构方案。

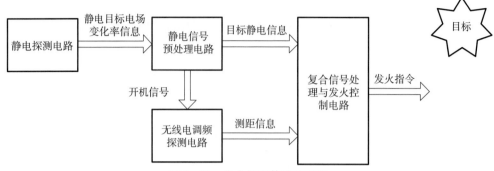

图 4 – 21 发火控制策略流程图

为了更好地实现两种不同探测体制的复合,最大限度地发挥各自优势,要考虑复合探测器的电磁兼容性问题、结构兼容性问题和信号处理算法的优化问题。因此需要合理设计静电探测器电极和无线电探测器天线,使两种探测器在满足与弹体共形的前提下实现电磁兼容。

静电探测电极与调频天线的互相耦合影响问题,从结构兼容性设计和电磁兼容性设计两个方面来解决。调频引信采用与弹体共形贴敷于弹体表面的微带贴片天线形式,探测电极贴敷于微带贴片天线两端的结构形式,使两者结构兼容。通过合理选择微带天线与静电电极的尺寸参数、位置关系并采用对称布设方式等手段提高电磁兼容性能。

为了更加直观和定量地对复合探测器的电磁兼容特性进行分析,将图 4 – 22 所示两种结构设计方案进行仿真,通过分析微带天线在多个频段的天线增益方向图选择更优方案。利用电磁仿真软件对两个方案分别进行建模和仿真,分析比较其电磁兼容性能。

（a）

图 4 – 22 复合探测器结构设计方案

（a）方案 A

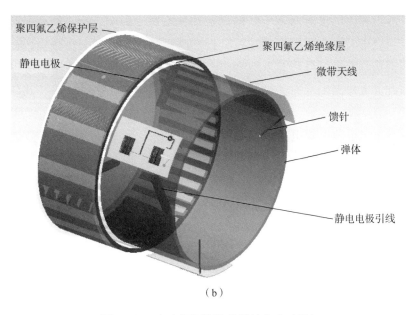

图 4 – 22　复合探测器结构设计方案（续）

（b）方案 B

针对方案 A 的结构设计，对静电探测电极加载电荷时对微带天线方向图的影响进行了仿真，仿真结果如图 4 – 23（a）和图 4 – 23（b）所示。仿真结果表明，该结构布

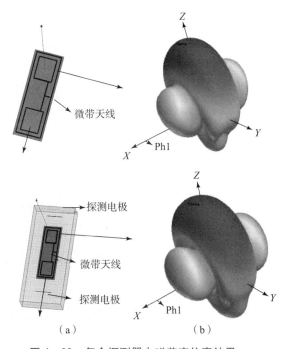

图 4 – 23　复合探测器电磁兼容仿真结果

（a）微带天线方向图；（b）静电电极加载电荷后的天线方向图

局条件下，静电探测电极对微带天线的增益和波瓣宽度影响较小。同理，可对方案 B 中探测电极与微带天线之间的影响进行分析。改变无线电探测工作频率，重复以上仿真过程，根据仿真结果，得到如下结论：两种探测电极结构在高频段的寄生天线效应都很小，因此静电探测电极对于调频探测天线几乎无影响；两种方案相比较，方案 A 电极结构优于方案 B。

通过对静电电极和无线电天线的敷设方式、尺寸、间距和引线等参数的影响进行分析，根据电磁兼容仿真分析和优化，设计最优结构使探测器具有良好的电磁兼容性能。同时，合理设计两种体制的探测电路和信号处理电路，通过屏蔽、隔离和接地等方式，使其不存在相互干扰，最终完成静电-无线电复合探测器设计。

4.4.2 复合探测器抗干扰试验

引信抗干扰能力是保障弹药安全和发挥毁伤效能的重要保障，为验证静电-无线电复合探测器的抗干扰性能，建立抗有源干扰和抗环境干扰模拟试验测试系统，分别对复合引信探测器样机进行测试。

1. 抗有源干扰模拟测试试验

为了测试静电-无线电调频复合探测器抗人工有源干扰能力，建立模拟测试系统对复合探测器样机进行测试。测试试验场景如图 4-24 所示。将复合探测器样机固定于静电目标测试系统的小车上，将模拟目标悬挂于龙门架，引信干扰系统放置于轨道一侧。无线电引信干扰系统首先侦测复合探测器样机的工作频率及调制样式，然后生成并发射调频调幅信号，对复合探测器样机进行有源干扰。测试中采用的引信干扰系

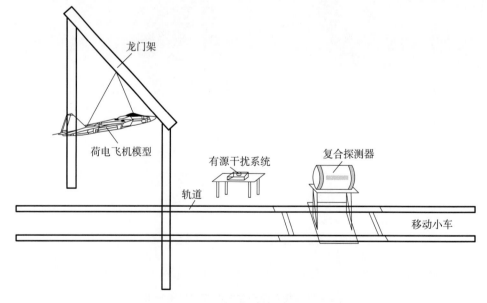

图 4-24 抗有源干扰试验示意图

统工作模式为侦收转发式，可侦收引信无线电探测器工作频率及调制参数，估算引信多普勒频带，产生多种波形的调频调幅干扰信号。

首先测试引信干扰系统不施加干扰的情况下复合探测器样机的工作状况。测试时，先将小车复位，复合探测器样机开机工作，目标模型不加载静电，控制小车沿轨道运动模拟弹目交会过程，通过复合探测器样机上指示灯显示复合探测器是否探测识别到目标并给出发火信号；对目标模型加载静电，控制小车运动重复以上过程，观测复合探测器样机是否给出发火控制信号。然后测试在施加无线电干扰情况下复合探测器的工作状况，将引信干扰系统开机，控制复合探测器样机与目标模型进行交会，分别观测在目标模型不加载静电和加载静电情况下，复合探测器样机能否正确给出发火控制信号。测试结果如图 4 – 25 所示。

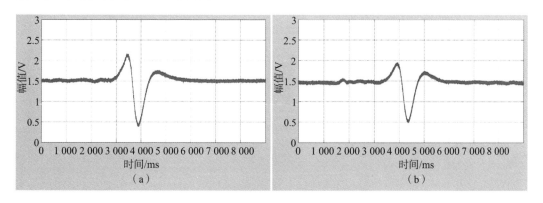

图 4 – 25　抗有源干扰试验结果

（a）干扰机未开机时飞机荷电波形；（b）干扰机开机时飞机荷电波形

根据试验结果，复合探测器在干扰机开机工作情况下与不开机工作情况下获得的静电输出信号完全相同，表明干扰机对静电探测支路没有影响。因此，复合探测器样机根据静电探测支路输出信号能够识别目标并计算目标方位，具有抗有源干扰能力。

2. 抗自然环境干扰模拟测试试验

针对引信探测器使用过程中可能受到的云、雨以及闪电等自然环境的影响，进一步对复合探测器样机开展抗自然环境干扰测试试验。将复合探测器样机固定于静电目标测试系统的小车上，将目标模型悬挂于龙门架。将自然干扰模拟系统放置于轨道一侧，用于模拟云、荷电雨滴和脉冲放电等自然环境干扰。试验测试系统示意图如图 4 – 26 所示。

在云雾模拟试验中，采用干冰作为云雾源，并利用高强度 PVC 管制作干冰容器，在管中加入适量水来保证干冰汽化的速率，将管道置于交会轨道上来模拟引信探测器穿云过程。利用以上试验条件，进行多次模拟试验，得到静电探测支路输出信号波形图如图 4 – 27 所示。

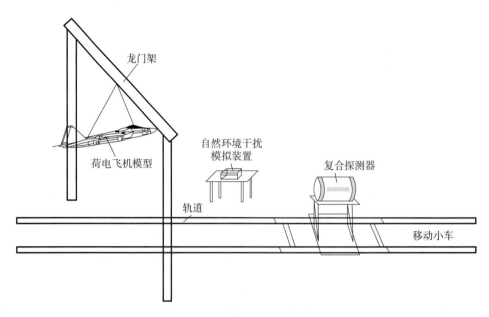

图 4 - 26　抗自然环境干扰试验示意图

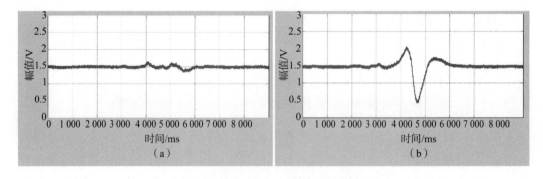

图 4 - 27　模拟云雾干扰试验静电探测信号

（a）飞机不加电时的波形；（b）飞机荷电时的波形

根据图 4 - 27 中飞机目标不加电和飞机目标加电的对比可以看出，云雾电场会在探测器上产生微弱的输出信号，该信号与带电目标的信号有较大的区别，通过比较其信号特征即可区分是否为目标信号（关于各种自然环境干扰及其抑制方法的详细分析见本书第 5 章）。因此，复合探测器能够抗云雾干扰。

针对带电雨滴可能对复合探测器产生干扰的情况，利用喷雾机与高压电源制造了覆盖交会轨道的长、宽约为 5 m×3 m 的带电水雾区，调节高压电源给水雾加上不同的电压，进行交会试验来观测带电水雾对复合探测器的影响。试验结果如图 4 - 28 所示。

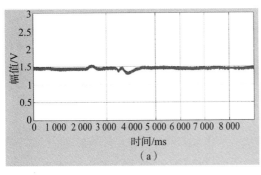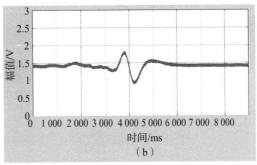

图 4 – 28　模拟荷电水滴干扰试验静电探测信号

(a) 飞机不加电时的波形；(b) 飞机荷电时的波形

针对闪电可能对复合探测器产生干扰的情况开展了复合探测器抗模拟闪电干扰的研究，采用脉冲电压发生装置作为干扰源，将该装置放置于距离交会轨道 0.5 m 处，其与模型飞机之间的距离约为 3 m，脉冲放电电压为 100 kV，电弧长度大于 30 mm。进行多次对比试验，得到的静电交会波形如图 4 – 29 所示。

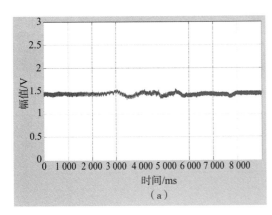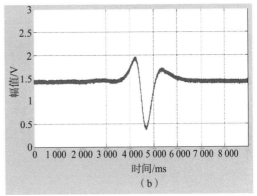

图 4 – 29　模拟脉冲放电干扰试验静电探测信号

(a) 飞机不加电时的波形；(b) 飞机荷电时的波形

从上述试验结果可以看出，模拟的云、带电水滴及脉冲放电等自然环境干扰对复合探测器输出的静电目标信号基本没有影响，说明静电 – 调频无线电复合探测器样机具有抗自然环境干扰的能力，能够在云、带电雨滴及脉冲放电情况下准确识别目标。

通过静电与无线电调频或其他主动式引信探测体制复合，设计合理的复合探测方案，能够更好地发挥两种不同探测器的各自优势，既能提高引信探测器对于各种有源/无源干扰的抗干扰能力，又能发挥静电探测器精确测向的优势，从而提高引信的整体性能。

第 5 章 静电探测系统的典型干扰及其抑制方法

　　静电探测是利用空中目标静电场获取目标信息的探测方法，根据静电探测原理，静电探测器的输出信号频率低，同频带的人工有源干扰实现起来比较困难，因此对于静电探测而言，最主要的干扰来自自然界。

　　根据静电学理论，静电电荷的产生、积累、泄放与环境特征息息相关，尤其是大气中的各种带电环境，既影响着目标电荷的产生和变化，也同目标电荷的电场一起，直接作用在静电探测器上。所以，荷电目标、静电探测器和带电环境三者的关系可描述为如图 5 - 1 所示的相互作用模型，目标电荷的产生及变化受大气带电现象的影响，静电探测器所感测的电场实际上是目标和环境带电现象共同作用的结果。

图 5 - 1　荷电目标、静电探测器和带电环境相互作用示意图

　　自然界中的带电环境主要包括大气电场、大气电流、大气带电粒子、带电云雾、雨雪电场以及闪电。当导弹低空掠海飞行时，静电引信探测器还可能受到海浪的干扰。下面分别对上述干扰因素及其抑制方法进行介绍。

§5.1　晴天大气电环境对静电探测器的影响分析

　　晴天大气电环境主要包括晴天大气电场和大气电流。晴天大气电环境通常被作为扰动天气条件（如雨、雪、云等）变化特征的对比基准，而且扰动天气条件下的云中起电过程等大气电现象，也往往是在晴天大气电环境的背景条件下发展起来的。因此，晴天大气电环境是研究大气电环境的基础。

5.1.1　晴天大气电场对静电探测器的影响分析

　　晴天大气中始终存在方向垂直向下的大气电场，这意味着大气相对于大地带正电，而地球带负电荷，大气和大地携带异性电荷是大气电场的成因。通常采用球形电容器模型来描述全球大气电过程，全球大气电过程的球形电容器模型如图 5 - 2 所示。对于大气而言，地球和电离层均为导体，地球表面和电离层下界面为等电位面。于是，可把整个大气、地球体系视为由地球表面和电离层下界面两同心球面组成的球形电容器，其间充满了具有微弱导电性能的大气介质。球形电容器的正极为电离层下界面，携带正电荷 $+Q$。电离层下界面的高度白天约为 60 km，夜间约为 100 km，因此平均高度可取 80 km。球形电容器的负极为地球表面，携带负电荷 $-Q$。于是，在电离层下界面与地球表面之间形成电位差 U，称为整层晴天大气电位差，电位差的大小在全球范围内是相同的。

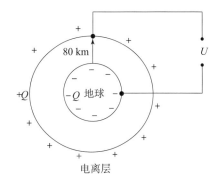

图 5 - 2　大气电场球形电容模型图

大气电场的大小和方向通常用大气电场强度 E 来表征，习惯上常将大气电场强度简称为大气电场，单位为 V/m。大气电场取决于大气电位的分布，大气中某点处大气电场的大小等于该点处的大气电位梯度值，其方向则与大气电位梯度的方向相反。由静电学可知，大气电场 E 与大气电位 V 之间有关系式：

$$E = -\nabla V \tag{5-1}$$

在直角坐标系 xyz 中，大气电场可用分量形式表示为：

$$E = E_x i + E_y j + E_z k \tag{5-2}$$

式中，i、j 和 k 分别为 x 轴、y 轴和 z 轴的坐标向量，其中坐标向量 k 竖直向上，与重力方向相反。此时，式（5-2）可表示为：

$$E = -\frac{\partial V}{\partial x} i - \frac{\partial V}{\partial y} j - \frac{\partial V}{\partial z} k \tag{5-3}$$

大气电位的分布可用大气等电位面形象地加以表示。大气等电位面是相对于某一个参考面（如地等电位面视为零电位面），具有相同电位的点所组成的曲面。等电位面的疏密程度很直观地描绘了电位梯度的大小。等电位面疏的地方，电位梯度就小；等电位面密的地方，电位梯度就大。

在 0~20 km 高度上，大气电位随高度增加逐渐增大。再往上，大气层相对于地面的电位不再发生显著变化，大气电位随高度的变化如图 5-3 所示。

晴天大气电场强度随高度分布的平均结果如图 5-4 所示。就全球平均而言，晴天大气电场强度在陆地 1.5 m 高度处大约为 120 V/m，在海平面 1.5 m 处约为 130 V/m；在空气被强烈污染的工业区，大气电场强度可达 360 V/m。900 m 高度附近的晴天大气电场强度为 65 V/m 左右，只及全球表面晴天大气电场强度平均值 130 V/m 的一半；5 km 高度附近的晴天大气电场强度下降为 10 V/m 左右，为全球晴天大气电场强度平均值的 8%；10 km 高度附近的晴天大气电场强度为 5 V/m 左右，已递减为全球表面晴天大气电场强度平均值的 4% 左右；至 20 km 高度附近的晴天大气电场强度为 1.3 V/m

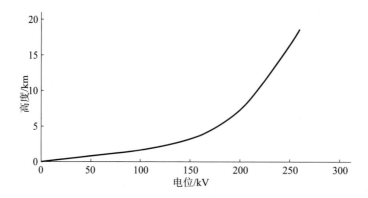

图 5 – 3　大气电位随高度的变化图

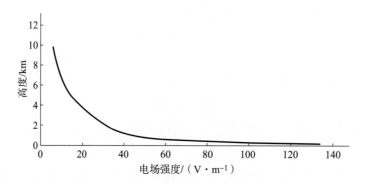

图 5 – 4　晴天大气电场强度随高度的变化图

左右，仅为全球表面晴天大气电场强度平均值的 1%。而且晴天大气电场强度值较为平稳，在分钟尺度上可认为基本不变。

对晴天大气电场强度随高度的分布还可采用经验公式：

$$E(z) = 81.8\exp(-4.52z) + 38.6\exp(-0.375z) + 10.27\exp(-0.121z) \quad (5-4)$$

式中，$E(z)$ 是大气电场强度的垂直分量，单位是 V/m；z 是垂直高度，单位是 km。

从上述研究结果可知，晴天大气电场强度范围为 $5 \sim 3.6 \times 10^2$ V/m，且电场强度变化缓慢，在分钟尺度上可认为基本不变。

根据第 3 章检测电流式静电引信探测器的电流输出方程：

$$i = \varepsilon_0(1+K)\int_S \frac{\mathrm{d}E_n}{\mathrm{d}t}\mathrm{d}S$$

可知静电探测器的感应电流可由电场强度变化率计算。

为了方便求得晴天大气电场强度变化率，假设晴天大气电场强度 E_{sw} 在 60 s 内发生了变化，则晴天大气电场强度变化率为：

$$\frac{\mathrm{d}E_{sw}}{\mathrm{d}t} = \frac{5 \sim 3.6 \times 10^2 \text{ V/m}}{60 \text{ s}} = 0.08 \sim 6 \text{ V/(m} \cdot \text{s}^{-1})$$

由于晴天大气电场强度在分钟尺度上可认为基本不变，所以实际的晴天大气电场强度变化率为：

$$\frac{\mathrm{d}E_{sw}}{\mathrm{d}t} < 0.08 \sim 6 \ \mathrm{V/(m \cdot s^{-1})}$$

则由晴天大气电场强度变化在静电探测器上产生的感应电流 i_{sw} 为：

$$i_{sw} < \varepsilon_0(1 + K)\int_S [0.08 \sim 6 \ \mathrm{V/(m \cdot s^{-1})}]\mathrm{d}S$$

选取带电量最小的导弹作为典型目标，设目标带电量为 10^{-8}C，探测电极与弹轴的夹角 θ 为 $0°$，以 1 000 m/s、2 000 m/s 和 4 000 m/s 三种弹目交会速度进行仿真计算，电场强度变化率为：

$$\frac{\mathrm{d}E_T}{\mathrm{d}t} = 10^3 \sim 10^5 \ \mathrm{V/(m \cdot s^{-1})}$$

则目标在探测器上产生的感应电流为：

$$i = \varepsilon_0(1 + K)\int_S [10^3 \sim 10^5 \ \mathrm{V/(m \cdot s^{-1})}]\mathrm{d}S$$

比较晴天大气电场变化在静电探测器上产生的感应电流 i_{sw} 和目标在探测器上产生的感应电流 i，可知晴天大气电场在静电探测器上产生的感应电流比目标产生的感应电流小 3 个数量级以上，因此晴天大气电场对静电探测器产生的影响可以忽略。

5.1.2　大气电流对静电探测器的影响分析

在大气中，除了大气电场，还有带电的大气离子存在，当大气离子运动时，形成大气电流。静电引信探测器通过检测感应电流实现对目标探测，空间中的大气电流直接作用在静电探测器探测电极上也会产生影响。

远在 18 世纪末，人们就发现大气并不是理想的绝缘介质，而是具有微弱导电性能的介质。经过一系列研究，人们发现晴天大气中始终存在带电的离子，离子在大气电场中的迁移形成大气传导电流，并反过来影响大气电场。

产生大气电离子的电离源主要有 3 种：地壳中放射性物质辐射的放射线，大气中放射性物质辐射的放射线，来自宇宙空间的宇宙线。在电离源的作用下，部分中性分子获得足够大的能量而使其外层自由电子逸出形成带正电的大气离子，逸出的自由电子与周围的中性大气分子结合形成带负电的大气离子。此外，大气中存在大量气溶胶粒子，通过与大气离子相互碰撞带上正、负电荷，形成较大的大气离子。大气正负离子间也会发生碰撞而中和各自携带的异性电荷，当大气电离过程和中和过程达到动态平衡时，形成含量相对稳定的大气离子。

一定体积大气携带的大气离子，称为大气体电荷。通常，可用大气体电荷密度来定量描述大气体电荷的状况，单位取 C/cm^3。若体积为 V 的大气中携带总的正电荷为 Q_1，总的负电荷为 Q_2，则大气体电荷的密度 ρ 定义为：

$$\rho = \frac{Q_1 - Q_2}{V} \tag{5-5}$$

观测表明，全球表面晴天大气体电荷密度的平均值约为 $10^{-17}\ C/cm^3$，由于大气荷电极性的不同，各地地面或海面晴天大气体电荷密度的常见值介于 $-2 \times 10^{-17}\ C/cm^3$ 与 $2 \times 10^{-17}\ C/cm^3$ 之间，其绝对值的变化范围可达 1 个数量级左右。大气体电荷密度还和高度有关，在 5 km 高度处晴天大气体电荷密度下降为地面值的 7‰ 左右；10 km 高度时为地面值的 2‰ 左右；至 20 km 高度时，仅为地面值的 0.3‰ 左右。此外，大气体电荷密度还因不同的地点、不同的时间及季节而变化。

晴天大气电流分为晴天大气传导电流、晴天大气对流电流和晴天大气扩散电流。晴天大气传导电流是晴天大气离子在晴天大气电场作用下产生运动形成的。晴天大气对流电流是晴天大气体电荷随气流移动形成的。晴天大气扩散电流，则是晴天大气体电荷因湍流扩散输送而形成的。

晴天大气电流的大小和方向可用晴天大气电流密度向量表征，单位为 A/cm^2。晴天大气电流密度 j 可表示为：

$$\boldsymbol{j} = \boldsymbol{j}_c + \boldsymbol{j}_w + \boldsymbol{j}_t \tag{5-6}$$

式中，j_c 为晴天大气传导电流密度；j_w 为晴天大气对流电流密度；j_t 为晴天大气扩散电流密度。

晴天大气离子在晴天大气电场的作用下，大气正离子沿着晴天大气电场的方向运动，大气负离子则沿着晴天大气电场相反的方向运动，从而形成与晴天大气电场方向一致的晴天大气传导电流。晴天大气传导电流密度 j_c 与晴天大气电场 E 之间有关系式：

$$j_c = \lambda E \tag{5-7}$$

式中，λ 为晴天大气总电导率。

晴天大气体电荷若随气流移动而形成晴天大气对流电流，其密度 j_w 可表示为：

$$j_w = \rho v \tag{5-8}$$

式中，ρ 为晴天大气体电荷密度；v 为气流平均速度。上式表明，晴天大气对流电流密度的方向与气流的方向是一致的。

晴天大气体电荷在大气中的分布是不均匀的，往往因大气湍流扩散输送而形成晴天大气扩散电流。晴天大气扩散电流密度 j_t 可表示为：

$$j_t = -k \nabla \rho \tag{5-9}$$

式中，k 为大气湍流扩散系数。上式表明，晴天大气扩散电流密度的方向，与晴天大气体电荷密度梯度的方向相反。

大量的观测结果表明,晴天大气电流密度不仅随地点而异,还具有日变化、年变化和脉动起伏变化。就全球而言,晴天大气电流密度大小为 10^{-16} A/cm^2 左右,大陆地面晴天大气电流密度平均为 2.3×10^{-16} A/cm^2,海洋表面晴天大气电流密度平均为 3.3×10^{-16} A/cm^2。对确定地点的晴天大气电流密度,其值不随高度变化,即单位截面垂直气柱内,不同高度处的晴天大气电流强度为常数。

根据第 3 章的静电探测器设计,探测电极有多种布设方式,选择其中最容易受到大气电流影响的方式,即探测电极布设在弹体外侧,且没有绝缘层覆盖,大气电流直接传导到探测电极上的情况计算大气电流对静电引信探测器的影响。

考虑弹上空间限制,静电引信探测器的探测电极面积不会很大,全球平均晴天大气电流密度不超过 3.3×10^{-16} A/cm^2,因此传导到探测电极上的大气电流不超过 3.3×10^{-13} A,而且在静电引信探测器的实际使用中,探测电极外表面会有绝缘层覆盖,大气电流的影响会更小。由 3.2.2 节可知目标与探测器交会时探测器上的感应电流信号幅值在 $10^{-11} \sim 10^{-10}$ A 数量级。可见目标在探测器上产生的感应电流比大气电流大 3 ~ 4 个数量级,因此可以忽略大气电流带来的影响。

§5.2 云的静电干扰及其抑制方法

云的带电主要体现在云雾粒子带电以及云在一定区域形成的带电云团。相比于带电云雾粒子,云团在空间周围形成的电场对探测器影响要显著得多,其表现在探测器与云团的不同交会情况时,探测器会产生输出信号。本章主要介绍带电云雾粒子对静电探测器的影响和云电场对静电探测器的干扰及抑制方法。

5.2.1 带电云雾粒子对静电探测器的影响分析

云雾粒子是指云中水汽凝结成的冰晶或液滴,是云中电荷的载体。云雾粒子的起电机制,是指固态和液态云雾粒子携带正、负电荷的物理过程。云雾粒子起电机制目前学术界较为认同的理论有大气离子扩散起电、选择吸附大气离子起电以及感应起电3 种。

大气离子扩散起电是指云雾粒子因大气正、负离子扩散而荷电。和晴天大气相同,云雾大气中亦存在大量大气正、负离子。其中,大气正、负轻离子的尺度小,质量轻,具有较高的离子迁移率,成为大气离子由高浓度区向低浓度区扩散的主体。对于单个云雾粒子而言,其表面处的大气正、负子浓度为零,而离云雾粒子稍远处的大气正、负离子浓度是云雾大气中大气正、负轻离子的平均浓度值。由于离子浓度差的存在,大气正、负轻离子向云雾粒子扩散从而使云雾粒子荷电。

选择吸附大气离子起电机制解释了液态云雾滴常携带较大负电荷的原因。由于水分子为极性分子，因此，在云雾的表面形成一层极薄的电偶极层，其厚度与分子尺度相当。云雾滴表面所形成电偶极层的外侧呈负极性，内侧呈正极性，从而在电偶极层中形成方向朝外的径向电场。于是，云雾滴表面电偶极层的内、外侧之间，将形成电位差 U，并可表示为：

$$U = 4\pi n\sigma \bar{P} \tag{5-10}$$

式中，n 为水分子数密度；σ 为电偶极层的厚度；$\bar{P}$ 为电偶极的平均极矩。

若大气正、负轻离子携带单位元电荷 e，则大气正轻离子必须克服云雾滴表面电偶层中库仑力所做的功 ΔVe 后，方可进入云雾滴中。而大气负轻离子通过云雾滴表面的电偶极层进入云雾滴中时，反而能获得电能 ΔVe。由此可见，云雾滴具有选择吸附大气负轻离子的特性。因此，云雾滴吸附大气负轻离子的概率大于吸附大气正轻离子的概率，从而使云雾滴携带负电荷。液态云雾滴选择吸附大气负轻离子而携带电荷的过程，称为选择吸附大气离子起电机制。

感应起电机制是指云雾粒子在降落过程中，因大气电场感应而选择捕俘大气离子的起电过程。感应起电机制解释了云雾粒子荷正电或荷负电的过程与原因。在云雾发展过程中，随着云雾粒径的增大，其重力沉降作用便逐渐显著起来。例如，在静止空气中，半径为 10 μm 的云滴，其降落速度仅为 1.2 cm/s；半径为 20 μm 的云滴，其降落速度便递增至 4.7 cm/s；半径为 40 μm 的云滴，其降落速度已达 17.5 cm/s。较大云雾粒子，在方向竖直向下的初始大气电场中降落时因大气电场感应而形成上半部荷负电，下半部荷正电的极化云雾粒子。这类极化云雾粒子在降落中，沿途不断选择捕俘大气负离子，从而使云雾粒子携带净负电荷。若云雾大气中局部区域形成方向垂直向上的大气电场，其情况则相反，云雾粒子在该大气电场中降落时，因大气电场感应而形成上半部荷正电、下半部荷负电的极化云雾粒子。极化云雾粒子在降落过程中，沿途不断选择捕俘大气正离子，从而使云雾粒子携带净正电荷。

云雾粒子电荷的大小和极性，不仅取决于云雾类型，还取决于云雾发展的不同阶段和云雾的不同部位，以及云雾的微观条件和宏观条件等因素。因此，云雾粒子电荷的不同观测结果之间差别较大。云雾粒子电荷的各地观测结果表明，在各类云雾中，云雾粒子带电量范围为 $10^{-20} \sim 10^{-15}$ C，而且云雾粒子的负电荷一般大于正电荷。通常，在多数情况下，只有部分云雾粒子荷电，而其他云雾粒子荷电微弱或不荷电。有些情况下，云雾粒子部分荷正电，部分荷负电，而且荷正电和荷负电的概率相同。此时，云雾大气呈电中性，其大气体电荷密度为零。而另一些情况下，云雾粒子荷负电的概率大于荷正电的概率，此时，云雾大气带负电。

根据第 3 章的静电探测器设计，探测电极有多种布设方式，选择其中最容易受到带电云雾粒子影响的方式，即探测电极布设在弹体外侧，且没有绝缘层覆盖，带电云雾粒子可直接和探测电极接触的情况分析带电云雾粒子对静电引信探测器的影响。

　　当静电探测器在云中飞行时，带电云雾粒子对静电探测器的影响作用过程分两个阶段。当带电云雾粒子距离探测电极表面较近时，带电云雾粒子的电场变化将使探测器产生感应电流，当单个带电云雾粒子直接撞击探测电极表面时会在输入端传导电荷，带来输入电流。对单个带电云雾粒子，其产生的电场强度为：

$$E = \frac{Q}{4\pi\varepsilon_0 r^2} \tag{5-11}$$

式中，ε_0 为空气介电常数；Q 为电荷带电量。那么，电场强度变化率为：

$$\frac{\mathrm{d}E}{\mathrm{d}t} = \frac{-Q}{2\pi\varepsilon_0 r^3} \cdot \frac{\mathrm{d}r}{\mathrm{d}t} = \frac{Qv}{2\pi\varepsilon_0 r^3} \tag{5-12}$$

式中，v 为带电云雾粒子和探测器的相对接近速度。探测器电极产生的感应电流和式（5-12）的电场强度变化率相关。

　　带电云雾粒子撞击在探测电极表面瞬间产生的电流达到最大。探测器电极和检测电路可简单地视为 RC 并联电路，如图 5-5 所示。

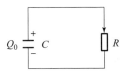

图 5-5　带电粒子放电模型图

　　图 5-5 中，C 代表探测电极的电容，R 为用于检测电路的电阻。这样，带电粒子电荷作用在电极上以后相当于给该 RC 施加上一初始状态电荷 Q_0，RC 电路在接下来的时间里将做零输入响应。可得零输入响应的公式为：

$$i = \frac{Q_0}{RC}\mathrm{e}^{-\frac{1}{RC}t} \tag{5-13}$$

　　如果忽略带电粒子在接近探测电极过程中电荷的变化，应有：

$$Q_0 = Q \tag{5-14}$$

　　将两阶段的作用过程合成在一起，并令带电粒子接触探测电极的瞬间为时间原点，设 $Q = 10^{-15}$ C，$v = 100$ m/s，则一次带电粒子作用结果其波形如图 5-6 所示。在带电粒子撞击电极以前，即时间原点以前的时刻，探测器输出信号按式（5-12）的规律变化；时间原点以后，探测器输出信号按式（5-13）的规律变化，最终输出波形为一尖脉冲。

　　从图 5-6 中可以看出，带电粒子对探测器带来的干扰信号峰值电流不超过 4×10^{-19} A，小于探测电路的探测灵敏度，因此带电云雾粒子不会对静电探测带来干扰。

5.2.2　云电场的特性分析

　　云由云雾粒子聚集形成，带电云雾粒子的不同分布方式，使得云呈现不同的电结构，从而形成不同云电场分布，当静电探测器从云附近经过时，云电场会在静电探测器上产生感应输出，造成干扰。下面首先对云的大气电结构及其荷电特征进行介绍，以

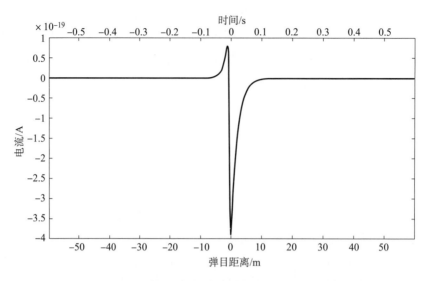

图 5-6 带电粒子对探测器的干扰信号波形

方便进一步分析不同类型的云与静电探测器交会时,云电场对静电探测器造成的干扰。

根据云的成因和形态,可将云分为层状云和积状云两大类。层状云是指水平范围特征尺度为 $10^2 \sim 10^3$ km 的大范围空气抬升而形成的各类云,包括层积云、层云、雨层云、高层云、高积云、卷云、卷层云和卷积云等主要云类。积状云是指水平范围特征尺度小于 10 km 的局地空气对流而形成的直展云,包括积云和积雨云两种。

云中的云雾粒子在复杂大气活动中由于各种原因荷电和聚集,使云中具有大量长度尺度从几十米至上千米的正负荷电区。云中正负荷电区的存在,将形成较强的云中电场,通常以云中大气体电荷分布表征云中的大气电结构。

在云中,根据正负电荷的分布规律,主要有 4 种电场分布形式:第一种是云体上部荷正电而下部荷负电,称为正的双极性电荷分布;第二种是云体上部荷负电而下部荷正电,称为负的双极性电荷分布;第三种是云体整体荷正电,称为正的单极性电荷分布;第四种是云体整体荷负电,称为负的单极性电荷分布。

层状云尺度较大,但其大气电过程没有积状云强,因此以积状云为代表分析云电场的干扰。积状云包括积云和积雨云,其云中大气电过程各不相同。下面分别对积云和积雨云的大气电结构进行分析。

1. 积云的大气电结构

观测结果表明,积云中存在大量尺度为几十米至几百米的正、负荷电区,这些正、负荷电区往往交替出现,尚未在云中形成十分明显的大范围电荷中心。但平均而言,大部分积云的云体上部荷正电,下部荷负电,具有正的双极性电荷分布特征,图 5-7 为正的双极性电荷分布积云的典型情况。而部分积云中的电荷分布却相反,具有云体上部荷负电、云体下部荷正电,负的双极性电荷分布特征,此外还有少数淡积云具有

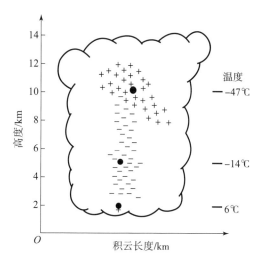

图 5-7　积云中电荷分布的典型情况

单极性电荷分布特征。

　　积云中局部荷电区的大气体电荷密度较高，其平均值大于 6×10^{-17} C/cm^3 的出现概率可达 75%，个别情况下其值可达 $3 \times 10^{-15} \sim 7 \times 10^{-15}$ C/cm^3。但较大范围的云中平均大气体电荷密度低得多，其值在 $3 \times 10^{-18} \sim 6 \times 10^{-17}$ C/cm^3 的概率为 50%，个别情况下可超过 3×10^{-16} C/cm^3。

　　综合来看，积云中大气体电荷密度范围为 $3 \times 10^{-18} \sim 7 \times 10^{-15}$ C/cm^3。

2. 积雨云的大气电结构

　　积雨云中的大气电活动非常强烈，可形成足以引起闪电的正负电荷中心。大多数观测显示，积雨云的上部主要荷正电，下部主要荷负电，云中电荷分布基本为正的双极性电荷分布。此外，在积雨云的云底附近，存在一个或几个局部正电荷区。图 5-8

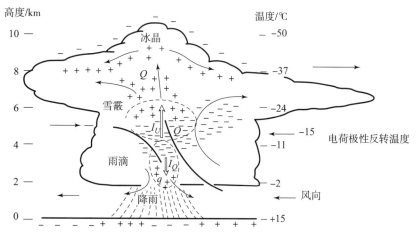

图 5-8　积雨云中电荷分布的典型情况和电荷分布模型

为积雨云中电荷分布的典型情况。由图可知，积雨云中的主要正电荷区位于云体上部，其等效点电荷位于 10 km 的高度附近，电荷量为 40 C 左右；积雨云中主要负电荷区位于云体下部，其等效点电荷位于 5 km 高度附近，电荷量约为 −40 C；云中较弱的正荷电区位于云底附近，其等效电荷位于 2 km 高度附近，电荷量约为 10 C。

积雨云中的平均大气体电荷密度为 $3 \times 10^{-16} \sim 3 \times 10^{-15}$ C/cm^3，云中局部地区可达 $10^{-14} \sim 10^{-13}$ C/cm^3。积雨云发展到一定强度产生雷暴后，称为雷暴云，雷暴云的大气电活动更为强烈，一般有多个电荷中心，在最主要正电荷中心上部还有可能存在多个负电荷中心。电荷中心的大气体电荷密度可达到 $10^{-13} \sim 10^{-10}$ C/cm^3，各电荷中心会产生较强的空间电场。

在静电探测器与目标交会过程中，由于积云和积雨云的整体带电量巨大，静电探测器会产生输出信号，这两类云对静电探测器的干扰需要用信号处理方法进行识别和抑制。

5.2.3　云电场干扰的抑制方法

目前，飞机飞行时均需要考虑航线中的雷暴云情况，一般情况下会避开穿越雷暴云，但是积云中大气电活动没有雷暴云中剧烈，对飞行安全没有严重危害，因此存在穿越积云的可能性。下面针对雷暴云和积云，分别以探测器非穿云飞行和穿云飞行方式分析云电场带来的干扰信号特征，并提出相应抑制方法。

1. 非穿云情况下的干扰信号特征及其抑制方法

假设探测器从雷暴云的上方或下方或侧方穿过而不进入云内。不考虑云间闪和云地闪影响，雷暴云作为大尺度电偶极子，会在探测器上感应出电流信号，该信号来源于探测器与雷暴云之间的相对位置变化所引起的电场变化。静电探测器以不同路径在云外与云交会时的干扰信号可通过仿真计算获得。

为了分析非穿云情况下的干扰信号特征，建立雷暴云电结构模型，计算静电探测器在空间任意一点时，雷暴云中的所有电荷在静电探测器位置上的合场强。根据气象学研究资料，可将雷暴云的电结构等效为垂直排布的多个电荷中心。假设雷暴云分为 n 层，每层的中心为该层的等效电荷中心，每个电荷中心的坐标为 (x_k, y_k, z_k)，其中 $k = 1, 2, \cdots, n$，静电探测器的坐标为 (x_i, y_i, z_i)，则雷暴云电荷产生的电场在静电探测电极所在位置的电场强度 E_i 为：

$$
\begin{aligned}
E_i &= \sum_{k=1}^{n} E_k \\
&= \sum_{k=1}^{n} \frac{Q_k(z_k - z_i)}{4\pi\varepsilon_0 \left[(x - x_i)^2 + (y - y_i)^2 + (z - z_i)^2\right]^{\frac{3}{2}}}
\end{aligned}
\tag{5-15}
$$

式中，E_k 为雷暴云中第 k 个电荷中心对静电探测器产生的电场。通过上式即可计算出雷暴云对静电探测器的影响。

　　参考空间电学等相关资料和雷暴过程电荷结构的观测研究资料，根据地面电场测量数据和气象雷达数据，对上述雷暴云结构层数和荷电量赋值。设雷暴云厚 5 km，分为 5 层，每层厚度为 1.2 km，雷暴云电荷结构为：云中 5 层电荷区自上而下带电量分别为 −8.5 C、−13.8 C、43 C、−37.8 C 和 12.9 C。

　　图 5 −9 描述了静电探测器与雷暴云交会的典型情况，静电探测器与雷暴云交会过程中最小距离为 6 m，交会速度取 300 m/s 和 1 500 m/s，运动轨迹分别如图中直线 AB 和 CD 所示。在静电探测器运动轨迹 AB 上，雷暴云产生的电场的场强如图 5 −10 所示。

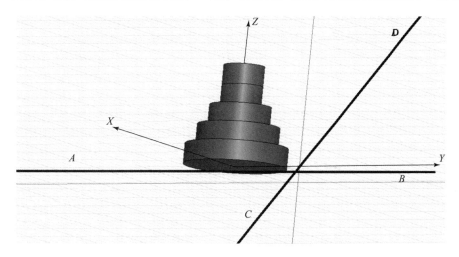

图 5 −9　雷暴云模型

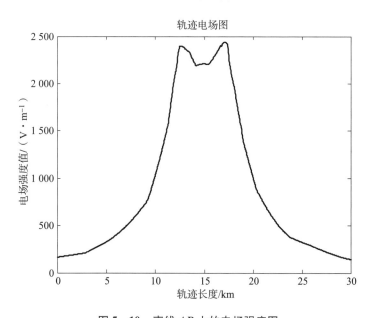

图 5 −10　直线 AB 上的电场强度图

根据第 3 章检测电流式静电引信探测器的目标探测方程：

$$i = \varepsilon_0 (1 + K) \int_S \frac{dE_n}{dt} dS$$

可知静电探测器的感应电流与电场强度变化率相关。对上述电场强度求导，并以峰值为标准进行归一化，计算该电场强度变化率，如图 5-11 所示。

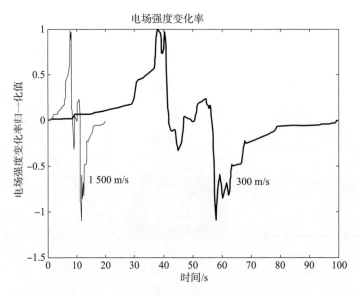

图 5-11　直线 *AB* 上的归一化电场强度变化率

同样，可计算当静电探测器沿直线 *CD* 运动与雷暴云交会时的电场强度变化率，如图 5-12 所示，交会速度分别为 300 m/s 和 1 500 m/s。

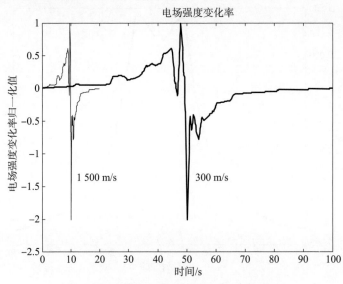

图 5-12　直线 *CD* 的归一化电场强度变化率

从图 5-11 和图 5-12 中可以看出，当静电探测器以 300 m/s 速度与雷暴云交会时，整个交会过程持续时间为近 100 s，探测器输出信号波头持续时间为 30 s 左右，过零段持续时间为 20 s；当静电探测器以 1 500 m/s 速度与雷暴云交会时，整个交会过程持续时间为 20 s，探测器输出信号波头持续时间为 6 s，过零段持续时间为 4 s。

由第 3 章 3.2.2 节的内容可知，当静电目标与静电探测器交会速度为 100 m/s 时，静电探测器输出信号波形持续时间小于数百毫秒，波形如图 5-13 所示。

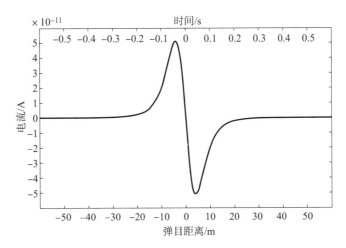

图 5-13　交会速度为 100 m/s 时输出信号波形

通过分析图 5-11、图 5-12 非穿云时云电场的干扰信号和图 5-13 的典型目标交会时静电探测器输出信号的持续时间，可知干扰信号持续时间在 20 s 以上，目标信号持续时间在 1 s 以下，干扰信号与目标信号的时域分布差距较大，可通过静电目标识别算法抑制非穿云时的云电场干扰。静电目标识别算法通过对信号的持续时间、上升段斜率、上升段持续时间等参数进行判断，区分干扰信号与目标信号，具体内容将在 5.6 节进行详细介绍。

2. 穿云情况下的干扰信号特征及其抑制方法

当静电引信探测器从积云中穿过，云中大尺度电荷区会对静电探测器造成干扰。下面将使用数值计算方式对穿云情况下云电场的干扰信号进行分析。按照典型积云的大气电结构参数建立积云模型，并计算静电探测器以不同路径穿云时的干扰信号。

根据气象研究资料建立典型积云大气电结构模型：积云厚 12 km，分为 3 层，每层厚度为 4 km，3 层的直径从上向下分别为 3 km、4 km、5 km。积云电荷结构为：上层分布正电荷，大气体电荷密度平均为 1×10^{-15} C/cm³；中层带负电，大气体电荷密度为 1×10^{-16} C/cm³；下层带正电，大气体电荷密度为 3×10^{-15} C/cm³；3 层的带电量分别为 2.83 C、-0.47 C、23.51 C。整个模型如图 5-14 所示。

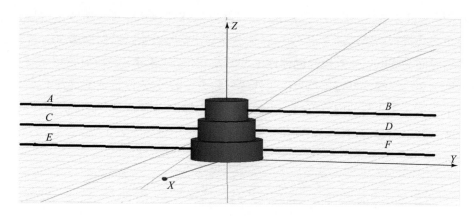

图 5 – 14　穿云模型

静电探测器以 300 m/s 和 1 500 m/s 的速度沿直线 *AB*、*CD* 和 *EF* 穿过积云,与积云交会时的电场强度变化率分别如图 5 – 15(a)、(b)、(c)所示。

从图 5 – 15 可以看出,当静电探测器以 300 m/s 速度与积云交会时,整个交会过程持续时间为 50 ~ 65 s,探测器输出信号波头持续时间为 20 ~ 28 s。因为交会时间尺度长,信号过零的区间较长,形成过零段,过零段持续时间为 10 ~ 16 s;当静电探测器以 1 500 m/s 速度与积云交会时,整个交会过程持续时间为 10 ~ 13 s,静电探测器输出信号波头持续时间为 4 ~ 6 s,过零段持续时间为 2 ~ 3 s。

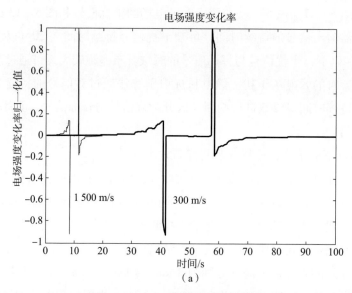

图 5 – 15　归一化电场强度变化率

(a)直线 *AB* 上的电场强度变化率

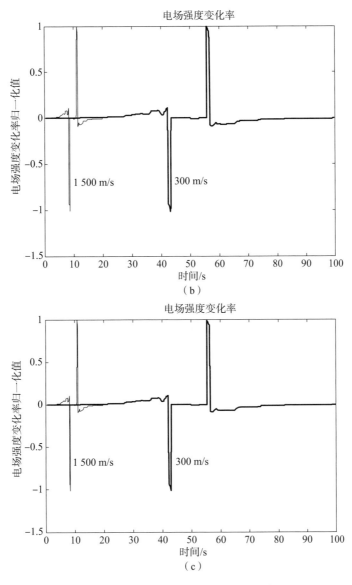

图 5 – 15　归一化电场强度变化率（续）

（b）直线 CD 上的电场强度变化率；（c）直线 EF 上的电场强度变化率

　　分析图 5 – 15 穿云时云电场的干扰信号以及图 5 – 13 的典型目标交会时静电探测器输出信号的持续时间可知，干扰信号持续时间在 10 s 以上，而目标信号持续时间在 1 s 以下，干扰信号与目标信号的时域分布差距较大，可通过静电目标识别算法抑制穿云时的云电场干扰。静电目标识别算法通过对信号的持续时间、上升段斜率、上升段持续时间等参数进行判断，区分干扰信号与目标信号，具体内容将在 5.6 节进行详细介绍。

§5.3 雨雪电场干扰及其抑制方法

雨雪为典型的液态降水和固态降水，在降水过程中，雨雪等降水粒子会由于各种机制带上电荷，从而形成雨雪电场。雨雪电场对静电引信探测器的影响主要表现为，当探测器在降水区域穿行时，降水粒子会不断与探测器相碰撞，从而对探测器产生影响。本节根据第3章的静电探测器设计，探测电极有多种布设方式，选择其中最容易受到大气电流影响的方式，即探测电极布设在弹体外侧，且没有绝缘层覆盖，降水粒子可直接和探测电极接触并产生电荷传导的情况分析降水粒子对静电引信探测器的影响。

大量观测结果表明，雨雪粒子的电荷与云下空间电荷的极性相同，在一般情况下，较低空气中所含正电荷较多，因此近地面降水的极性多为正，这种情况多出现在雷暴降水和连续降水中；当云中有弱带电时，地表大气电场反向，在云下面由于电极效应而出现负电荷，降水也因此带负电，且多为阵性降水。

各种类型降水的降水粒子电荷绝对值为 $10^{-15} \sim 10^{-10}$ C，对单个雨滴带电量观测发现，在同时降落的相同尺寸的雨滴，会带有不同大小的电荷，电荷极性甚至也会相反。通常，带正电的降水粒子与带负电的降水粒子相互混合，极少出现所有降水粒子携带一种符号电荷的情况。在雷雨、阵雨和连续性降雨等液态降水，以及雪暴和稳定性降雪等固态降水条件下，液态降水中的雷暴降水的雨滴电荷绝对值最大，其值一般为 $10^{-12} \sim 10^{-11}$ C；连续性降雨的雨滴电荷绝对值最小，其值一般为 $10^{-13} \sim 10^{-12}$ C，相对而言，固态降水如连续性降雪的带电量较小，变化范围在 $10^{-14} \sim 10^{-13}$ C。

一次降雨中雨滴带正、负电荷比的测定值也较为分散，有 $0.5:1$、$1.23:1$、$1.30:1$、$1.5:1$、$2:1$、$3.7:1$、$4.2:1$，在雷暴雨中有 $1.2:1$、$1.6:1$、$15:1$，最大的达到 $30:1$。一般来说，平稳的连绵雨中正电荷超过负电荷，狂风雨和暴雨中通常负电荷超过正电荷，雷暴雨中经常带正电荷比负电荷多。探测器在雨雪中穿行时，会不断与雨雪相碰撞、分离，其间会有电荷的传递，但该传递过程是一个渐进的过程，其变化过程也是秒量级的。

以较为剧烈的典型雷暴雨数据对静电引信探测器穿雨时雨滴带电产生的干扰进行数值计算分析。根据气象研究资料，雨滴带电量选择从 $\pm 3 \times 10^{-15}$ C 到 10^{-10} C 正态分布，同时正负电荷比值按照 $1.2:1$、$1.6:1$、$15:1$、$30:1$ 的比例随机分布进行设置，降雨带长度为 5 km。当探测器以 300 m/s 和 1 500 m/s 的速度水平穿雨时，其感应电场幅度曲线如图 5 - 16（a）所示，电场强度变化率如图 5 - 16（b）所示。

当探测器以 300 m/s 速度穿雨时，整个交会过程持续时间为 55 s，探测器输出信号波头持续时间为 20 s，过零段持续时间为 15 s；当探测器以 1 500 m/s 速度穿雨时，整个交会过程持续时间为 11 s，探测器输出信号波头持续时间为 4 s，过零段持续时间为 3 s。

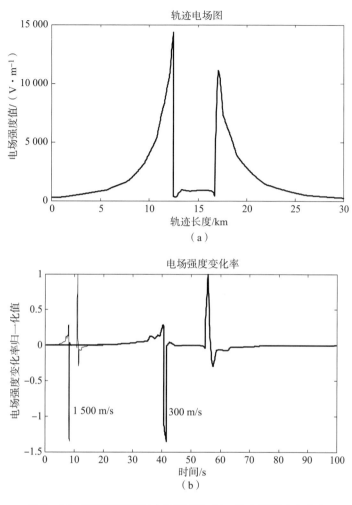

图 5 – 16　探测器穿雨时电场强度与归一化电场强度变化率

（a）电场强度；（b）电场强度变化率

通过分析图 5 – 16 中探测器穿雨时雨滴产生的静电干扰信号和图 5 – 13 的典型目标交会时探测器输出信号的持续时间，可知干扰信号持续时间在 20 s 以上，目标信号持续时间在 1 s 以下，干扰信号与目标信号的时域分布差距较大，可通过静电目标识别算法抑制雨雪电场的干扰。静电目标识别算法通过对信号的持续时间、上升段斜率、上升段持续时间等参数进行判断，区分干扰信号与目标信号，具体内容将在 5.6 节进行详细介绍。

§5.4　闪电干扰及其抑制方法

闪电是最剧烈的大气电活动。闪电过程中会产生较强的辐射场，经过探测电极耦合进静电探测器中，对静电探测形成干扰。

当雷暴云中不同部分之间聚集的电荷形成的电场达到一定阈值（几百万V/m）后，把云内或云外的大气层击穿，会产生强火花放电，称这一过程为闪电。根据闪电的方式，可以将闪电分为云内闪（带电云层内部的击穿放电）、云间闪（一部分带电的云层与另一部分带异种电荷的云层之间的击穿放电）和云地闪（带电的云层对大地之间的击穿放电）3 种。

雷暴云形成时首先是云内放电（云内闪）和云间放电（云间闪）频繁，云内放电造成云中电荷的重新分布和电场畸变。若云中电荷的电场强度继续增加，增加到一定强度时才会由云团向地开始产生云地闪。因此，发生云内闪和云间闪后不一定发生云地闪，但是云地闪发生之前一定会有频繁的云内闪和云间闪。

闪电引起的大气垂直电场随时间 t 的变化 $E(t)$ 由静电场分量 $E_s(t)$、感应电场分量 $E_i(t)$ 和辐射场分量 $E_r(t)$ 组成，可表示为式（5 – 16）。

$$E(t) = E_s(t) + E_i(t) + E_r(t) \qquad (5-16)$$

其中，

$$\begin{cases} E_s(t) = \dfrac{1}{R^3} M\left(t - \dfrac{l}{c}\right) \\[2mm] E_i(t) = \dfrac{1}{cl^2} \dfrac{dM\left(t - \dfrac{l}{c}\right)}{dt} \\[2mm] E_r(t) = \dfrac{1}{c^2 l} \dfrac{d^2 M\left(t - \dfrac{l}{c}\right)}{d^2 t} \end{cases} \qquad (5-17)$$

式中，c 为光速；l 为闪电距离；$M\left(t - \dfrac{l}{c}\right)$ 为闪电电偶极矩随时间的变化。式（5 – 17）表明，闪电引起的电场各分量与多种因素有关。

根据雷暴云的形成过程可知，出现概率最高的闪电是云间闪电和云内闪电，统称云闪，云闪放电以先导开始，先导传播在相反极性的电荷中心间，速度为 10^4 m/s，持续时间为 250 ms。这种先导是一种慢的正电荷流，当电荷流到达相反极性空间电荷区时，返回的负电荷沿通道向正电荷中心前进，这种返回的负电荷流产生的电场叫作 K 闪击，K 闪击的速度为 10^6 m/s，历时约 1 ms，云闪达到峰值电流的时间在几十微秒量级，其辐射频谱特性如图 5 – 17 所示，能量主要集中在 20 MHz 以上。

与云闪相比，云地闪发生较少，云地闪过程可以分为 4 个阶段：云中放电、对地先导、定向闪击和回击 4 个阶段。雷暴云产生云中放电后，若云中电荷密集处的电场强度达到 25 ~ 30 kV/cm 以上，就会由云团向地开始先导放电。先导放电是步进的，发

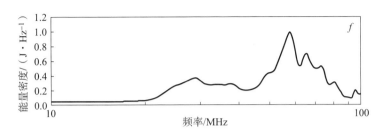

图 5-17　云闪辐射频谱特性

展的平均速度为 $10^5 \sim 10^6$ m/s，各脉冲间隔为 $30 \sim 90$ μs，每阶段推进约 50 m，跳跃着逐步向下延伸，当先驱放电距地 50 m 左右，可诱发迎面先导，通常迎面先导来自地面上最突出的部分（因此地面尖端最易发生雷击），当对地先导和地面的迎面先导会合时，就形成了从云团到地面的强烈电离通道，步进放电转为定向闪击。定向闪击是沿最短路径进行的，紧接着回击，这时出现极大的电流，开始雷电的主放电阶段，即回击，在主放电中雷暴云与大地之间所聚集的大量电荷，通过先导放电所开辟的狭小电离通道发生猛烈的电荷中和，放出能量，引发强烈的闪光和雷鸣。主放电的时间极短，为 $50 \sim 100$ μs，主放电过程是逆着先导通道发展的，速度为光速的 $1/20 \sim 1/2$，主放电电流可达几万安培，是全部雷电流的主要部分。主放电到达云端时就结束。然后残余电荷经过主放电通道流过来，产生短暂的余光。由于云中电阻较大，余光阶段的电流只有数百安培，持续时间为 $0.03 \sim 0.15$ s。通常一次雷电过程包括 $3 \sim 4$ 次放电。重复放电都是沿着第一次放电通路发生的，直到云中的电荷消耗尽为止。

云地闪的主放电在 $10 \sim 12$ kHz 处有最强的辐射能量。该频段外的辐射能量都迅速减小，在 2 kHz 和 25 kHz 处已明显降低。低频率的辐射场只由回击提供，先导和云内闪电的辐射场则有较高的频率（100 kHz 左右）。典型云地闪的电场强度变化率和电场波形如图 5-18 所示。

通过对各种类型闪电的分析，可以得出结论，各种类型闪电达到峰值电流的时间都在几十微秒量级，因此，探测器探测到的闪电信号的变化率极大，可视为几十微秒脉宽的脉冲信号。

根据第 3 章的静电探测信号特性，可知在交会速度为 4 000 m/s 以内时，目标的检测电流信号幅值在 $10^{-12} \sim 10^{-9}$ A 数量级，信号波形时域持续时间为 24 ms 以上，频率在 700 Hz 以内，远低于闪电干扰信号的频段。因此可通过低通滤波和脉冲抑制算法对闪电干扰信号进行抑制。根据第 3 章 3.3 节的静电引信探测器设计，静电引信探测电路由探测电极、微弱电流检测电路、低通滤波电路、信号处理电路组成。低通滤波电路可以对通频带外的闪电干扰信号进行滤除，在信号处理电路上使用脉冲抑制算法对闪电干扰信号进行进一步抑制。闪电干扰信号传递和抑制流程如图 5-19 所示。

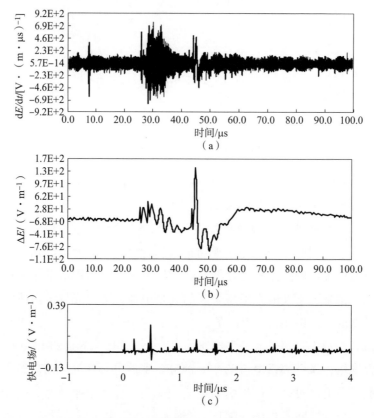

图 5 – 18　典型的闪电电场强度变化率和电场强度曲线

（a）电场强度变化率波形；（b）积分得到的电场波形；

（c）云地闪开始阶段快电场变化展开波形

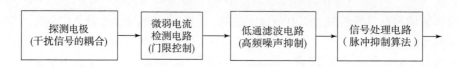

图 5 – 19　闪电干扰信号传递和抑制流程

　　针对闪电干扰有效的脉冲抑制算法的原理是：对探测器输出信号以 10 μs 为周期进行采样，由于闪电脉冲持续时间为几十微秒，目标信号波形持续时间在 24 ms 以上，因此闪电脉冲被采到的点数小于 10 个，目标信号采样点数为 2 400 个点以上。闪电脉冲的数据特征是连续不超过 10 个数据，其数值迅速增大然后减小，符合此规律的数据可以直接剔除。由于目标信号采样点数为 2 400 个点以上，所以剔除闪电脉冲信号后，不影响对目标的识别。可通过此方法实现闪电脉冲抑制。脉冲抑制算法在静电探测器信号处理单元单独实现，该算法处理后的数据再用静电目标识别算法进行目标识别。

§5.5　海浪对静电探测的影响分析

利用空中目标静电场进行探测，除了考虑自然界各种带电环境外，在导弹低空掠海飞行与目标交会过程中，海浪的运动对空中目标电场也会造成影响，从而对目标探测带来干扰。下面以谱分析方式描述海浪物理特征，构建海浪三维模型，使用 Comsol 多物理场数值计算软件分析海浪对目标电场的扰动，获得海浪对静电引信探测器的影响情况。

海浪运动是一种复杂的随机过程，对海浪电场的研究主要是通过三维模型仿真实现。在海洋学中，可以利用谱分析的随机过程来描述海浪的物理特征，并依据分析结果构建海浪的三维模型。

把无限个随机的余弦波叠加起来以描述一个定点的波面：

$$\eta(t) = \sum_{n=1}^{\infty} a_n \cos(\omega_n t + \varepsilon_n) \tag{5-18}$$

式中，a_n、ω_n 分别为组成波的振幅和角频率；ε_n 为在 $0 \sim 2\pi$ 范围内均布的随机初相位。定义：

$$S(\omega) = \frac{1}{\Delta\omega} \sum_{\omega}^{\omega+\Delta\omega} \frac{1}{2} a_n^2 \tag{5-19}$$

$S(\omega)$ 表示频率间隔 $\Delta\omega$ 内的平均能量。如取 $\Delta\omega = 1$，则式（5-19）代表单位频率间隔内的能量，即能量密度，故 $S(\omega)$ 被称为能谱。图 5-20 为一海浪频谱示意图（图中以 $S(f)$ 表示，$f = \frac{\omega}{2\pi}$）。

海浪频谱比较容易观测分析。现在国内外已提出大量的海浪谱，本书在模拟海浪时采用的是 Pierson-Moscowitz 谱，简称 P-M 谱，公式如下：

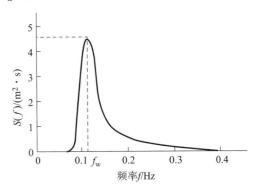

图 5-20　海浪频谱示意图

$$S(\omega) = \frac{ag^2}{\omega^5} \exp\left[-\beta\left(\frac{g}{v_w\omega}\right)^4 \right] \tag{5-20}$$

式中，常数 $a = 8.1 \times 10^{-3}$，$\beta = 74.0$；g 为重力加速度；v_w 为海面上 19.5 m 高处的风速。由 $\frac{\partial S(\omega)}{\partial\omega} = 0$，可求得谱峰频率为：

$$\omega_m = 8.565/v_w \tag{5-21}$$

式（5-20）仅能描述固定点的波面随时间的变化。实际的海面是三维的，其能量不仅分布在一定的频率范围内，而且分布在相当广的方向范围内。它可由多个振幅为 a_n、频率为 ω_n、初相位为 ε_n 并在 xy 水平面上沿与 x 轴成 θ_n 角方向传播的余弦波叠加而成。如下所示（k_n 为第 n 个组成波的波数，$-\pi \leqslant \theta_n \leqslant \pi$）：

$$\eta(x, y, t) = \sum_{n=1}^{\infty} a_n \cos[\omega_n t - k_n(x\cos\theta_n + y\sin\theta_n) + \varepsilon_n] \quad (5-22)$$

对于深水波，根据线性波浪理论，$\omega_n^2 = k_n g$，代入式（5-22）得

$$\eta(x, y, t) = \sum_{n=1}^{\infty} a_n \cos\left[\omega_n t - \frac{\omega_n^2}{g}(x\cos\theta_n + y\sin\theta_n) + \varepsilon_n\right] \quad (5-23)$$

与频谱的定义相似，于是得到方向谱密度函数 $S(\omega, \theta)$ 的定义如下：

$$\sum_{\Delta\omega}\sum_{\Delta\theta} \frac{1}{2}a_n^2 = S(\omega, \theta)\mathrm{d}\omega\mathrm{d}\theta \quad (5-24)$$

从理论上讲，θ 的变化范围为 $-\pi \sim \pi$，实际上海浪能量多分布在主波方向两侧各 $\pi/2$ 的范围内。方向谱一般可写成下列形式：

$$S(\omega, \theta) = S(\omega)G(\omega, \theta) \quad (5-25)$$

式中，$S(\omega)$ 为频谱；$G(\theta, \omega)$ 为方向分布函数，简称方向函数。本书在模拟海浪时采用的方向函数，是根据波浪立体观测计划（Stereo Wave Observation Project，SWOP）得到的公式：

$$G(\omega, \theta) = \frac{1}{\pi}(1 + p\cos2\theta + q\cos4\theta) \quad (5-26)$$

式中，$p = 0.50 + 0.82\exp\left[-\frac{1}{2}\left(\frac{\omega}{\omega_m}\right)^4\right]$；$q = 0.82\exp\left[-\frac{1}{2}\left(\frac{\omega}{\omega_m}\right)^4\right]$；$|\theta| \leqslant \frac{\pi}{2}$。基于海浪谱的波浪模拟波浪的造型如前所述，定义好波面网格以后，先对波浪运动的频率区间和方向区间进行分割离散，根据前面的公式可求出不同频率 ω_n 和不同方向 θ_n 下的波幅 $a_n = \sqrt{2S(\omega_n, \theta_n)\Delta\omega\Delta\theta}$。

得到每个点的海浪高度之后，通过循环得到 50 m×50 m 大小的海浪的海面模型。得到的海面模型如图 5-21 所示。

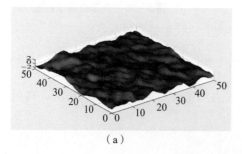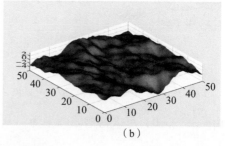

（a）　　　　　　　　　　　　（b）

图 5-21　海面模型图

（a）海况等级为 2 级下的海浪模型；（b）海况等级为 3 级下的海浪模型

在此根据海况等级建立了不同的海浪物理模型。图 5 – 21（a）是海况等级为 2 级下的海浪模型，频谱数和角度数都为 50。图 5 – 21（b）是海况等级为 3 级下的海浪模型，频谱数和角度数都是 50。

按照某型反舰导弹参数构建目标模型。将目标模型和海浪模型放在一起组合，模型如图 5 – 22 所示。

使用 Comsol 仿真软件对海面模型进行静电场仿真。初始条件设置为：全局材料为空气，导弹蒙皮材料设置为铜，相对介电常数为 1 F/m，电导率为 5.998×10^7 S/m；海水材料设置为水，修改默认值后相对介电常数为 78.36 F/m，电导率为 5.5×10^{-6} S/m，导弹荷电量设置为 9×10^{-7} C，电压设置为 10 000 V。

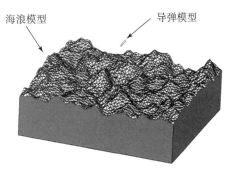

图 5 – 22　在海况 2 级情况下，
海面 50 m × 50 m 的模型

网格选用自由剖分四面体网格，尺寸自定义，最大单元尺寸为 3 500，最小单元尺寸为 10，最大单元生长率为 1.35。

预设所有条件之后，运行仿真，得到海面中心 10 m 高（距离浪尖 7.7 m）的海洋环境下目标电场分布的仿真结果。图 5 – 23 为超低空海环境导弹径向切面的电势等值线图，图 5 – 24 为导弹轴向切面的电势等值线图。

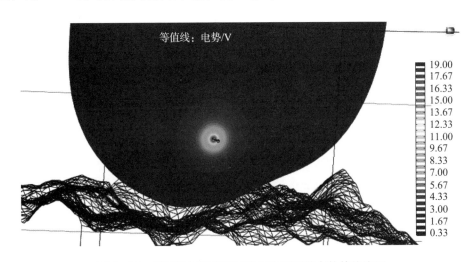

图 5 – 23　超低空海环境下导弹径向切面的电势等值线图

从图 5 – 23 和图 5 – 24 的电势等值线分布可以看出，海浪的存在使得导弹周围电势等值线发生了畸变，说明海浪会对目标的电场分布带来影响，从而给静电探测器带来干扰。

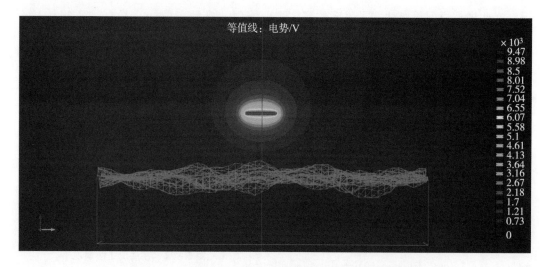

图 5 – 24　超低空海环境下导弹轴向切面的电势等值线图

计算出导弹目标周围电场分布后，在探测器运动轨迹上，导弹目标产生电场的场强如图 5 – 25 所示。

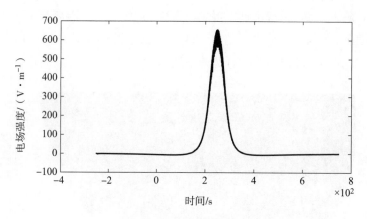

图 5 – 25　沿着导弹飞行方向的电场强度图

将获得探测器飞行轨迹所在直线上各点的电场强度值带入第 3 章检测电流式静电探测器的电流输出公式（3 – 12）：

$$i = \varepsilon_0(1 + K)\int_S \frac{\mathrm{d}E_n}{\mathrm{d}t}\mathrm{d}S$$

可得到静电探测器输出信号波形如图 5 – 26 所示。

图 5 – 26 信号波形为叠加了海浪干扰信号情况下的探测器输出波形，该波形和无干扰的目标波形（见图 5 – 13）趋势一致，可使用下一节介绍的静电目标识别算法对其进行判别。

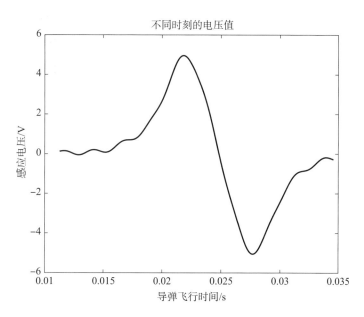

图 5 – 26　静电引信探测器输出信号波形

§5.6　典型静电干扰抑制算法

根据前 5 节的研究，可获得各种典型静电干扰信号的特征，与第 3 章 3.2.2 节的静电探测信号特性相比较，可从信号持续时长、信号上升/下降斜率范围、信号幅值等参数角度，使用静电目标识别算法进行干扰抑制。

1. 静电目标识别算法的总体思路

根据静电目标的频域特性，选择合适宽度的连续时间窗，实现对静电探测器输出信号的频域识别。利用信号的上升/下降斜率范围、斜率的上升/下降持续时间等参数对信号细节进行识别。满足信号频域和信号细节参数前提下，且在信号幅值达到一定门限后输出目标识别信号。静电目标识别算法框图如图 5 – 27 所示。

2. 静电目标识别算法的具体步骤

（1）根据第 3 章 3.2.2 节静电探测信号特性，由过零点之前的信号持续时间选定时间窗长度（窗长为 k，为后续处理方便，k 取偶数）、波形斜率范围、上升/下降段的持续时间长度和幅值范围。

（2）对探测器输出波形进行采样，取当时采样点和前 $k-1$ 个采样点。

（3）将前 $k/2$ 个采样点的和与后 $k/2$ 个采样点的和做比较，判断探测器输出波形是否进入上升/下降段。

（4）若未进入上升/下降段则放弃后面判别，等待下一采样点到来，从 $k+1$ 点重

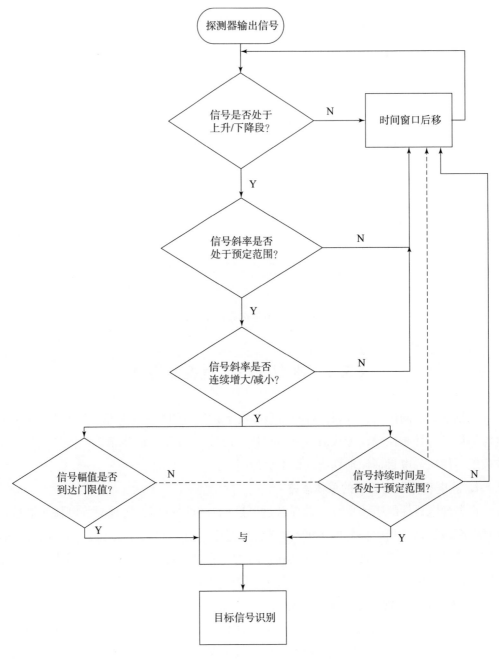

图 5 – 27　静电目标识别算法框图

新开始判别。若进入上升/下降段，则对探测器输出波形进行滤波、微分等处理，并开始斜率判别。

（5）若未处在斜率范围内则放弃后面判别，等待下一采样点到来。若处于斜率范围内，累加器先自动加 1，然后继续判别信号的斜率是否连续增大/减少。

（6）当累加器判定探测器输出波形的斜率连续增大/减少 k 次后，认为探测器探测到目标，经信号持续时长和信号幅值的最后门限判别后给出目标识别信号。若累加器没有累加到 k 次，则放弃后面判别，等待下一采样点到来。

3. 静电目标识别率（干扰抑制效果）仿真验证

为了验证静电目标识别算法的抗自然环境干扰性，分别由典型空中飞行器的荷电参数、运动速度等构成目标数据库，将雨、雾、不同类型的云电场建模，形成干扰数据库，试验中随机抽取目标和干扰，由目标、不同带电环境与探测器构建一次交会过程。通过干扰抑制算法对目标进行识别，验证算法的正确识别率。

1）静电探测器输出信号生成原理

按照第 3 章 3.2 节检测电流式静电探测方法分析的研究方法，对目标电荷和环境干扰产生的静电场在探测电极所处位置的电场强度和电场强度变化率进行分析。如图 5 – 28 所示，探测电极中心为坐标原点 O，带电目标 T 坐标为 (x, y)，目标产生的电场为 E_1，带电环境产生的电场为 E_2，探测器与目标沿 x 轴方向交会，速度为 v，探测电极与 x 轴（探测器运动方向/弹轴方向）的夹角为 θ，TO 连线与探测电极法线的夹角为 δ，与 x 轴夹角为 φ。

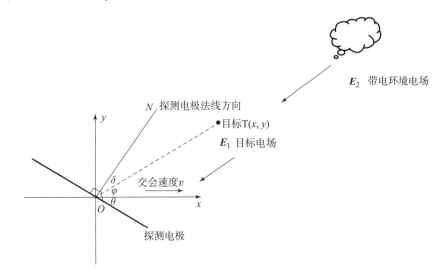

图 5 – 28　带电环境干扰下静电探测示意图

根据第 3 章 3.2.1 中的分析，由式（3 – 25）可知目标电场在探测电极上的法向分量为：

$$E_{\mathrm{n}} = \frac{Q}{4\pi\varepsilon_0 (x^2 + y^2)^{\frac{3}{2}}}(y\cos\theta + x\sin\theta) \tag{5 – 27}$$

可以计算出空间中，由于目标飞机带电所引起的电场强度 E_1。

试验中，在干扰库中随机抽取一干扰电场 E_2（雷、雨、云），使得弹目交会过程中的模拟空间电场是 $E_1 + E_2$。

将目标电场和干扰电场的合电场 $E_1 + E_2$ 带入第 3 章检测电流式静电探测器的电流输出公式（3－12）可得：

$$i = \varepsilon_0 (1 + K) \int_S \frac{d(E_1 + E_2)}{dt} dS \qquad (5-28)$$

利用叠加干扰电场后的探测器输出信号去验证目标识别方案的正确识别率。

2）试验方法

设目标带电量为 10^{-8} C（根据第 2 章的典型导弹目标带电量），导弹和目标从 1 000 m 间距开始相向运动，在 0 m 处交会，弹目交会速度为 1 000 m/s，探测电极与弹轴夹角 θ 为 0°，试验过程如下：

（1）由式（3－25）计算出静电目标单独存在时的电场强度 E_1。

（2）抽取 20 种不同带电环境的电场强度 E_2，其中前 10 种为云的典型电场波形，后 10 种为雨的典型电场波形。将 20 种干扰信号的场强做成干扰库，每次试验先随机抽取目标类型，干扰信号则从干扰库中随机抽取。

（3）利用 MATLAB 软件先将交会过程的探测器输出信号计算出来，然后加入 −20 dBW 的高斯白噪声，以模拟真实探测过程中的电路噪声。

（4）模拟真实弹目交会过程，利用时间窗（宽度为 10 个点）连续对交会曲线进行实时判别，并给出目标识别信号。

（5）利用循环程序完成 1 000 次随机抽样试验。

3）试验结果及结论

以一次独立试验为例，对试验结果进行介绍。

在数据库中随机抽取的典型带电目标在空间中的电场强度、干扰信号的电场强度以及两者叠加的电场强度如图 5－29 所示。

图 5－30 是将图 5－29 所示的电场强度，针对交会点附近的范围进行局部放大，方便看清细节。

交会过程的探测器输出信号及后续处理过程如图 5－31 所示。图 5－31 中上面第一个窗口显示的是叠加干扰后的探测器输出信号曲线，第二个窗口是加入高斯白噪声之后的波形，第三个窗口显示的是经过滤波器滤除噪声后的波形，最下面窗口显示的波形是目标识别波形。

下面是分别进行了 100 次和 1 000 次抽样试验，以及每次试验的目标识别判断。在 100 次随机抽样试验中，探测器所处环境有 5 种：第一种是探测器所处环境中只有目标电场存在，第二种是探测器所处环境中只有云电场存在，第三种是探测器所处环境中只有雨电场存在，第四种是探测器所处环境中有目标电场和云电场，第五种是探测器所处环境中有目标电场和雨电场。试验中，识别输出结果有两种：一是静电探测器识

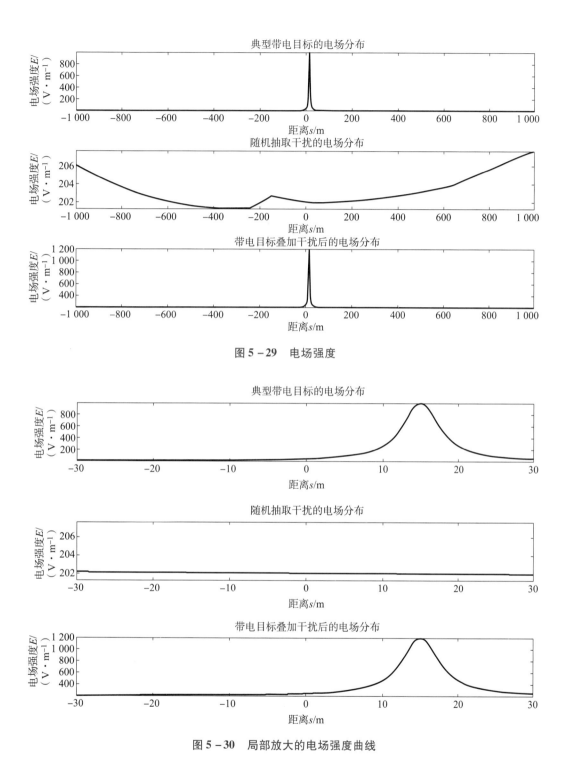

图 5 – 29　电场强度

图 5 – 30　局部放大的电场强度曲线

别到不是目标,二是静电探测器识别到目标。下面以 100 次抽样试验为例,列出静电探测器判别出的结果及判断的正确与否。100 次抽样试验图如图 5 – 32 所示。

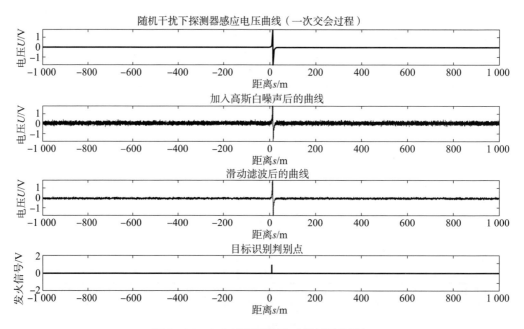

图 5 - 31　交会过程的波形（即判别曲线）

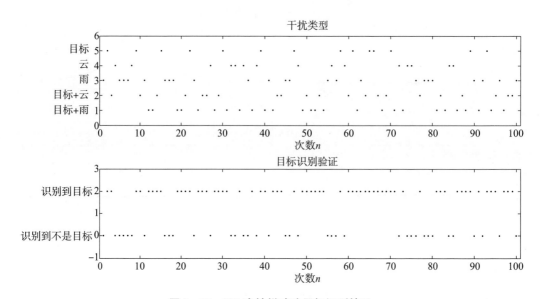

图 5 - 32　100 次抽样试验目标识别情况

　　由图 5 - 32 中可以看出，该目标识别算法在第 63 次时出现了判断错误，其余识别准确，成功识别率为 99% 。之后进行了 1 000 次抽样试验，其中判断错误 14 次，成功识别率为 98.6% ，仿真得到的目标识别情况如图 5 - 33 所示。

　　由仿真试验结果可知，在 100、1 000 两次抽样试验中成功率均保持在 98% 以上，

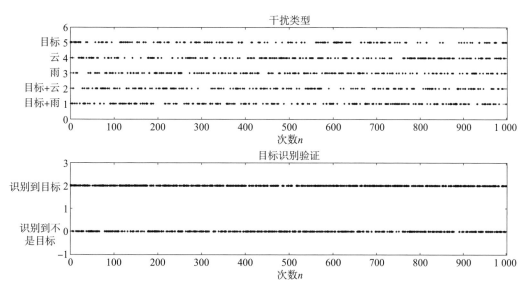

图 5 - 33 1 000 次抽样的目标识别结果

说明该静电目标识别算法能够较好地识别出目标及干扰信号，实现对各种干扰的有效抑制。

随着机器学习技术及人工智能的发展，在上述静电目标识别算法的基础上，可以使用目标分类识别算法，分别提取有效信号和干扰信号的特征，使用机器学习对不同信号进行分类识别，实现对目标的更高效识别。

第6章　负电晕放电 Trichel 脉冲的形成机制

空中飞行的飞机由于发动机燃料燃烧产生喷流、机身与空气摩擦和感应等原因，机身必然会携带大量的电荷。由于飞机表面对空气的泄放电阻较大，所以电荷会不断积累，飞机的电位会迅速升高。为了避免飞机表面的电位过高产生剧烈放电对飞机的电子设备及飞行安全造成影响，飞机上都会安装放电刷进行放电，控制机身电荷总量。当飞机表面电荷积累达到一定阈值后就会通过放电刷以电晕放电的形式被泄放。总体来说空中飞行的喷气式飞机由于喷流以及电荷沉积等作用会携带大量负电荷，所以喷气式飞机放电刷的放电过程主要为负电晕放电，电晕放电过程会向周围空间辐射电磁波。飞机周围形成的静电场和其放电刷的辐射电磁场均可作为探测信号对飞机进行探测。尤其是飞机放电刷负电晕放电电磁辐射信号，利用其对飞机进行探测，具有探测距离较远、反隐身、抗干扰能力强等优势。

负电晕放电是一种发生于不均匀电场之中的自持放电形式，放电过程不需要外界电离源来维持。与正电晕放电不同，负电晕放电包含一个独特的放电阶段，即 Trichel 脉冲放电阶段，这一阶段的放电电流呈现出规律的脉冲形式，称为 Trichel 脉冲，放电过程所产生的电磁辐射频谱非常稳定。

由于 Trichel 脉冲最初是在空气、氧气等电负性气体中观测到，于是认为 Trichel 是由空间负离子云团主导的。后来在氮气等非电负性气体中也观测到此现象，部分学者提出了这是由负极附近的正离子鞘层主导形成的。Trichel 脉冲在电负性气体中表现出随机到稳定的脉冲形成过程，而在非电负性气体中仅在小电压的范围内形成不稳定的脉冲。实际上，负离子云团和正离子鞘层都在 Trichel 脉冲的形成过程中起到重要作用。

§6.1　正离子鞘层和负离子云团共同主导的 Trichel 脉冲形成机制

正离子鞘层和负离子云团共同主导的 Trichel 脉冲形成机制阐述了电负性气体和非电负性气体中的负电晕放电机理，并通过对比在两个不同气体环境中脉冲形成机理，论述了负极附近的正离子鞘层和放电空间的负离子云团在 Trichel 脉冲形成过程中起到的关键作用。

6.1.1　电负性气体中的 Trichel 脉冲形成机制

对于空气等电负性气体中的负电晕放电而言，当放电电压超过起晕电压（Onset Voltage 或 Threshold Voltage）时，负极电极表面附近的电场强度超过气体电离的阈值电场强度，电离便开始触发。气体电离所需的起晕电压取决于很多因素，包括负极的曲率半径、表面状态、针 – 板间距、环境气压、温度等。著名的 Peek 定律给出了阈值电场强度的经验公式：

$$E_s = E_0 m \delta [\, 1 + K/(\delta r)^{\frac{1}{2}}\,] \qquad (6-1)$$

式中，E_s 为阈值场强；$E_0 = 3\,100$ kV/m；m 为描述电极表面状态的系数（$0.6 < m < 1$）；δ 为空气的相对密度，$\delta = 2.94 \times 10^{-3}\ P/T$，$P$ 为气压（Pa），T 为温度（K）；$K = 3.08 \times 10^{-2}\ \mathrm{m}^{1/2}$；$r$ 为负极曲率半径。

负极附近总是存在少量自由电子（大气压下每秒产生电子/离子对的密度约 $20\ \mathrm{cm}^{-3}$，主要由宇宙辐射或其他现象产生），我们称这些自由电子为种子电子，如图 6 – 1 所示。这些种子电子在强电场作用下加速并与中性分子碰撞，使中性分子电离产生新的电子和正离子。在非常短的时间内，在负极附近形成一个电离层，从外电路看，放电电流急剧增加（从 10^{-14} A 到 10^{-6} A）。电离产生的正离子向负极迁移，一方面轰击负极表面，使表面产生二次电子发射；另一方面与其他粒子（主要是中性分子）碰撞损失动能，可能与电子复合变成中性分子。电晕放电是一种自持放电形式，放电过程不需要外加电离源来引发和维持。这是由于在放电过程中存在电子的二次发射。电子的二次发射主要有 3 种可能的机制：正离子轰击（Ion-Impact Emission）、光致发

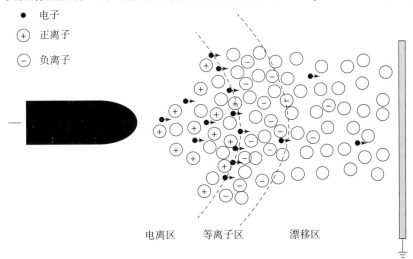

图 6 – 1　负电晕放电电离吸附过程

（Photo-Emission）和场致发射（Fowler-Norheim Emission）。其中，正离子轰击和光致电离作用被广泛认为是产生二次电子的主要原因。在空间电场作用下电离产生的电子向正极迁移。电子离开电离区域后，由于电场下降，电子无法获得足够的能量来完成碰撞电离。电离区的厚度通常远小于电极间距，电离区之外的区域为等离子区和漂移区。在电负性气体中，电子离开电离区后将被中性分子吸附，形成负离子。

在负电晕放电的初始阶段，由于放电电压较低，电离过程不够强，并且电离产生的正离子流小于 Townsend 模式离子流密度的上限，正离子流的产生速度与耗散速度平衡。因此，负极附近的正离子不会累积，放电维持在 Townsend 放电模式下。此时，碰撞电离所产生的电子数量较少，因此在漂移区与中性分子结合形成的负离子相对较少，负离子在放电空间可以及时消散，对空间电场影响不大。当施加的电压增加时，放电进入 Trichel 脉冲阶段，电离区域的电离过程变得更加强烈，放电产生的正离子流达到 Townsend 模式的上限。正离子流产生的速度比耗散的速度快，导致正离子迅速积累，在负极附近形成正离子鞘层，如图 6-2 所示。正离子鞘层的存在将使负极附近的局部电场增强，从而导致电离区域的碰撞电离过程更加剧烈。此时，放电电流迅速增加，对应于 Trichel 脉冲电流的上升沿。然而，剧烈的电离过程产生了大量的电子，这些电子离开电离区后在迁移区与中性分子结合形成负离子，并快速积累形成负离子云团，负离子云团将削弱负极附近的空间电场，在此情况下负极附近的正离子鞘层不能稳定地维持较高的浓度并逐渐消散。此时放电电流逐渐减小，对应于 Trichel 脉冲的下降沿，至此，一次 Trichel 脉冲过程结束。漂移区的负离子云团在空间电场的作用下向正极移动，它对空间电场的影响就会减小。当负离子云团移动足够远的距离时，正离子在负极附近开始重新积聚，并且重复 Trichel 脉冲过程。

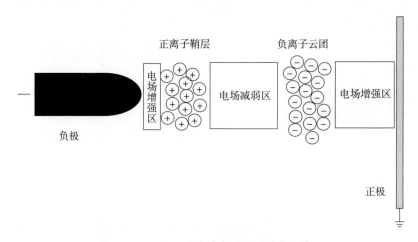

图 6-2 Trichel 脉冲放电不同区域电场情况

　　当施加的电压达到辉光放电的阈值电压时，负极附近的电场足够强，电离产生的正离子流密度达到辉光模式离子流密度的下限，放电进入无脉冲的辉光模式。在辉光放电阶段由于放电电压较高，负极附近的正离子鞘层不会由于空间负离子云团的存在而彻底消散，正离子鞘层和负离子云团均达到动态平衡状态。导致辉光放电模式的电流为直流状态。如果施加的电压继续增加，则电晕放电将发展成火花放电。

　　因此，正离子鞘层和负离子云团共同主导了 Trichel 脉冲的形成过程。电负性气体中的负电晕放电 Trichel 脉冲过程发生时，正离子迅速积累，在负极附近形成正离子鞘层，放电电流急剧增大；而随着负离子的不断积累形成空间负离子云团，削弱空间电场，破坏负极附近的正离子鞘层，随着正离子逐渐消散，放电电流下降，最终形成 Trichel 脉冲。

6.1.2　非电负性气体中的脉冲现象与形成机制

　　非电负性气体中的负电晕放电现象与电负性气体中不同，其主要差别在于，非电负性气体分子的特性导致其无法与电子结合，形成负离子，因此，可以认为在纯净的非电负性气体中进行负电晕放电时，放电空间内不存在负离子。

　　对于非电负性气体而言，在负电晕放电的初始阶段同样为 Townsend 阶段，负电晕放电强度较弱，且放电空间十分有限，基本局限在负极针尖附近，如图 6-3 所示。在此状态下正离子浓度很小，负极附近的电场没有明显畸化，此时的正离子流并没有达到 Townsend 模式离子流密度的上限，正离子会及时消散，而电离产生的电子由于其荷质比较大，同时又无法与中性分子进行附着形成负离子，因此在空间电场的作用下同样可以及时消散；随着放电电压的逐渐增大，当负极附近的电场刚好达到 Townsend 模式电场强度的上限时，电离过程将变得更加剧烈，正离子流密度达到了 Townsend 模式离子流密度的上限，正离子无法及时消散，开始在负极附近区域积累，形成正离子鞘层，正离子鞘层的存在将使负极附近的局部电场增强，从而导致电离区域的碰撞电离过程更加剧烈。此时，放电电流迅速增加。与电负性气体中的负电晕放电过程不同的是，电子无法与非电负性气体分子结合形成负离子，此时电离产生的电子依然可以及时消散。虽然没有负离子云团对电离区域电场的削弱作用，但此时电场强度刚好达到辉光放电的阈值电场强度，电场容易受其他因素影响而不能够始终保持在辉光放电阈值电场强度之上，使得这种临界状态存在很大的不稳定性。此时正离子流的密度尚未达到稳定辉光模式离子流密度的下限，不足以稳定地维持高浓度的正离子鞘层，正离子鞘层被破坏，放电电流开始衰减。正是在这种临界状态下放电电流将会呈现出脉冲形式。当放电电压继续增大，负极附近的电场增大时，正离子鞘层能够维持较高的粒子浓度，电离过程将变得更加剧烈；当正离子鞘层产生的电场将空间局域电场畸化增强到一定程度时，由于没有负离子云团的存在，放电就会直接进入辉光放电模式。因此在放电电压的调节步长较大时很难观察到非电负性气体中的脉冲现象。

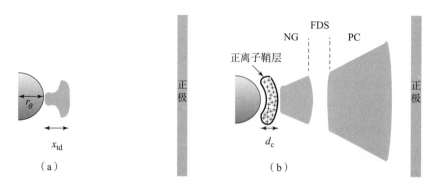

图6-3　非电负性气体中的负电晕放电的理论模型

（a）Townsend 模式；（b）辉光模式

因此，非电负性气体中的脉冲过程发生在 Townsend 放电模式与辉光放电模式的临界状态，它的形成过程是由于正离子的迅速积累，在负极附近形成正离子鞘层，导致放电电流急剧增大；而其电流的衰减过程则是由于电场在临界状态的不稳定性使得正离子鞘层无法稳定维持而遭到破坏造成的。由于非电负性气体中没有负离子存在，因此，与电负性气体中很大的电压范围内的稳定 Trichel 脉冲过程不同，非电负性气体中的这种脉冲过程只能在很小的电压范围内观察到，且非常不稳定。当电压超过临界状态电压一定值后，放电将直接发展为直流辉光模式。

6.1.3　电负性气体与非电负性气体中的脉冲形成机制对比

电负性气体与非电负性气体中脉冲电流的快速上升过程均由负极附近的正离子鞘层的形成导致，而两类气体中脉冲电流的衰减过程却有着本质的区别。电负性气体中的放电过程存在大量的负离子，这些负离子累积形成的负离子云团对空间电场的削弱作用导致 Trichel 脉冲电流的衰减；而非电负性气体中的脉冲电流衰减是由于电场在临界状态下的不稳定性导致的。

在电负性气体中，负极附近的正离子鞘层与放电空间的负离子云团在 Trichel 脉冲的形成过程中均起到了非常关键的作用。负离子云团对空间电场产生非常大的影响。负离子云团的形成与消散过程会在很大的电压范围内以稳定的规律进行，因此，电负性气体中负电晕放电的 Trichel 脉冲阶段的电压范围很大，并且 Trichel 脉冲通常表现为稳定连续的脉冲序列。正是由于正离子鞘层和负离子云团的共同作用，电负性气体中负电晕放电 Trichd 脉冲在较大电压范围内存在。而非电负性气体中，脉冲的形成是由于负极附近正离子鞘层的形成与电场临界状态下的不稳定性导致的，其本质是 Townsend 放电模式与辉光放电模式相互转化的过程，电场的临界状态仅在很小的电压范围内存在，而且这种临界的不稳定状态具有很大的随机性，导致非电负性气体中的脉冲过程仅在很小的电压范围内出现。

　　实际上，电负性气体中的负电晕放电过程同样存在着不稳定的临界状态。当放电电压刚刚达到 Trichel 脉冲放电阶段的阈值电压，也就是 Townsend 放电阶段的上限电压时，电场刚好达到 Townsend 放电的上限阈值，这种临界状态下的电场同样存在着不稳定性，此时，负极附近的正离子不能够持续积累，正离子鞘层的形成存在一定的随机性，Trichel 脉冲放电同样处于不稳定的状态，Trichel 脉冲以随机脉冲序列的形式存在；而当放电电压超出 Trichel 脉冲阶段阈值电压（也就是 Townsend 放电阶段的上限电压）一定范围时，负极附近的电场在每次 Trichel 脉冲过程结束后，都能迅速恢复到放电阈值电场强度以上，在正离子鞘层和负离子云团共同作用下，Trichel 脉冲才演变为稳定连续的脉冲序列。在负极附近的正离子鞘层和空间负离子云团共同作用下，能够在较大电压范围内形成稳定的脉冲过程。非电负性气体中的脉冲过程是由于负极附近的正离子鞘层和电场临界状态下的不稳定性所导致的，由于没有空间负离子云团的存在，无法在很大的电压范围内形成稳定的脉冲过程。

§6.2　负电晕放电特性试验测试系统

　　能够反映负电晕放电特性的主要物理量包括 Trichel 脉冲放电的阈值电压、伏安特性、Trichel 脉冲电流波形、放电过程中产生的电磁辐射场等。利用负电晕放电电磁辐射特性测试系统对这些物理量进行测试，试验系统如图 6-4 所示。

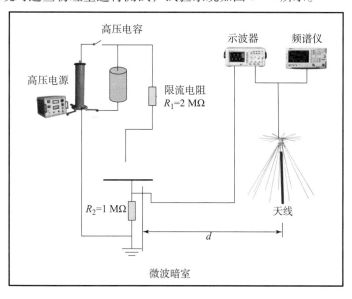

图 6-4　负电晕放电特性试验测试系统示意图

该试验系统主要由高压供电模块、放电模块、信号检测模块三部分组成。高压供电模块为负电晕放电模块提供负直流高压，放电模块进行负电晕放电，信号检测模块对系统的放电特性进行测试。所有试验均在微波暗室内完成，以排除外界电磁干扰。

为了避免高压电源工作时产生的电磁干扰对试验结果造成影响，使用高压电容为放电装置提供负直流高压。高压供电模块包括高压电源和高压电容。试验过程中首先由高压电源为高压电容充电，当电压达到预定值后关闭高压电源。

放电模块包括放电针、接地板、位移平台，如图 6-5 所示。放电模块通过限流电阻与高压电容相连，接地板布设在位移平台上，通过位移平台能够对针-板间距进行精确控制。

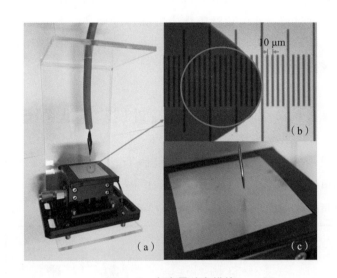

图 6-5　负电晕放电模块

（a）放电结构；（b）针尖曲率标定；（c）放电针

信号检测模块包括示波器、频谱仪以及宽频带接收天线（20~1 000 MHz）。由于负电晕放电是微观的物理过程，其放电区域的电流分布无法直接测得，此处利用示波器测量外电路采样电阻两端的电压波形来计算出放电电流，天线与放电装置的距离 d 可调，天线接收到的信号通过频谱仪进行频谱分析，其时域波形通过示波器采集。

实际上，天线的输出是电压信号，这是由于接收天线的输出端会呈现出一定的阻抗值，称为天线的输出阻抗。天线的输出信号可以表示为：

$$U_{\text{out}} = I_{\text{out}} \times Z_{\text{out}} = I_{\text{out}}(R_{\text{out}} + \text{j}X_{\text{out}}) \tag{6-2}$$

式中，U_{out} 为天线输出的电压信号；I_{out} 为天线上的感应电流；Z_{out} 为天线的输出阻抗，Z_{out} 包括天线的输出电阻 R_{out} 和输出电抗 X_{out}。天线的输出阻抗是天线的固有属性，不随外界条件变化而变化。在其他条件不变的情况下，天线的输出电压与天线的感应电流成正比，因此，可以用天线输出的电压来分析负电晕放电电磁辐射场特性。

§6.3　空气中的负电晕放电特性

6.3.1　空气中的负电晕放电的伏安特性

试验采用针尖曲率半径为 210 μm 的放电针，环境气压为 101 kPa，温度为 25 ℃，相对湿度为 55%。试验过程中放电电压从 0 V 开始，以 0.05 kV 为步长逐步增大，直至火花放电发生为止。试验测试了不同针 – 板间距下的负电晕放电情况。负电晕放电伏安特性遵循经典 Townsend 法则：

$$I = kU(U - U_c) \tag{6-3}$$

式中，k 为常数，由放电结构以及粒子迁移率决定；U_c 为起晕电压。

负电晕放电发展过程分为 Townsend 放电阶段、Trichel 脉冲放电阶段、无脉冲辉光放电阶段。本书中所介绍的电晕放电内容均为负电晕放电，电路中的电压与电流均为负，但在讨论各种因素对负电晕放电的影响时，仅考虑平均电流绝对值大小。而对于 Trichel 脉冲而言，其上升沿是指幅值迅速上升的阶段，下降沿是指其幅值迅速下降的阶段。取放电针与极板间距为 15 mm，负电晕放电的各阶段的伏安特性曲线如图 6 – 6 所示。当放电电压低于 5.5 kV（Trichel 脉冲阶段阈值电压）时放电电流呈直流状态，此时电流在 3 μA 以内；随着放电电压超过 5.5 kV，负电晕放电由 Townsend 阶段转换为 Trichel 脉冲阶段，该阶段负电晕放电电流呈脉冲形式，在 Trichel 脉冲阶段会向周围辐射电磁波；继续增大放电电压到 12 kV 时，放电进入辉光阶段，此时平均电流迅速增大，该阶段负电晕放电电流呈现出直流形式，电磁辐射信号消失。当放电电压进一步升高，负电晕放电将发展为火花放电，放电间隙瞬间被击穿。从图 6 – 6 中能够看出，空气中负电晕放电 Trichel 脉冲阶段的电压范围很大。同时，随着放电间距的增加，各阶段的阈值电压均增加。

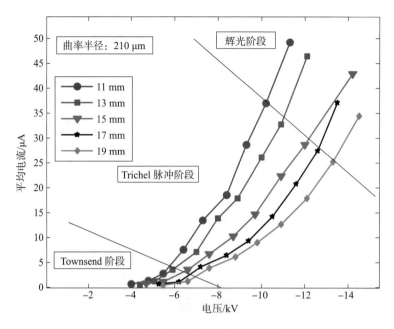

图 6-6　负电晕放电伏安特性曲线

6.3.2　负电晕放电 Trichel 脉冲不同阶段的脉冲电流特性

空气中负电晕放电 Trichel 脉冲阶段存在着阶段演变的阈值电压，能够将 Trichel 脉冲放电分为随机脉冲阶段与稳定脉冲阶段。两个阶段的差异在于：随机脉冲阶段出现在放电电压刚刚达到 Trichel 脉冲放电的阈值电压时，该阶段电压范围较小，Trichel 脉冲以随机脉冲序列形式存在；而稳定脉冲阶段出现在放电电压已经超过 Trichel 脉冲阶段的阈值电压一定值时，该阶段 Trichel 脉冲是稳定的，并且具有稳定的重复周期。

随机脉冲阶段的 Trichel 脉冲序列如图 6-7（a）、（b）所示。当放电电压较低时，Trichel 脉冲以随机脉冲序列的形式出现。在每个脉冲序列中，脉冲的重复频率不稳定。首个脉冲电流的幅值很大，能够达到 -2.5 mA，后续脉冲幅值则相对较小，在 -1 mA 左右。

当放电电压达到 -7.6 kV，即 Trichel 脉冲稳定脉冲阶段的阈值电压时，Trichel 脉冲电流不再以随机脉冲序列的形式出现，放电进入稳定脉冲阶段，稳定脉冲阶段的 Trichel 脉冲序列如图 6-7（c）、（d）所示。在这一阶段，Trichel 脉冲连续出现。在稳定脉冲阶段的初始时期，脉冲电流的幅值存在一定的波动。如图 6-7（d）所示，当放电电压增加到 -9.2 kV 时，放电电流变成连续规律出现的 Trichel 脉冲序列，并且具有稳定的重复周期，每个脉冲的幅值也基本相同。随着电压继续增大，Trichel 脉冲依然会保持连续，脉冲的重复频率增大，脉冲的幅值略微减小，电流出现了一定的直流分量，同时脉冲电流的幅值变得更加稳定。

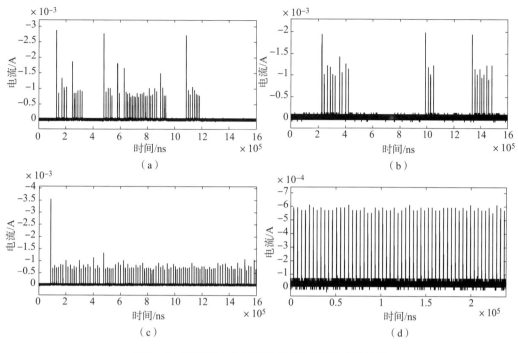

图 6 - 7　不同放电电压下的 Trichel 脉冲电流波形

（a）放电电压为 -5.8 kV；（b）放电电压为 -6.4 kV；

（c）放电电压为 -7.6 kV；（d）放电电压为 -9.2 kV

Trichel 脉冲放电是一个发展的过程。随着放电电压从 0 V 开始增大，达到 Trichel 脉冲放电阈值电压后，负电晕放电将首先进入随机脉冲阶段；电压继续增大，达到 Trichel 脉冲放电的稳定脉冲阶段阈值电压后放电将进入稳定脉冲阶段。

当针尖曲率半径以及其环境气压等参数一定时，随着针 - 板间距从 10 mm 增大到 20 mm，Trichel 脉冲放电的稳定脉冲阶段的阈值电压从 -6.2 kV 变化到 -9.1 kV，如图 6 - 8 所示。在实际测试中发现当针 - 板间距小于 10 mm 时，Trichel 脉冲放电的随机脉冲阶段很难观测到，这是由于随着针 - 板间距的减小，负电晕放电 Trichel 脉冲阶段的阈值电压会降低，当针 - 板间距在 10 mm 以内时，Trichel 脉冲阶段的阈值电压较小，阈值电压附近的不稳定电压区间很小，在这种情况下，需要以很小的电压步长来调节放电电压才能够观察到负电晕放电 Trichel 脉冲的随机脉冲阶段，所以较难观察到。

为了比较不同阶段的 Trichel 脉冲电流波形的变化，对不同放电电压下的Trichel 脉冲电流幅值进行了归一化处理，归一化后的波形如图 6 - 9 所示。

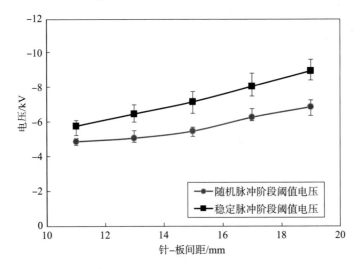

图 6 − 8　不同针 − 板间距下 Trichel 脉冲各阶段的阈值电压

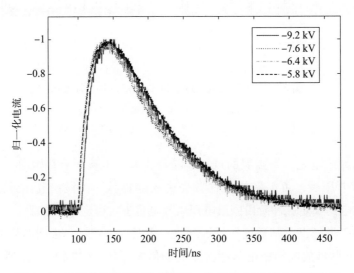

图 6 − 9　不同放电电压下的幅值归一化的 Trichel 脉冲电流波形

　　图 6 − 9 中选择了放电电压为 − 5.8 kV 和 − 6.4 kV 这两个低于 Trichel 脉冲放电的稳定脉冲阶段阈值电压的 Trichel 脉冲电流，并选择了放电电压为 − 7.6 kV 和 − 9.2 kV 这两个高 Trichel 脉冲放电的稳定脉冲阶段阈值电压的 Trichel 脉冲电流进行归一化处理。归一化后不同放电电压下的 Trichel 脉冲电流波形具有很高的一致性。Trichel 脉冲电流的上升沿非常陡峭，约为 52 ns，而下降沿相对缓慢，在 300 ns 左右。因此，随着放电电压的增大，Trichel 脉冲放电将由随机脉冲阶段过渡到稳定脉冲阶段，放电阶段的变化并不会影响 Trichel 脉冲波形的上升沿时间与下降沿时间等参数，仅会对其幅值产生影响。

6.3.3　负电晕放电 Trichel 脉冲不同阶段的电磁辐射特性

负电晕放电 Trichel 脉冲会向周围空间产生电磁辐射。对 Trichel 脉冲的随机阶段和稳定阶段的辐射信号进行测试,采用放电针尖曲率半径为 210 μm,针 – 板间距为 15 mm。试验结果如图 6 – 10 所示,各分图中左上为放电电流信号,左下为放电辐射信号,右侧为电流辐射信号的局部放大。

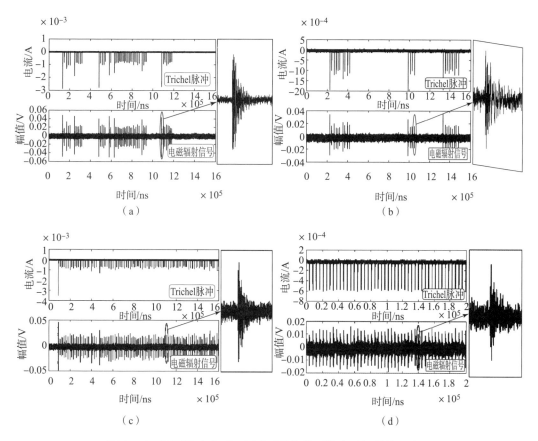

图 6 – 10　不同放电电压下测试系统接收到的电磁辐射信号波形

（a）放电电压为 – 5.8 kV;（b）放电电压为 – 6.4 kV;

（c）放电电压为 – 7.6 kV;（d）放电电压为 – 9.2 kV

Trichel 脉冲放电不同阶段的电磁辐射信号的波形基本相同,电磁辐射信号出现时,其幅值迅速增加达到最大值,之后开始振荡衰减。

随着放电电压的升高,负电晕放电电磁辐射信号的频谱变化不大,信号主要能量集中在 200 MHz 以内,在 50 ~ 100 MHz 频段信号强度最大,在 120 ~ 160 MHz 频段也有一定的强度。辐射信号的强度随着放电电压的增加而减小，当放电电压为 - 5.8 kV 时，75 MHz 频点处的信号强度能够达到 - 48 dBm，而放电电压增加到 - 9.2 kV 时，辐射信号的强度约为 - 58 dBm，进一步增强放电电压，辐射信号的强度基本保持不变，如图 6 - 11 所示。

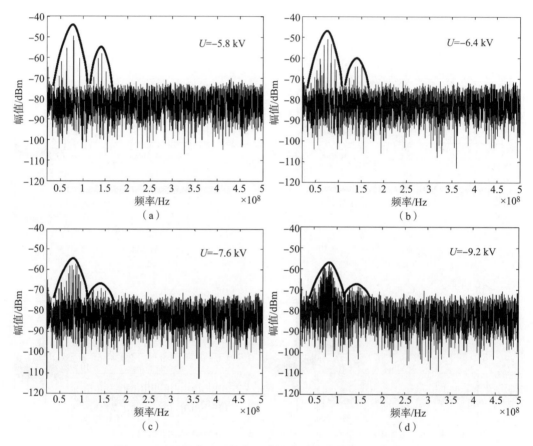

图 6 - 11 不同电压下接收系统接收到的电磁辐射信号频谱

（a）放电电压为 - 5.8 kV；（b）放电电压为 - 6.4 kV；

（c）放电电压为 - 7.6 kV；（d）放电电压为 - 9.2 kV

施加 - 9.2 kV 放电电压，在不同距离处测试负电晕放电电磁辐射信号强度如图 6 - 12 所示。随着探测距离的增大，负电晕放电电磁辐射信号的幅值明显变小，探测距离从 2 m 增大到 10 m 过程中测试系统接收到的放电电磁辐射信号的幅值从 23.2 mV 减小为 4.8 mV。负电晕放电电磁辐射信号强度随传播距离迅速衰减。

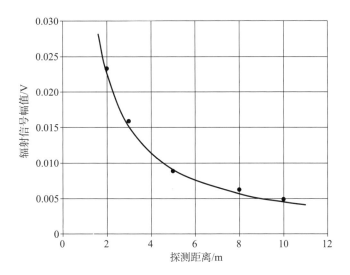

图 6 - 12　不同探测距离下测试系统接收到的电磁辐射信号幅值

§6.4　空气中的负电晕放电 Trichel 脉冲演变过程及各阶段的放电机理分析

　　空气属于电负性气体，对于电负性气体中的负电晕放电，随着放电电压的升高，放电将首先进入 Trichel 脉冲的随机脉冲阶段，继续增大放电电压，Trichel 脉冲放电将进入稳定脉冲阶段。

　　空气中的负电晕放电发生时，当放电电压刚好达到 Trichel 脉冲放电的阈值电压时，负极周围的电场虽然已经达到了放电的起始值，但是电场强度相对较弱，容易受其他因素影响。另外，由于此时放电电压较小，在一次 Trichel 脉冲过程结束后，负离子云团需要向正极移动较远的距离后，负极附近的电场才能恢复到放电的起始电场强度以上，在这种情况下，负极附近很难稳定地积累正离子，这种临界状态导致 Trichel 脉冲过程的触发具有一定的随机性。因此，此时的 Trichel 脉冲电流为随机出现的脉冲序列，我们称之为随机脉冲阶段。图 6 - 7（a）、（b）和图 6 - 10（a）、（b）正是随机脉冲阶段的 Trichel 脉冲电流及其电磁辐射信号波形。此时的放电电压为 - 5.8 kV 和 - 6.4 kV，低于 Trichel 脉冲放电稳定脉冲阶段的阈值电压，Trichel 脉冲电流与电磁辐射信号均以随机序列的形式存在，在这一阶段负极附近的电场强度具有不稳定性，Trichel 脉冲过程的触发具有一定的随机性。

　　在随机脉冲阶段，每个脉冲序列的首个脉冲出现时，放电空间中没有负离子云团存在（负离子云团是指由大量负离子聚集在一起而形成的云团，它可以削弱电离区域的电场强度）。然而，后续脉冲过程开始时，在放电空间中已经存在着负离子云团，如图 6 - 13（a）所示。负离子云团的存在会削弱电离区域的电场强度，因此，首个

Trichel 脉冲与后续脉冲相比，其电离过程明显更强，这也导致首个脉冲电流的幅值明显高于后续脉冲。

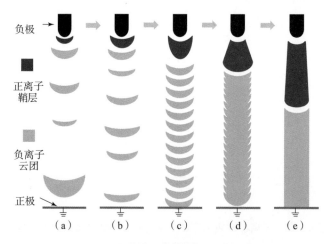

图 6-13　负电晕放电的演变过程示意图

随着放电电压的增大，负极附近的电场相对较强，当前一个 Trichel 脉冲过程结束后，放电空间中的负离子云团仅需要移动较小距离，负极附近的电场便可以恢复到放电阈值电场强度以上，这一过程相对于随机脉冲阶段要稳定得多，因此 Trichel 脉冲过程会稳定进行，我们称这一阶段为 Trichel 脉冲放电的稳定脉冲阶段。图 6-7（c）、（d）和 6-10（c）、（d）中的 Trichel 脉冲电流和电磁辐射信号属于稳定脉冲阶段，此时的 Trichel 脉冲与电磁辐射信号均稳定重复地出现。在这一阶段，首个 Trichel 脉冲的电离过程同样更剧烈，首个脉冲过程所产生的负离子云团电荷量更大，而此时放电电压还不足以使后续脉冲进入稳定状态，导致每个脉冲产生的负离子云团的电荷量不同，如图 6-13（b）所示。因此，稳定脉冲阶段的初始时期 Trichel 脉冲的幅度和间隔存在一定的波动。相反，随着放电电压的继续升高，每个 Trichel 脉冲过程所产生的负离子云团电荷量的差距逐渐消失，Trichel 脉冲的幅度迅速达到稳定状态，而脉冲间隔时间变小，如图 6-13（c）、（d）所示。

因此，对于电负性气体中的负电晕放电，随着放电电压的升高，放电将首先进入 Trichel 脉冲的随机脉冲阶段，继续增大放电电压，Trichel 脉冲放电将进入稳定脉冲阶段。负极附近的正离子鞘层和空间负离子云团在 Trichel 脉冲形成过程中均起到了非常关键的作用。

空气中负电晕放电 Trichel 脉冲的演变过程中，各阶段的放电机理符合负电晕放电的脉冲形成机制。在正离子鞘层和负离子云团的共同作用下，Trichel 脉冲随放电电压升高，由随机脉冲演变为稳定脉冲。即放电电压在 Townsend 阶段的上限电压附近的一个范围内时，负极附近电场不稳定，这一阶段的 Trichel 脉冲以随机序列形式存在，当继续增大放电电压时，Trichel 脉冲放电会演变为稳定脉冲阶段。

第 7 章　负电晕放电电磁辐射物理模型与复杂因素下的电磁辐射特性

Trichel 脉冲放电时将发生强烈的碰撞电离过程以及放电电流快速变化过程，这些物理过程会在周围空间产生电磁辐射场。另外，负电晕放电 Trichel 脉冲过程的实质是放电空间的粒子行为，复杂的放电条件和放电环境等因素将会对这些粒子行为产生较大影响，从而对 Trichel 脉冲过程及其电磁辐射特性产生影响。本章将介绍负电晕放电电磁辐射产生机理、"电子加速与脉冲电流"负电晕放电电磁辐射场模型，以及不同放电条件和环境参数下的负电晕放电电磁辐射特性，分析复杂因素与空间粒子行为及模型参量的关系，以及多针放电结构的负电晕放电电磁辐射特性。

§7.1　"电子加速与脉冲电流"负电晕放电电磁辐射场物理模型

本节介绍了负电晕放电电磁辐射产生机理、电离区域电子加速产生的电磁辐射场模型以及放电电流注入放电针产生的电磁辐射场模型，并对电磁辐射场模型的影响因素进行分析。

7.1.1　负电晕放电电磁辐射产生机理

负电晕放电两电极间的空间分为电离区、等离子区与漂移区，如图 7 - 1 所示。根据第 6 章 Trichel 脉冲的放电机制可知，当 Trichel 脉冲过程发生时，在电离区域会进行强烈的碰撞电离过程，即电子雪崩现象。电子在电离区域不断重复地进行着"加速—碰撞"电离的过程；电离产生的正离子在空间电场的作用下向负极移动，与负极表面的自由电子中和，将自身携带的电荷注入负极，在负极形成放电电流。一方面，由于电离区域电子雪崩过程中的电子在不断重复着"加速—碰撞"电离的过程，根据电磁学理论可知，电子的加速阶段会在周围空间形成电磁辐射场，因此，电离区域电子的加速过程会在周围空间产生电磁辐射场；另一方面，快速变化的放电电流注入放电针后，放电针可以被看作线电流源，根据电磁学理论，电流快速变化的线电流源会向周围空间辐射电磁场，因此，放电电流注入放电针会在周围空间产生电磁辐射场。对于负电晕放电的 Trichel 脉冲阶段而言，放电过程产生的电磁辐射场 $E(t)$ 是电离区域电

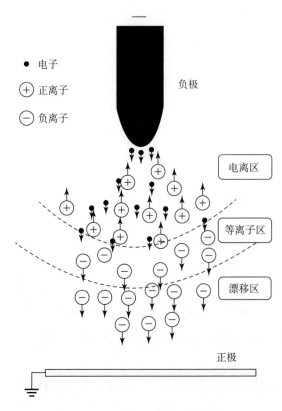

图 7 – 1 负电晕放电的不同区域

子加速产生的电磁辐射场 $E_e(t)$ 与快速变化的放电电流注入放电针产生的电磁辐射场 $E_1(t)$ 的总和，即：

$$E(t) = E_e(t) + E_1(t) \tag{7-1}$$

该模型为"电子加速与脉冲电流"负电晕放电电磁辐射场模型，从放电过程中电子空间运动过程出发，推导出电离区域电子加速产生的电磁辐射场，同时也考虑了快速变化的放电电流注入放电针所产生的电磁辐射场。

7.1.2 负电晕放电电离区域电子加速过程产生的电磁辐射场

Trichel 脉冲电离过程的本质是电子雪崩过程。本节将从电子雪崩过程的物理机制入手，对电子雪崩过程中电子的运动过程进行分析，介绍负电晕放电电离区域电子加速过程产生的电磁辐射场的推导过程。

1. 电子雪崩过程中电子的运动模型

图 7 – 2 为电子雪崩过程示意图，设电子雪崩区域的电场是强度为 E 的匀强电场，方向水平向左。电子在电场力的作用下开始向右加速运动。电子将在电场的作用下获得动能，与空气中的中性分子发生碰撞电离，将中性分子电离成一个正离子和一个电

子，而原来的电子和电离产生的电子同样又会在电场的作用下重新获得动能，从而继续与中性分子发生新的碰撞电离，产生更多的电子。电子在气体分子中运动时，在前一次碰撞电离发生后再运动一段距离又会与另一个气体分子碰撞，发生碰撞电离，将这段距离称为该状态下气体分子电离行程，用 λ_{ei} 来表示。

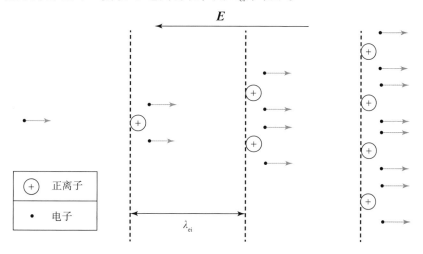

图 7 - 2　电子雪崩过程示意图

实际上，电子在发生碰撞电离之前并不是沿直线加速运动的，在一个平均电离行程内，电子将会和多个中性分子发生碰撞，除最后一次碰撞外，其他碰撞均不是碰撞电离过程。在一次电离过程中，由于电子运动的随机性，其运动方向不断改变，但由于电场的作用，电子总的移动方向是沿电场的反方向运动的，直到完成碰撞电离，如图 7 - 3 所示。可以对电离行程内电子的运动过程进行简化，假设在每个电离行程内电子沿电场的反方向做匀加速运动。

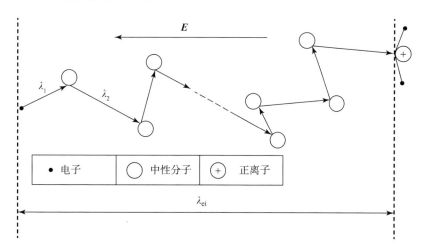

图 7 - 3　一个电离行程内电子的运动过程

碰撞电离属于碰撞理论中的非弹性碰撞，碰撞的结果是引起中性分子的电离，那么按照能量守恒定律，分子电离的能量需要包含在能量守恒的方程中。假设碰撞电离发生前中性分子的速度为 0，则能量守恒方程为：

$$\frac{1}{2}mv_0^2 = \frac{1}{2}mv^2 + \frac{1}{2}Mv_g^2 + A \tag{7-2}$$

式中，m 为电子的质量；M 为中性分子的质量；v_0 为碰撞电离前一瞬间电子的速度；v 为碰撞电离发生后电子的速度；v_g 为碰撞电离后中性分子的速度；A 为中性分子的电离能。

为了求得碰撞过程中中性分子可能获得的最大电离能，对式（7-2）进行微分，则：

$$0 = mv + Mv_g\frac{dv_g}{dv} + \frac{dA}{dv} \tag{7-3}$$

在对心碰撞的情况下，由动量守恒可得：

$$mv_0 = mv + Mv_g \tag{7-4}$$

为了计算出能够转化的最大电离能，令 $dA/dv = 0$，根据式（7-3）和式（7-4）可得：

$$v_g = \frac{m(v_0-v)}{M}, \quad \frac{dv_g}{dv} = -\frac{m}{M} \tag{7-5}$$

将式（7-5）代入式（7-3）得：

$$v = \frac{m}{m+M}v_0 \tag{7-6}$$

代入式（7-2），并且算出最大的 A 值为：

$$A_{max} = \frac{1}{2}mv_0^2\frac{M}{m+M} \tag{7-7}$$

根据式（7-7）可知，在电子与中性分子碰撞电离时，由于 $m \ll M$，能够转化的最大电离能 A_{max} 等于电子的动能，因此，碰撞发生后电子的动能可以全部转化为中性分子的电离能。因此，可以假设：

（1）在两次碰撞之间，进行电离的电子在电场方向的速度从 0 开始。每次碰撞电离发生时，电子从电场获得的动能将全部转给中性分子。

（2）碰撞时，若电子动能等于或大于中性分子电离能，则碰撞电离的概率等于 1。

按照这两个假设，当一个电子完成了一次碰撞电离后，它的动能变为 0，在下一次碰撞之前在电场力的作用下将会进行加速运动积攒动能，设加速时间为 t_{ci}。电子运动速度随时间的变化曲线如图 7-4 所示，电子在每个电离行程中均进行着匀加速运动，在下一次碰撞过程发生时速度瞬间降为 0。电子的速度从 0 匀加速到 v_e 的过程将会在周围空间产生电磁辐射场。

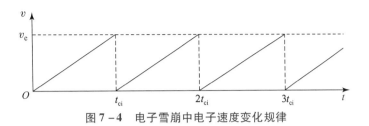

图 7-4　电子雪崩中电子速度变化规律

2. 电子加速过程中的电磁辐射场

加速运动的电子会向周围辐射电磁波，设带电粒子 q 在时间 $t=0$ 时刻以前静止在原点 O 处，如图 7-5 所示。在 $t=0$ 到 Δt 区间，在沿 Z 方向受到一个方脉冲力而产生加速度 a。假定 Δt 非常短，可以认为粒子的位置几乎未离开 O 点，但已获得速度 $v_a = a\Delta t$，为简单起见，设 $v_a/c \ll 1$，即粒子的运动是非相对论性的。

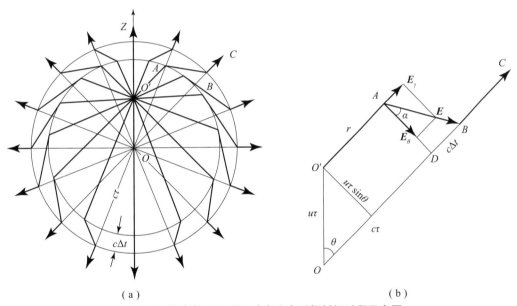

（a）　　　　　　　　　　　　　　　　　（b）

图 7-5　带电粒子加速运动产生电磁辐射场过程示意图

（a）加速电子周围电场分布；（b）电子加速产生的辐射场示意图

考虑脉冲后又经过时间间隔 τ 的情况。这时脉冲前后的波前已传播到以 O 为中心、半径分别为 $c(\Delta t + \tau)$ 和 $c\tau$ 的同心球面上，如图 7-5（a）所示，而粒子到达了 O' 的位置，$OO' = v_a \tau$。因为在 $t=0$ 以前粒子停留在 O 不动，大球面以外的电场线以 O 为中心沿着径向分布；根据电磁场理论，匀速运动的带电粒子所产生电场的瞬时分布也是以它自己为中心沿着径向的，即小球面以内的电场线以 O' 为中心沿着径向分布。在两球面之间的过渡区里电场线发生曲折，这里正是带电粒子脉冲的加速影响传播所及的地方。在此区间电场 $\boldsymbol{E}$ 既有横分量 $\boldsymbol{E}_\theta$，又有纵分量 $\boldsymbol{E}_\gamma$，如图 7-5（b）所示。对电磁辐射有贡献的只有横分量 $\boldsymbol{E}_\theta$。

考虑从 O' 出发沿 θ 方向的电场线 $O'ABC$，如图 7-5（b）所示，在过渡区里

$$E_{\theta} = E_{\gamma}/\tan\alpha \qquad (7-8)$$

然而，

$$\tan\alpha = \frac{DB}{AD} = \frac{c\Delta t}{v_a \tau \sin\theta} = \frac{c\Delta t}{a\Delta t\pi\sin\theta} = \frac{c}{a\tau\sin\theta} \qquad (7-9)$$

于是，

$$E_{\theta} = E_{\gamma}\frac{a\tau\sin\theta}{c} \qquad (7-10)$$

另一方面，在非相对论近似下，$\boldsymbol{E}_{\gamma}$ 基本上是以 O' 为中心的库仑场：

$$E_{\gamma} = \frac{1}{4\pi\varepsilon_0}\frac{q}{r^2} \qquad (7-11)$$

这里 $r \approx c\tau$，即式（7-10）里的 τ 可写成 r/c。于是将式（7-11）代入式（7-10）后，得：

$$E_{\theta} = \frac{1}{4\pi\varepsilon_0}\frac{qa\sin\theta}{c^2 r} \qquad (7-12)$$

3. 负电晕放电电离区域的电子分布与总电荷量

假设电子雪崩发展过程中每一个电子都能产生碰撞电离，那么一个电子在电场力作用下运动时和气体分子第一次碰撞引起电离后，就多了一个自由电子，这两个电子继续运动，又由于碰撞引起电离，每一个原来的电子又多产生一个自由电子，于是第二次碰撞之后，就变成了 4 个电子，这 4 个电子又可以和气体分子进行碰撞电离，产生更多的电子。假设某放电状态下电离行程为 λ_{ei}，在第 n 个电离行程时产生的电子数为 c_n，则 c_n 的值可以表示为：

$$c_n = 2^n \qquad (7-13)$$

对于负电晕放电 Trichel 脉冲过程而言，其放电过程更为复杂。首先，在 Trichel 脉冲过程中，只有电离区域的电场强度能够达到碰撞电离的阈值电场强度以上，电子雪崩只在电离区域内进行；另外，在 Trichel 脉冲发展过程中，电离区域的大小是在不断变化的，脉冲开始时由于负离子云团并没有完全形成，其对空间电场的削弱作用还没有完全显现，针尖附近的电离区域瞬间增大到最大。随着电子雪崩产生的电子离开电离区域进入等离子区域与氧气等电负性气体分子结合形成负离子云团，负离子云团的存在会削弱电离区域的电场，因此电离区域的边界会不断缩小，直到放电回归到 Townsend 模式。对于负电晕 Trichel 脉冲电离过程，每一时刻的电子总数很难通过微观过程进行计算得到，必须通过宏观上的实测电流与微观物理机制相结合才能计算出 Trichel 脉冲过程中每一时刻电离区域的电子数及其产生的电磁辐射场。

由于负电晕放电是一种自持放电形式，在放电过程中并不需要外界电离源来维持。

负电晕放电的 Trichel 脉冲电离区域的电子雪崩过程是在空间电场的作用下不断自发地进行，因此可以认为沿电离区域电场方向的每一个电离行程上均有电子雪崩正在发生。Trichel 脉冲电离区域的电子平均速度非常大，能够达到千分之一的光速，定义电离区域的电子通过一个电离行程所用的时间为电离周期，用 t_{ci} 表示。电离周期非常短，并且与环境参数有关。例如温度为 25 ℃，气压为 101 kPa 时，电晕放电电离周期为 $t_{ci} = 4.8 \times 10^{-12}$ s。由于 Trichel 脉冲电流是连续的，在一个电离周期的时长内，可以认为 Trichel 脉冲电流是近似不变的。电离区域的电子雪崩过程并行发展，假设在电离区域电场方向的每一个电离行程上都进行着相同的电子雪崩过程，只是发展阶段不同。每一个电离周期内，在负极附近均有新的电子雪崩发生。以每一个电离周期内负极处只有一个新的电子雪崩发生为例，则某一时刻电离区域的电子分布如图 7-6 所示。从图中可以看出，理想状态下电离区域电场反方向上的每个电离行程的电子数将按照公比为 2 的等比数列分布。通过等比数列求和计算可获得整个电离区域中的电子总数：

$$N_e = 2^{n+1} - 1 \tag{7-14}$$

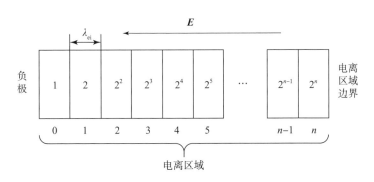

图 7-6　电离区域的自由电子分布

从图 7-6 中所表示的电离区域电子分布情况可知，电离区域的电子总量与每个电离周期内负极处新增的电子雪崩数和电离区域电场方向的电离行程数有关。而试验所测得的电量是在相应时刻电离边界处的电子总电量，也是负极处新增电子雪崩数量和其经历一定电离行程共同作用的结果。

在 6.2 节中已经提到，负电晕放电的电流可以通过测试得到。假设放电电离区域产生的电子到达电离区域的边界后立刻就能够和电负性分子结合形成负离子，并且可认为这一时刻所形成的负离子在放电空间的运动速度相同，那么试验所测得的 Trichel 脉冲电流的瞬时值与电离周期的乘积 $Q_s(t) = i(t) \cdot t_{ci}$ 代表到达接地板的负离子的总电荷量，而这一电荷量等于这些负离子形成的时刻到达电离区域边界的电子的总电量，即为图 7-6 中最后一个电离行程上的电子总电量。

由于电离周期 t_{ci} 非常小，在一个电离周期 t_{ci} 中有 $Q_s(t)$ 电量的负离子到达接地板，

根据电流的定义 $i = \dfrac{\mathrm{d}Q}{\mathrm{d}t}$，试验测得的电流与电离区域电子总数的关系可表示为：

$$i(t) \approx \frac{Q_\mathrm{s}(t)}{t_\mathrm{ci}} = \frac{N_\mathrm{e}e}{2t_\mathrm{ci}} \qquad (7-15)$$

式中，e 为电子电量。电离区域的电子按等比数列分布，根据等比数列的性质可知，电离区域电子的总电量 $Q(t)$ 是到达接地板的负离子的总电荷量 $Q_\mathrm{s}(t)$ 的 2 倍，因此，电离区域的电子的总电量可表示为：

$$Q(t) = 2i(t) \cdot t_\mathrm{ci} \qquad (7-16)$$

因此，根据负电晕放电电离区域电子的分布以及试验测得的 Trichel 脉冲电流能够计算出每一时刻电离区域自由电子的总电量。

4. 负电晕放电电离区域电子加速产生的电磁辐射模型

电子雪崩的电磁辐射场主要来自大量电子的加速运动。为了方便计算，假设负电晕放电 Trichel 脉冲电离区域电子的加速度相等，则将式（7-16）代入式（7-12）可得负电晕 Trichel 脉冲放电电离区域产生的电磁辐射场 $E_\mathrm{e}(t)$ 为：

$$E_\mathrm{e}(t) = \frac{1}{4\pi\varepsilon_0}\frac{Q(t-r/c)a\sin\theta}{c^2 r} = \frac{1}{2\pi\varepsilon_0}\frac{i(t-r/c)\cdot t_\mathrm{ci}a\sin\theta}{c^2 r} \qquad (7-17)$$

式中，ε_0 为真空介电常数；r 为观测点与电子雪崩处的距离；c 为真空光速；t_ci 为电离周期；a 为电离区域电子的加速度；$i(t)$ 为试验测得的 Trichel 脉冲电流。

为了能够表示不同方向上的辐射场特性以及方便计算，本书建立柱坐标系，如图 7-7 所示。将电离区域电子加速产生的电磁辐射场在柱坐标系中表示，其中 z_max 为负电晕放电 Trichel 脉冲电离区域长度，$\bar{r}(\rho, \phi, z)$ 为观测点的坐标，则负电晕 Trichel 脉冲放电电离区域产生的电磁辐射场 $\boldsymbol{E}_\mathrm{e}$ 为：

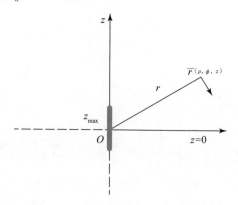

图 7-7　负电晕放电 Trichel 脉冲电离区电子加速产生电磁辐射示意图

$$
\begin{aligned}
\boldsymbol{E}_\mathrm{e}(\bar{r}, t) &= \boldsymbol{a}_z \cdot E_\mathrm{e}(\bar{r}, t) \cdot \frac{z}{r} + \boldsymbol{a}_\rho \cdot E_\mathrm{e}(\bar{r}, t) \cdot \frac{\rho}{r} \\
&= \boldsymbol{a}_z \cdot \frac{1}{2\pi\varepsilon_0}\frac{i(t-r/c)\cdot t_\mathrm{ci}a \cdot \rho^2}{c^2 r^3} + \boldsymbol{a}_\rho \cdot \frac{1}{2\pi\varepsilon_0}\frac{i(t-r/c)\cdot t_\mathrm{ci}a \cdot \rho \cdot z}{c^2 r^3}
\end{aligned} \qquad (7-18)
$$

负电晕放电电离区域电子加速产生的电磁辐射场可以根据电离周期 t_ci、电离区域电子的加速度 a 以及试验测得的 Trichel 脉冲电流 $i(t)$ 计算得到。

7.1.3   电流注入负极导体形成电流源产生的电磁辐射场

负电晕 Trichel 脉冲放电过程中电离区域会发生碰撞电离，电离产生的正离子会在电场力的作用下向负极移动，和负极表面的自由电子中和，在负极形成放电电流。如图 7-8 所示为典型的 Trichel 脉冲电流（在接地电极下的采样电阻处测得）与针尖处电势的脉冲信号（利用高压探头在高压端测得）。

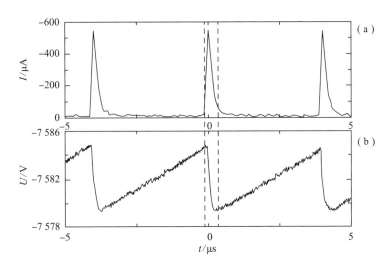

图 7-8   Trichel 脉冲电流波形

（a）放电电流波形；（b）负极处的电势波形

如图 7-8（b）所示，随着 Trichel 电流脉冲的出现，在针尖负极一侧可以检测到电势的脉动现象。针尖负极处的电压周期性地快速下降，再缓慢回升。其重复频率与 Trichel 脉冲重复频率一致。因此，在负电晕 Trichel 脉冲放电过程中负极上的电流也是脉冲形式。

负电晕 Trichel 脉冲放电电流是具有陡峭的上升沿和相对缓慢的下降沿的时变电流，时变电流源产生的电磁辐射场的标量位 $\varPhi(\bar{r},t)$ 和矢量位 $\boldsymbol{A}(\bar{r},t)$ 为：

$$\varPhi(\bar{r},t)=\frac{1}{4\pi\varepsilon_0}\int_{V'}\frac{\rho(\bar{r},t-r/c)}{r}\mathrm{d}V' \tag{7-19}$$

$$\boldsymbol{A}(\bar{r},t)=\frac{\mu_0}{4\pi}\int_{V'}\frac{\bar{J}(\bar{r},t-r/c)}{r}\mathrm{d}V' \tag{7-20}$$

式中，$\bar{r}$ 是观察点的位置；ρ 是电荷分布；$\bar{J}$ 是体积 V' 上的电流分布；c 是光速，ε_0 是自由空间介电常数；μ_0 是自由空间磁导率。电磁辐射场与矢量位和标量位的关系为：

$$\boldsymbol{E}(\bar{r},t)=-\nabla\phi(\bar{r},t)-\frac{\partial}{\partial t}\boldsymbol{A}(\bar{r},t) \tag{7-21}$$

$$H(\bar{r}, t) = \frac{1}{\mu_0} \nabla \times A(\bar{r}, t) \tag{7-22}$$

使标量位 $\Phi(\bar{r}, t)$ 和矢量位 $A(\bar{r}, t)$ 满足以下条件：

$$\nabla \cdot A(\bar{r}, t) + \frac{1}{c^2} \frac{\partial}{\partial t} \Phi(\bar{r}, t) = 0 \tag{7-23}$$

可以推算出

$$\Phi(\bar{r}, t) = -c^2 \int_0^t \nabla \cdot A(\bar{r}, t') \mathrm{d}t' \tag{7-24}$$

因此，仅需要计算出矢量位 $A(\bar{r}, t)$ 即可。

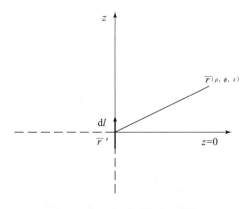

针对放电电流注入放电针所产生的电磁辐射系统，我们建立了一个柱坐标系，如图 7-9 所示（$\bar{r}'$ 是辐射源，$r = |\bar{r} - \bar{r}'|$ 是两者之间的距离）。由于观察点与辐射源的距离 r 比放电针尺寸要大得多，同时放电针直径很小，因此可以认为放电针为线电流源，线电流源的长度 $\mathrm{d}l$ 为放电针的长度。

图 7-9　放电针电磁辐射模型

如果让 $\tau = t - r/c$，则有：

$$\frac{\partial}{\partial z}\left(\frac{i}{r}\right) = \frac{1}{r^2}\left(r \frac{\partial i}{\partial \tau} \frac{\partial \tau}{\partial z} - \frac{\partial r}{\partial z}\right) \tag{7-25}$$

因为 $\dfrac{\partial i}{\partial \tau} = \dfrac{\partial i}{\partial t}$，$\dfrac{\partial \tau}{\partial z} = -\dfrac{1}{c} \dfrac{\partial r}{\partial z}$，可以得出：

$$\frac{\partial}{\partial z}\left(\frac{i}{r}\right) = -\frac{1}{r^2} \frac{\partial r}{\partial z}\left(i + \frac{r}{c} \frac{\partial i}{\partial t}\right) \tag{7-26}$$

则标量位 $\Phi(\bar{r}, t)$ 的表达式为：

$$\Phi(\bar{r}, t) = \mathrm{d}l \frac{c^2 \mu_0}{4\pi r^2} \frac{\partial r}{\partial z} \int_0^t \left(i + \frac{r}{c} \frac{\partial i}{\partial t}\right) \mathrm{d}t \tag{7-27}$$

现在可以求解电磁场的各分量。首先计算磁场分量 $H_l(\bar{r}, t)$，即：

$$\nabla \times A(\bar{r}, t) = \mathrm{d}l \frac{\mu_0}{4\pi} \nabla \times \left(a_z \frac{i}{r}\right) = -a_\phi \mathrm{d}l \frac{\mu_0}{4\pi \partial \rho}\left(\frac{i}{r}\right) \tag{7-28}$$

求解 ρ 的微分过程与式（7-25）中求 z 的微分过程相同：

$$\nabla \times A(\bar{r}, t) = a_\phi \mathrm{d}l \frac{\mu_0}{4\pi r^2} \frac{1}{\partial \rho} \frac{\partial r}{\partial \rho}\left(i + \frac{r}{c} \frac{\partial i}{\partial t}\right) \tag{7-29}$$

因此电磁辐射场的磁场分量为：

$$\nabla \Phi(\overline{r}, t) = \boldsymbol{a}_\rho \frac{\partial}{\partial \rho} \Phi(\overline{r}, t) + \boldsymbol{a}_z \frac{\partial}{\partial z} \Phi(\overline{r}, t) \tag{7-30}$$

为了计算 $\boldsymbol{E}_l(\overline{r}, t)$，首先需要估计 $\nabla \Phi$：

$$\nabla \Phi(\overline{r}, t) = \boldsymbol{a}_\rho \frac{\partial}{\partial \rho} \Phi(\overline{r}, t) + \boldsymbol{a}_z \frac{\partial}{\partial z} \Phi(\overline{r}, t) \tag{7-31}$$

运算后能够得到：

$$\nabla \Phi(\overline{r}, t) = -\boldsymbol{a}_\rho \frac{\mathrm{d}l}{4\pi\varepsilon_0} \frac{\rho}{r^2} \cdot \left(\frac{3Q}{r^3} + \frac{3i}{cr^2} + \frac{1}{c^2 r} \frac{\partial i}{\partial t} \right) +$$

$$\boldsymbol{a}_z \frac{\mathrm{d}l}{4\pi\varepsilon_0} \left[\left(1 - \frac{3z^2}{r^2} \right) \left(\frac{Q}{r^3} + \frac{i}{cr^2} \right) - \frac{z^2}{r^2} \frac{1}{c^2 r} \frac{\partial i}{\partial t} \right] \tag{7-32}$$

其中：

$$Q = Q(z', t - r/c) = \int_0^t i(t' - r/c) \mathrm{d}t' \tag{7-33}$$

放电针产生的电磁辐射场的电场分量与磁场分量分别记为 $\boldsymbol{E}_l$ 和 $\boldsymbol{H}_l$，因此电磁辐射场的电场分量为：

$$\boldsymbol{E}_l(\overline{r}, t) = \boldsymbol{a}_\rho \frac{\mathrm{d}l}{4\pi\varepsilon_0} \frac{\rho}{r^2} \left(\frac{3Q}{r^3} + \frac{3i}{cr^2} + \frac{1}{c^2 r} \frac{\partial i}{\partial t} \right) +$$

$$\boldsymbol{a}_z \frac{\mathrm{d}l}{4\pi\varepsilon_0} \left[\left(\frac{3z^2}{r^2} - 1 \right) \left(\frac{Q}{r^3} + \frac{i}{cr^2} \right) + \left(\frac{z^2}{r^2} - 1 \right) \frac{1}{c^2 r} \frac{\partial i}{\partial t} \right] \tag{7-34}$$

放电针的电磁辐射可视为具有一定长度的线电流源产生的电磁辐射，放电针是良导体，其上的电流为行波，因此电荷 Q 产生的静态项可以忽略。因此放电电流注入放电针所产生的电磁辐射场为：

$$\boldsymbol{E}_l(\overline{r}, t) = \boldsymbol{a}_\rho \mathrm{d}l \frac{\eta_0}{4\pi} \frac{\rho z}{r^2} \left(\frac{3i}{r^2} + \frac{1}{cr} \frac{\partial i}{\partial t} \right) + \boldsymbol{a}_z \mathrm{d}l \frac{\eta_0}{4\pi} \left[\left(\frac{3z^2}{r^2} - 1 \right) \frac{i}{r^2} + \left(\frac{z^2}{r^2} - 1 \right) \frac{1}{cr} \frac{\partial i}{\partial t} \right] \tag{7-35}$$

$$\boldsymbol{H}_l(\overline{r}, t) = \boldsymbol{a}_\phi \mathrm{d}l \frac{1}{2\pi} \frac{\rho}{r} \left(\frac{i}{r^2} + \frac{1}{cr} \frac{\partial i}{\partial t} \right) \tag{7-36}$$

根据式（7-35）、式（7-36）可将放电针周围空间划分为近场区和远场区。在近场区内，电磁辐射信号主要由 $i(t)$ 决定。在远场区电磁辐射信号主要由 $\partial i(t)/\partial t$ 决定。

7.1.4　负电晕放电产生的电磁辐射场的影响因素分析

负电晕放电 Trichel 脉冲电离区电子加速产生电磁辐射场 $\boldsymbol{E}_e$ 与电流注入负极导体形成电流源产生的电磁辐射场 $\boldsymbol{E}_l$ 叠加后得到：

$$E_a = E_e + E_l = a_\rho \cdot \left[\frac{1}{2\pi\varepsilon_0} \frac{i \cdot t_{ci} a \cdot \rho \cdot z}{c^2 r^3} + \mathrm{d}l \frac{\eta_0 \rho z}{4\pi r^2}\left(\frac{3i}{r^2} + \frac{1}{cr}\frac{\partial i}{\partial t}\right) \right] +$$

$$a_z\left\{ \frac{1}{2\pi\varepsilon_0} \frac{i \cdot t_{ci} a \cdot \rho^2}{c^2 r^3} + \mathrm{d}l \frac{\eta_0}{4\pi}\left[\left(\frac{3z^2}{r^2} - 1\right)\frac{i}{r^2} + \left(\frac{z^2}{r^2} - 1\right)\frac{1}{cr}\frac{\partial i}{\partial t}\right] \right\} \tag{7-37}$$

负电晕放电 Trichel 脉冲阶段产生的电磁辐射场与电子的加速度 a 以及电离周期 t_{ci} 等参数有关，同时由 Trichel 脉冲电流 $i(t)$、Trichel 脉冲电流随时间的变化率 $\partial i(t)/\partial t$ 等变量决定。而放电条件与放电环境等复杂因素将对这些参数和变量产生一定影响。

电离周期 t_{ci} 表示电子通过整个电离行程并且完成碰撞电离的时间，而电离过程极其迅速，其所用时间可以忽略不计，因此，可将 t_{ci} 认为是电子通过一个电离行程的时间。假设负电晕放电 Trichel 脉冲的电离区域的电场为匀强电场，且场强为该放电状态下碰撞电离的阈值电场强度，则电子在每个电离行程中均做匀加速运动，那么电离周期 t_{ci}、电离行程 λ_{ei} 以及电子加速度 a 满足以下关系式：

$$\lambda_{ei} = \frac{1}{2}at_{ci}^2 \tag{7-38}$$

当电离区域电场为负电晕放电的起晕阈值电场强度时，可以认为电离行程 λ_{ei} 与平均自由程 $\bar{\lambda}$ 成正比。空气的平均自由程 $\bar{\lambda}$ 的表达式为：

$$\bar{\lambda} = \frac{kT}{\sqrt{2}\pi d^2 P} \tag{7-39}$$

式中，$d = 3.5 \times 10^{-10}$ m，为空气分子的有效直径；P 为环境气压，单位为 Pa；T 为环境温度，单位为 K；$k = 1.38 \times 10^{-23}$ J/K，为玻尔兹曼常数。

根据式（7-39）可知，空气的自由程 $\bar{\lambda}$ 既与环境温度有关也和环境气压有关，环境气压越低，温度越高，空气分子的平均自由程就越大。环境温度为 25 ℃，气压为 101 kPa 时，空气的平均自由程为 $\bar{\lambda} = 6.8 \times 10^{-8}$ m。

电子加速度 a 是在电场力的作用下产生的，其表达式为：

$$a = \frac{Ee}{m_e} \tag{7-40}$$

式中，e 为电子的电量；m_e 为电子的质量；E 为该放电状态下的阈值电场强度。当一个电子与气体分子碰撞时，如果它前一次碰撞之后，在电离行程中获得的动能达到分子的电离能 eU_i，则它将使原子电离。那么电离发生的条件为：

$$eE\lambda_{ei} \geq eU_i \tag{7-41}$$

空气的电离能与空气中气体成分有关，因此相对湿度对其有一定影响。环境温度和气压相同时，随着相对湿度的增大，空气的电离能将略微减小，而空气的电离行程不变，因此碰撞电离的阈值电场强度减小，电子加速度 a 变小，电离周期 t_{ci} 增大。当空气湿度相同时，空气的电离能不变，环境气压越低、温度越高，空气分子的电离行程越大，碰撞电离的阈值电场强度减小，电子加速度 a 变小，电离周期 t_{ci} 增大。

负电晕放电的 Trichel 脉冲过程非常复杂，包含了电离过程、吸附过程、复合过程、二次电子发射过程、迁移过程、扩散过程以及空间电荷场激增等多个基本物理过程。因此，负电晕放电的 Trichel 脉冲电流 $i(t)$ 是这些复杂的物理过程共同作用产生的，而这些复杂的物理过程又会受到不同放电条件的影响，所以，Trichel 脉冲电流 $i(t)$ 与放电条件与环境参数等多种复杂因素有关。

根据以上分析可知，负电晕放电电磁辐射场物理模型中的各参数和变量将受到气压、温度、湿度等环境因素以及平均电流、电极曲率、针-板间距等放电条件的影响。因此，这些复杂因素将对负电晕放电电磁辐射特性产生重要影响。

§7.2　负电晕放电电磁辐射场的计算分析

对于负电晕放电电磁辐射场，可通过分别计算、分析电离区域电子加速过程产生的电磁辐射信号和放电电流注入放电针产生的电磁辐射信号得到其变化规律。

7.2.1　Trichel 脉冲信号的预处理

负电晕放电电磁辐射场的计算需利用试验测得的放电电流。由于试验系统内部噪声、环境干扰等因素的影响，试验测得的 Trichel 脉冲电流信号中会叠加一定强度的高频噪声，这些噪声会对分析结果产生较大影响，因此在进行数值计算前需要对试验测得的 Trichel 脉冲电流信号进行预处理，使其能够满足数值计算要求。

图 7-10 为使用负电晕放电特性试验测试系统对 Trichel 脉冲放电电流进行测试的结果，试验中设置放电电压为 $-9.2\ \text{kV}$，放电针针尖曲率半径为 $210\ \mu\text{m}$，放电间距为

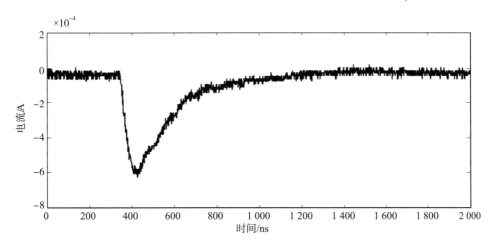

图 7-10　试验测得的 Trichel 脉冲电流波形

10 mm，环境气压为 101 kPa，温度为 25 ℃，相对湿度为 55%。测得的 Trichel 脉冲电流波形如图 7 - 10 所示，滤波后波形如图 7 - 11 所示。。

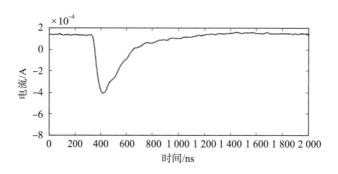

图 7 - 11　Trichel 脉冲电流滤波后波形

利用滤波后的脉冲电流可对电离区域电子加速产生的电磁辐射场 $E_e(t)$ 和快速变化的放电电流注入放电针产生的电磁辐射场强度 $E_1(t)$ 进行计算。

7.2.2　电子加速产生的电磁辐射场计算

首先对负电晕放电电离区域电子加速产生的电磁辐射场进行计算。利用式（7 - 18）计算负电晕放电电离区域电子加速过程产生的电磁辐射场强度，Trichel 脉冲电流由图 7 - 11 给出。图 7 - 12 为不同距离处的电磁辐射场强度曲线。

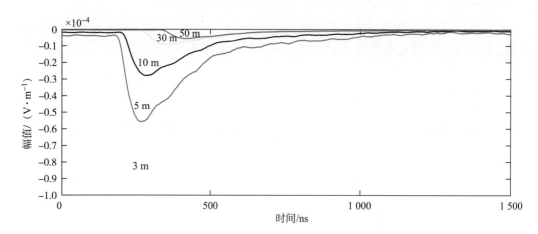

图 7 - 12　不同距离处由于电子加速产生的电磁辐射信号

在 Trichel 脉冲过程中电离区域电子加速产生的电磁辐射场强度波形呈脉冲形式，其张度随距离增加而迅速衰减。

根据负电晕放电辐射信号的频谱特征，其主要辐射能量分布在几百 MHz 以内的频段。因此，为与试验测试得到的电磁辐射信号进行对应，需对理论模型计算得到的电磁辐射信号进行滤波处理，滤波器的通频带设计为 20 ~ 480 MHz，如图 7 - 13 所示。

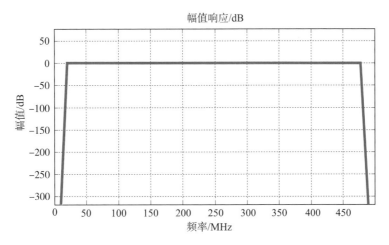

图 7 - 13　滤波器的幅频响应曲线

利用以上设计的数字滤波器，对距离放电针 3 m 处的电磁辐射信号进行滤波，滤波后的电磁辐射信号波形如图 7 - 14 所示。电子加速产生的电磁辐射场随负电晕放电 Trichel 脉冲的发生迅速达到最大值，随后开始振荡衰减。

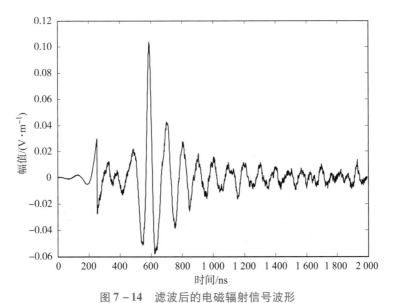

图 7 - 14　滤波后的电磁辐射信号波形

7. 2. 3　电流注入放电针产生的电磁辐射场计算

将试验得到的 Trichel 脉冲电流值带入式（7 - 35），计算放电电流注入放电针产生的电磁辐射信号场强度，如图 7 – 15 所示。放电针处产生的电磁辐射场同样呈现脉冲形式，电磁辐射场强度的幅值随着传播距离的增大而衰减。

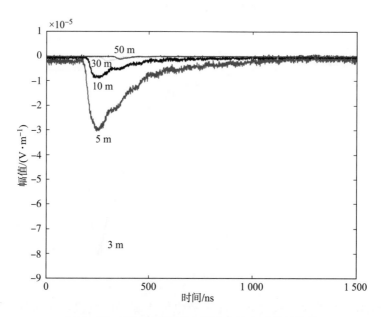

图 7 – 15　不同距离下放电针产生的电磁辐射信号

对 3 m 处放电针产生的电磁辐射场强度波形进行滤波处理，滤波后的电磁辐射场强度波形如图 7 – 16 所示。经过滤波的波形同样是瞬间达到最大值后再振荡衰减。

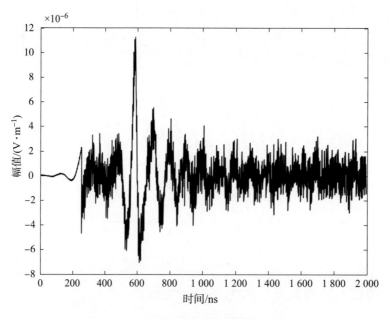

图 7 – 16　滤波后的电磁辐射场强度波形

7.2.4　两部分辐射场的对比分析

负电晕放电过程中电离区域电子加速产生的电磁辐射场和电流注入放电针所产生的电磁辐射场方向相同，且均随传输距离增大而衰减。电离区域电子加速产生的电磁辐射场强度与电流注入放电针产生的电磁辐射场强度大小接近，两辐射场强度关系如图 7 – 17 所为。

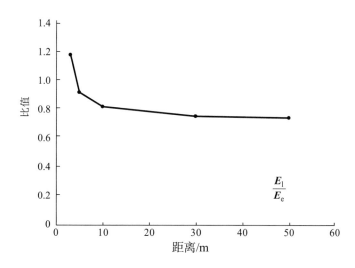

图 7 – 17　电离区辐射场与放电针辐射场的比值

距离放电点 3 m 处的电磁辐射场是电离区域产生的电磁辐射场的 1.2 倍，随着距离的增大二者的比值会变小，当与放电点距离达到 30 m 以上时，二者的比值将维持在 0.76 左右。因此，放电针产生的电磁辐射场强度与电离区域产生的电磁辐射场强度对负电晕放电电磁辐射场的贡献相当。负电晕放电电磁辐射信号随距离的衰减规律如图 7 – 18 所示。

负电晕放电过程中的电磁辐射场包括 Trichel 脉冲阶段电离区域电子加速过程产生的电磁辐射场与放电电流注入放电针所产生的电磁辐射场两部分。辐射场强度的波形呈脉冲形式，电磁辐射场强度的幅值随着传播距离的增大而衰减。电磁辐射信号由 Trichel 脉冲电流 $i(t)$、Trichel 脉冲电流随时间的变化率 $\partial i(t)/\partial t$ 等变量决定，同时与电子的加速度 a 以及电离周期 t_{ci} 等参数有关。而这些变量和参数与负电晕的放电条件和环境参数等复杂因素有关。

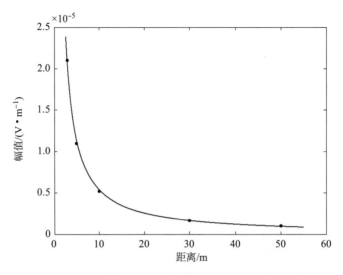

图 7－18　理论计算所得的电磁辐射场强度随距离的衰减规律

§7.3　复杂因素下负电晕放电电磁辐射场测试系统

复杂因素可能会对放电电磁辐射特性产生一定的影响，通过设计环境模拟模块，建立能够对复杂因素下的负电晕放电电磁辐射特性进行测试的试验测试系统。复杂因素下负电晕放电电磁辐射特性试验测试系统如图 7－19 所示。

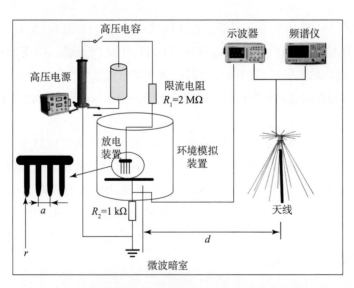

图 7－19　复杂因素下负电晕放电电磁辐射特性试验测试系统

　　环境模拟装置包括气压模拟装置和温湿度模拟装置，如图 7 - 20 所示。放电装置置于环境模拟装置中，通过耐高压电极将高压电引入环境模拟装置中。环境模拟装置能够在 20 ~ 101 kPa 的气压范围内对放电环境气压进行精确控制，并且能够通过温湿度调节装置对温湿度进行调节。

图 7 - 20　环境模拟装置

§7.4　放电条件对负电晕放电电磁辐射特性的影响

　　负电晕放电的放电条件主要包括平均电流、放电针针尖曲率半径以及针 - 板间距，这些参数的变化并不影响电离区域电子的加速度 a 和电离周期 t_{ci} 等参数，但是会对 Trichel 脉冲电流产生一定影响，进而将对负电晕放电电磁辐射特性产生影响。分析不同放电条件下的负电晕放电电磁辐射特性，可获得放电条件对负电晕放电电磁辐射特性的影响规律。

7.4.1　平均电流对负电晕放电电磁辐射特性的影响

　　电路中的平均电流是负电晕放电的重要参数，在负电晕放电的 Trichel 脉冲阶段，平均电流对 Trichel 脉冲特性具有一定影响，进而影响到负电晕放电电磁辐射特性。

　　在 Trichel 脉冲阶段，随着平均电流的增加，脉冲的重复频率增大，幅值减小，但脉冲波形形状基本保持不变。如图 7 - 21 所示，可以看出 Trichel 脉冲的重复频率与平均电流大小近似成正比。

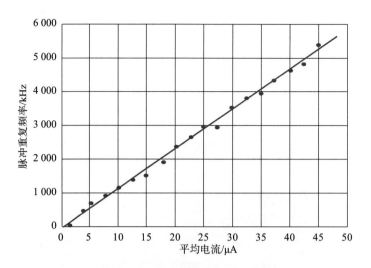

图 7 – 21　脉冲重复频率随放电平均电流的变化

平均电流的改变会对 Trichel 脉冲电流波形产生一定影响。Trichel 脉冲的电流幅值与脉冲间隔阶段的直流背景电流（Trichel 脉冲阶段放电电流的直流分量）同样会随着平均电流的变化而变化，如图 7 – 22 所示。能够看出，Trichel 脉冲的幅值随着平均电流的增大而缓慢下降，同时放电电流的直流分量缓慢上升，当平均电流增加到一定值，放电进入辉光放电模式后脉冲瞬间消失，只剩下直流电流。

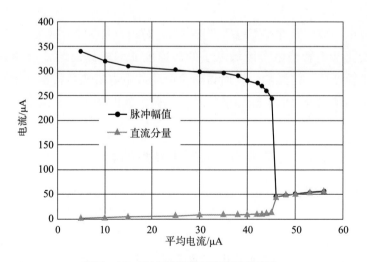

图 7 – 22　脉冲幅值随平均电流的变化

Trichel 脉冲的上升沿时间与下降沿时间随平均电流的变化如图 7 – 23 所示。可以看出平均电流的改变并不影响 Trichel 脉冲的上升沿时间与下降沿时间。

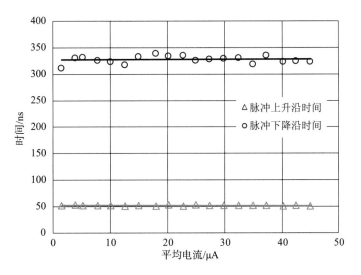

图 7 - 23　不同平均电流下的 Trichel 脉冲的上升沿时间与下降沿时间

负电晕放电电磁辐射信号接收天线与放电点的距离为 3 m 时，探测系统接收到的不同平均电流下的电磁辐射信号幅值如图 7 - 24 所示。从图中能够看出，随着平均电流的增大，负电晕放电电磁辐射信号的幅值略微减小。

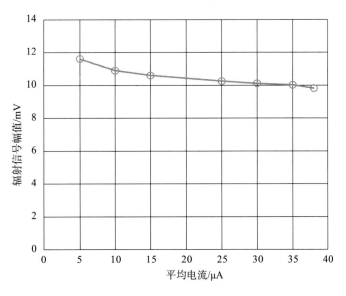

图 7 - 24　辐射信号幅值随平均电流的变化

在相同放电条件下，随着平均电流的增大，负电晕放电 Trichel 脉冲电流 i 的幅值略微减小，Trichel 脉冲上升沿时间和下降沿时间不变，而且电子加速度 a 和电离周期 t_{ci} 不变。因此，根据负电晕放电电流辐射模型可知，负电晕放电电磁辐射信号的幅值将略微减小。

平均电流的变化并不会改变负电晕放电电磁辐射信号的频谱特性，辐射信号的幅值也基本不变，如图 7-25 所示。但是随着平均电流从 3 μA 增大到 21 μA 时，辐射信号频谱的谱线明显变密，这是由于随着平均电流的增大，Trichel 脉冲的重复频率增大，频谱仪在每次扫频过程中会扫到更多个 Trichel 脉冲的特征频谱，这些特征频谱叠加后导致频谱仪的谱线变得更加密集。

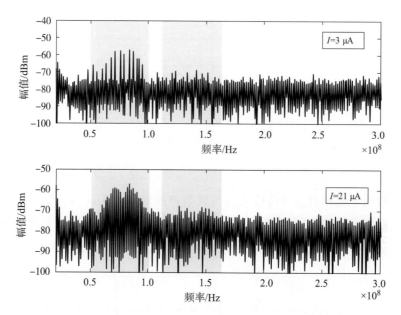

图 7-25　不同平均电流下的负电晕放电电磁辐射信号频谱

7.4.2　放电针针尖曲率半径对负电晕放电电磁辐射的影响

放电针针尖曲率（即负极曲率）半径将直接影响放电针针尖附近的电场分布，从而对负电晕放电及其电磁辐射特性产生一定影响。

首先建立如图 7-26 所示的针-板放电结构模型，对放电针针尖附近电场分布进行分析。针-板放电结构的放电针针尖可以看作是球心为 O、半径为 r_0 的球，设小球的圆心到正极表面的距离为 L。

当放电针所加电压为 U 时，在针电极至板电极方向距离球心 l 处的电场强度可表示为：

$$E_l = U \frac{r_0 L}{l^2 (L - r_0)} \qquad (7-42)$$

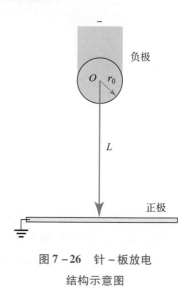

图 7-26　针-板放电
结构示意图

式中，r_0 为负极的曲率半径；L 为针 – 板间距；U 为放电电压。则负极表面的电场，即 $l = r_0$ 处的电场为：

$$E_{r_0} = U \frac{L}{r_0(L - r_0)} \qquad (7 - 43)$$

由式（7 –43）可知，相同放电电压下，针尖曲率半径越小，针尖附近的电场强度越强，电场梯度越大。而在其他放电条件相同时，负电晕放电的起始电场强度 E_0 是固定的，针尖附近的电场强度 E_{r_0} 必须达到负电晕放电的起始电场强度 E_0 时放电才会发生，针尖曲率半径大的放电针需要加载更大的放电电压，针尖附近电场强度才能达到 E_0。因此随着放电针针尖曲率半径的增大，负电晕放电 Trichel 脉冲阈值电压逐渐增大。

在气压为 101 kPa，温度为 25 ℃ 的条件下，空气中的负电晕放电的阈值电场强度为 2.8×10^6 V/m，仿真时调整放电针上的加载电压，使针尖表面处的电场强度等于 2.8×10^6 V/m。不同曲率半径放电针周围的电场分布如图 7 –27 所示。在其他放电条件相同时，Trichel 脉冲的阈值电场强度 E_0 是一定的，那么放电针针尖曲率半径越大，针尖表面电场强度能够达到阈值电场强度 E_0 的区域就越大，相对应的电离区域的截面积越大。而且从图 7 –27 中能够看出，放电针针尖曲率半径越大，电场在正负极连线方向上随距离的衰减越缓慢，电离区域的厚度可能会更大。以上结果说明随着负极曲率半径的增大，电离区域会增大，相当于电离区域的每个电离行程中都有更多的电子的电离过程在同时进行，导致 Trichel 脉冲的幅值增大。而放电针针尖曲率半径的改变并不会影响电离周期 t_{ci} 与加速度 a 等参数，因此，根据负电晕放电电磁辐射物理模型可知，随着放电针针尖曲率半径的增大，电磁辐射信号的幅值将增大。

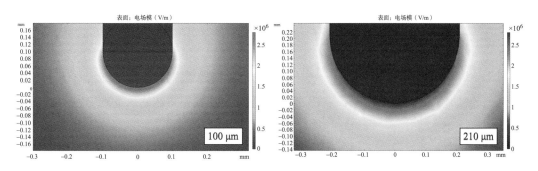

图 7 –27　不同曲率半径负极附近的电场分布

采用针尖曲率半径不同的放电针进行负电晕放电试验，针 – 板间距取 10 mm，得到的放电的伏安特性曲线如图 7 –28 所示。随着放电针针尖曲率半径的增大，负电晕放电的起晕电压增大。当放电针针尖曲率半径 $r = 62$ μm 时，负电晕放电的起晕电压为 – 3.1 kV，而当 $r = 210$ μm 时，起晕电压增大为 – 5.2 kV。放电电压相同时，随着针尖曲率半径的增大，负电晕放电平均电流减小。当放电针针尖曲率半径较小时，负电晕放电在较小的放电电压下就会发生火花击穿，而当放电针针尖曲率半径较大时，火花放电将在较大放电电压下才会出现。

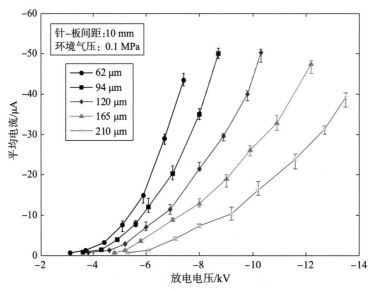

图 7 - 28　不同放电针针尖曲率半径下的负电晕放电伏安特性曲线

放电针针尖曲率半径同样会影响 Trichel 脉冲波形与脉冲的重复频率。当其他放电条件相同时，随着放电针针尖曲率半径的增大，Trichel 脉冲电流的幅值明显增大，如图 7 - 29 所示，放电针针尖曲率半径的大小并不会改变 Trichel 脉冲的上升沿时间和下降沿时间。

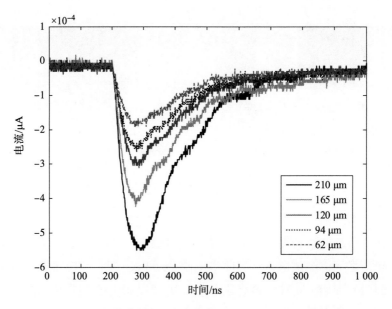

图 7 - 29　不同放电针针尖曲率半径下的 Trichel 脉冲电流波形

针尖曲率半径不同会对负电晕放电 Trichel 脉冲重复频率产生影响，当平均电流一定时，随着放电针针尖曲率半径的增大，Trichel 脉冲重复频率减小。如图 7-30 所示，在相同放电电流下，针尖曲率半径从 62 μm 变为 210 μm 时，Trichel 脉冲的重复频率有所减小。

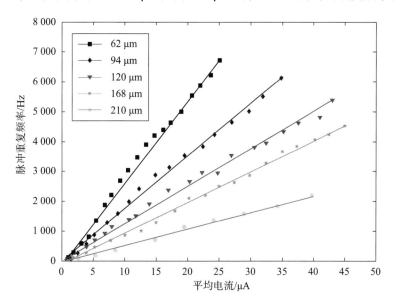

图 7-30　放电针针尖曲率半径对 Trichel 脉冲重复频率的影响

在相同放电电流下，负电晕放电电磁辐射信号的幅值将随着放电针针尖曲率半径的增大而增大，如表 7-1 所示。

表 7-1　测量得到的不同放电针针尖曲率半径下负电晕放电电磁辐射特性参数

放电针针尖曲率半径/μm	脉冲幅值/μA	上升沿时间/ns	下降沿时间/ns	辐射信号幅值/mV
62	180	52	312	4.85
94	240	52	346	7.2
120	290	53	352	9.8
168	410	52	339	12.5
210	550	54	344	16.1

图 7-31 表示使用负电晕放电特性试验测试系统对不同放电针针尖曲率半径下的负电晕放电电磁辐射信号频谱测试结果。放电针针尖曲率半径的改变并没有对负电晕放电电磁辐射信号的频谱特性产生影响。电磁辐射信号在 70 MHz 附近频段内强度较大，在 140 MHz 附近频段内也有一定能量分布，当放电针针尖曲率半径较大时，在 210 MHz 附近频段与 340 MHz 附近频段也有一定的能量分布。从图中能够看出，随着放电针针尖曲率半径的增大，辐射信号的强度明显增大。以 70 MHz 频点处的信号为

例，当放电针针尖曲率半径为 62 μm 时，辐射信号的强度约为 −61 dBm；而当放电针针尖曲率半径为 210 μm 时，辐射信号强度增大到 −44 dBm 左右。

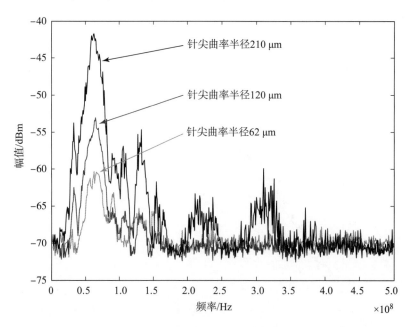

图 7 − 31　不同放电针针尖曲率半径下的负电晕放电电磁辐射信号频谱

将试验测得的不同放电针针尖曲率半径下的 Trichel 脉冲电流 i 代入式（7 − 37），对电磁辐射场进行理论计算，将计算得到的电磁辐射场强度波形进行滤波处理，并将计算结果与试验测试所得到的结果均进行归一化处理，如图 7 − 32 所示。从图中能够看出，随着放电针针尖曲率半径的增大，负电晕放电电磁辐射场强度的幅值增大。

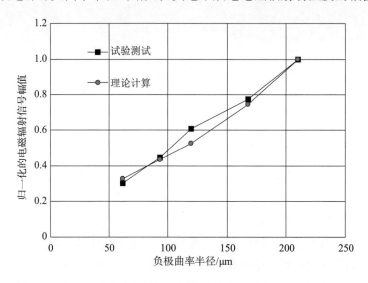

图 7 − 32　归一化的电磁辐射信号幅值随放电针针尖曲率半径变化曲线

试验测试的结果与理论分析一致，放电针针尖曲率半径的改变并不会影响电离周期 t_{ci} 与加速度 a 等参数，但随着放电针针尖曲率半径的增大，电离区域增大，每个电离行程中都有更多的电子的电离过程在同时进行，导致 Trichel 脉冲的幅值增大。即随着放电针针尖曲率半径的增大，负电晕放电电磁辐射场强度的幅值增大。

7.4.3　针 – 板间距对负电晕放电电磁辐射特性的影响

对负电晕放电的研究在实验室通常是采用针 – 板放电进行模拟测试，针 – 板间距对负电晕放电的影响主要体现在随着针 – 板间距的增大，负电晕放电的起晕电压增大；放电电压相同时，间距越大，平均电流越小。对不同针 – 板间距的负电晕放电进行测试，试验所用放电针针尖曲率半径为 120 μm，环境气压为 101 kPa。测得不同针 – 板间距下负电晕放电伏安特性曲线如图 7 – 33 所示。

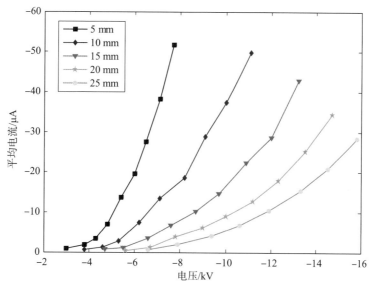

图 7 – 33　不同针 – 板间距下的负电晕放电伏安特性曲线

保持每次测试时负电晕放电的平均电流均为 15 μA，改变针 – 板间距测得的 Trichel 脉冲电流波形如图 7 – 34 所示。从图中能够看出，针 – 板间距的变化并不会对 Trichel 脉冲电流波形产生影响，Trichel 脉冲的上升沿时间、下降沿时间以及脉冲的幅值均保持不变。

由 7.4.1 可知，Trichel 脉冲重复频率受平均电流的影响，为分析针 – 板间距对 Trichel 脉冲重复频率的影响，取针 – 板间距分别为 5 mm、15 mm 和 25 mm 时进行测试，Trichel 重复频率随针 – 板间距和平均电流变化情况如图 7 – 35 所示。当针 – 板间距变化时，Trichel 脉冲重复频率变化不大。Trichel 脉冲重复频率随平均电流的变化而变化。

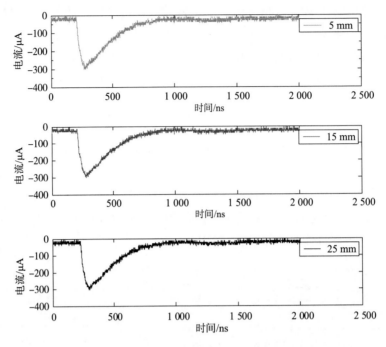

图 7 – 34 不同针 – 板间距下的 Trichel 脉冲电流波形

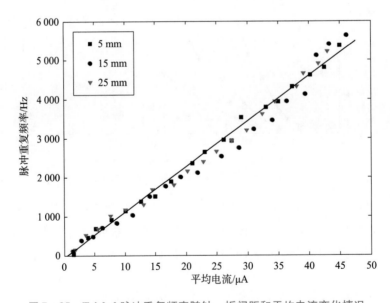

图 7 – 35 Trichel 脉冲重复频率随针 – 板间距和平均电流变化情况

图 7 – 36 所示为电磁辐射信号幅值随针 – 板间距变化曲线，从图中可知，改变针 – 板间距情况下放电产生的电流信号幅值基本无变化。通过频谱分析仪得到的测试结果表明，针 – 板间距的改变对辐射信号的频率和强度几乎无影响。

　　从理论上说，如果其他放电参数，如 Trichel 脉冲过程中电离区域的电子加速度 a、电离周期 t_{ci} 等参数不变，仅针 – 板距离发生变化，Trichel 脉冲电流波形也保持不变，根据负电晕放电电磁辐射模型可知，针 – 板间距的变化并不会影响负电晕放电电磁辐射特性。

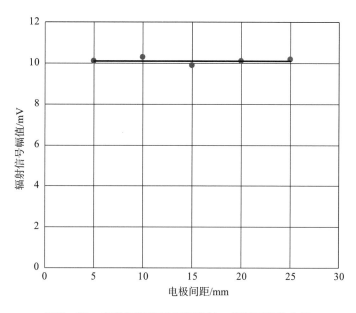

图 7 – 36　电磁辐射信号幅值随针 – 板间距变化曲线

　　负电晕放电 Trichel 脉冲过程中起决定性作用的物理过程发生在负极附近区域，因此负极附近的电场对负电晕放电起重要作用。通过对不同针 – 板间距下负极附近沿正负极连线方向上的电场分布进行仿真，得到了电离区域的电场强度。设置放电针针尖曲率半径为 210 μm，通过调整放电电压使负极表面处的电场强度为标准大气压下空气的起晕电场强度 $E_0 = 2.8 \times 10^6$ V/m，得到的结果如图 7 – 37 所示。图中的曲线表示正负极连线上距负极不同距离处的电场强度值。能够看出，针 – 板间距在 5 mm 以上，针 – 板间距的变化并不影响负极附近的电场分布，针 – 板间距的大小不会影响负电晕放电的 Trichel 脉冲过程，仅会对起晕电压产生影响。利用被动接收飞机放电刷放电的电磁辐射场信号对其进行探测时，放电的重复频率、电磁辐射特性尤为重要。采用针 – 板结构进行模拟试验和测试，得出针 – 板间距对电晕放电电磁辐射特性和重复频率基本不产生影响。

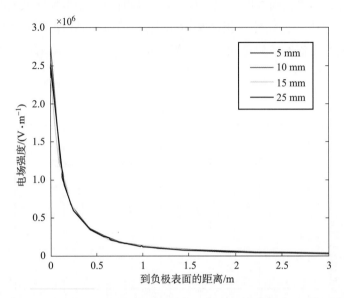

图 7 – 37　不同针 – 板间距下负极附近电场强度随距离的衰减规律

§7.5　环境参数对负电晕放电电磁辐射的影响

复杂环境参数不仅能够对 Trichel 脉冲电流产生影响，同时也将影响电离区域电子的加速度 a 和电离周期 t_{ci} 等参数。本节介绍了不同的环境参数下负电晕放电电磁辐射特性，并且对环境参数产生影响的原因进行了分析。

7.5.1　气压对负电晕放电电磁辐射特性的影响

环境气压是气体放电的重要参数之一，对负电晕放电的放电电流及其辐射特性均会产生一定影响。对不同环境气压下的负电晕放电伏安特性进行负电晕放电试验，试验采用曲率半径为 168 μm 的放电针，针 – 板间距为 10 mm，环境温度为 25 ℃，气压范围为 20 ~ 101 kPa，得到的结果如图 7 – 38 所示。由图可知，随着环境气压的降低，负电晕放电的起晕电压降低。当放电电压相同时，随着环境气压的降低，负电晕放电的平均电流增大。另外，环境气压越低，放电越容易发展为火花放电。

环境气压对负电晕放电 Trichel 脉冲特性也具有重要影响。环境气压的改变并不会影响 Trichel 脉冲电流的幅值，但随着环境气压的降低，Trichel 脉冲的上升沿及下降沿时间明显增大。试验测得的不同环境气压下的 Trichel 脉冲波形如图 7 – 39 所示。

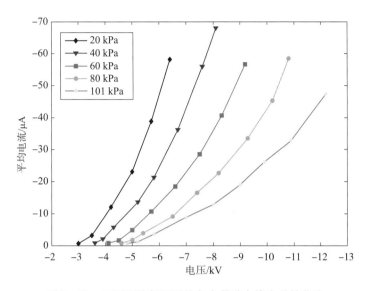

图 7-38　不同环境气压下的负电晕放电伏安特性曲线

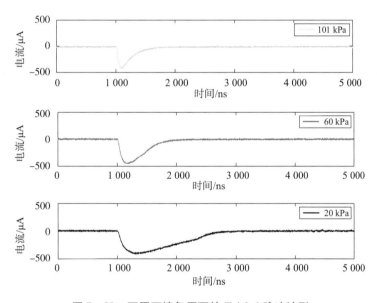

图 7-39　不同环境气压下的 Trichel 脉冲波形

　　不同环境气压下，Trichel 脉冲重复频率也会发生变化。由于 Trichel 脉冲重复频率受平均电流影响，综合分析如图 7-40 所示。从图中能够看出，当平均电流相同时，随着环境气压的降低，Trichel 脉冲重复频率降低。

　　在相同放电电流下，负电晕放电电磁辐射信号的幅值将随着环境气压的降低而减小，如表 7-2 所示。

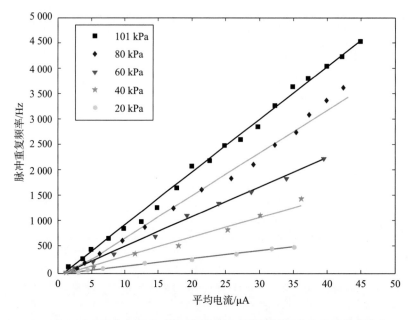

图 7 - 40 不同环境气压下 Trichel 脉冲重复频率随平均电流的变化曲线

表 7 - 2 测试得到的不同气压下的放电电磁辐射特性参数

环境气压 /kPa	脉冲幅值 /μA	上升沿时间 /ns	下降沿时间 /ns	辐射信号幅值 /mV
20	435	316	1 102	5.1
40	432	264	980	6.3
60	425	118	754	7.7
80	435	78	532	9.4
101	433	52	344	12.5

随着环境气压的升高，电磁辐射信号的强度明显增强，但主要能量仍分布在 70 MHz 和 140 MHz 附近频段，如图 7 - 41 所示。

从理论分析环境气压对负电晕放电电磁辐射特性的影响可以从两个方面进行。一方面是环境气压对电离区域电子加速产生的电磁辐射场的影响，这一方面主要需要考虑环境气压对 Trichel 脉冲电流 $i(t)$、电子加速度 a 和电离周期 t_{ci} 的影响；另一方面是环境气压对放电电流注入放电针电磁辐射场的影响，根据式（7 - 37）分析环境气压对 Trichel 脉冲电流 $i(t)$ 及其随时间的变化率 $\partial i(t)/\partial t$ 的影响。

环境气压的改变将会影响空气分子的平均自由程 $\bar{\lambda}$，而负电晕放电 Trichel 脉冲阶段的电离行程 λ_{ei} 与平均自由程 $\bar{\lambda}$ 成正比，电子的加速度 a 和电离周期 t_{ci} 与电离行程密切相关，因此环境气压的不同会对电子的加速度 a 和电离周期 t_{ci} 等参数产生重要影响，

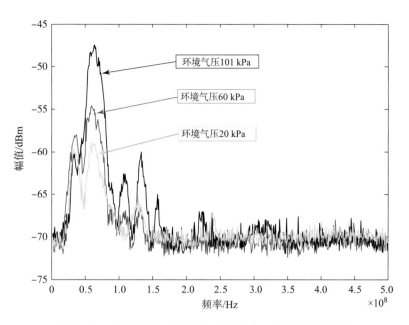

图 7 - 41　不同环境气压下的负电晕放电电磁辐射信号频谱

从而影响负电晕放电电磁辐射特性。根据式（7 - 39）可知，当温度相同时，空气分子的平均自由程与环境气压成反比，因此，当环境气压降低时空气分子的平均自由程将增大，从而导致电离行程增大。

根据对电离区域电子碰撞电离的理论可知：电离区域的电子在电场力的作用下加速运动，通过电离行程后获得足够的动能，然后与空气分子进行碰撞电离。由于空气分子的电离能不变，而电离行程越大则表示电子可以运动更远的距离，那么在更小的电场力的作用下电子就能够获得足够的动能来进行碰撞电离。因此，随着环境气压的降低，电离区域的电场强度阈值将降低，负电晕放电的起晕电压随之降低。

不同环境气压下负电晕放电电磁辐射场物理模型的主要参数可根据前述分析进行计算。

（1）根据式（7 - 39）计算出不同气压下空气分子的平均自由程 $\bar{\lambda}$，再根据电离行程与平均自由程的比例关系计算出电离行程 λ_{ei}。

（2）由于空气成分不变，因此空气分子的第一电离能不变，根据式（7 - 41）求出电离区域的电场 E，在此基础上根据式（7 - 40）能够求出电子加速度 a。

（3）根据式（7 - 38）计算出电离周期 t_{ci}。

随着气压的降低，空气分子的平均自由程增大，电离行程增大，Trichel 脉冲过程中电离区域的电场强度减小，电子加速度 a 减小，电子通过电离行程的时间增大，即电离周期 t_{ci} 增大。表 7 - 3 为不同气压下负电晕放电电离区域电子加速度 a 以及电离周期 t_{ci} 的值。

表7-3 不同环境气压下的辐射场计算参数

环境气压 /kPa	平均自由程 /m	电离行程 /m	电离区域电场强度/(V·m⁻¹)	电子加速度 /(m·s⁻²)	电离周期 /s
20	3.4×10^{-7}	2.88×10^{-5}	5.6×10^{5}	9.8×10^{16}	2.42×10^{-11}
40	1.7×10^{-7}	1.44×10^{-5}	1.12×10^{6}	1.96×10^{17}	1.21×10^{-11}
60	1.13×10^{-7}	9.56×10^{-6}	1.68×10^{6}	2.94×10^{17}	8.06×10^{-12}
80	8.5×10^{-8}	7.19×10^{-6}	2.24×10^{6}	3.92×10^{17}	6.06×10^{-12}
101	6.8×10^{-8}	5.75×10^{-6}	2.8×10^{6}	4.9×10^{17}	4.8×10^{-12}

可以对负电晕放电 Trichel 脉冲电离区域电子加速产生的电磁辐射场的公式（7-18）进行适当的变化，即为：

$$E_e(t) = a_z \cdot \frac{1}{2\pi\varepsilon_0} \frac{i(t-r/c) \cdot (t_{ci}a) \cdot \rho^2}{c^2 r^3} + a_\rho \cdot \frac{1}{2\pi\varepsilon_0} \frac{i(t-r/c) \cdot (t_{ci}a) \cdot \rho \cdot z}{c^2 r^3}$$

$$= a_z \cdot \frac{1}{2\pi\varepsilon_0} \frac{i(t-r/c) \cdot v_e \cdot \rho^2}{c^2 r^3} + a_\rho \cdot \frac{1}{2\pi\varepsilon_0} \frac{i(t-r/c) \cdot v_e \cdot \rho \cdot z}{c^2 r^3} \quad (7-44)$$

式中，v_e 为电子发生碰撞电离时刻的速度。根据负电晕放电电磁辐射场物理模型的假设可知，在电子动能达到空气分子电离能的大小时电离一定会发生，所以当碰撞电离发生时可以认为电子的动能等于空气分子的电离能。在空气成分不变时，空气分子的电离能不变，因此发生电离时电子的动能是相同的，所以电子的速度 v_e 也是相同的。由此可以得出结论：当空气成分相同时，电离区域电子加速产生的电磁辐射场仅与 Trichel 脉冲电流 $i(t)$ 有关。

对于放电电流注入放电针产生的电磁辐射场而言，环境气压产生的影响需要分为近场区和远场区两个部分来讨论。在近场区，电磁辐射场主要由 Trichel 脉冲电流 $i(t)$ 决定，可参照环境气压对电子加速产生的电磁辐射场的分析过程，分析结果表明，随着环境气压的下降，天线接收到的放电针产生的电磁辐射信号幅值将降低；在远场区，电磁辐射场主要由 Trichel 脉冲电流随时间的变化率 $\partial i(t)/\partial t$ 决定，随着环境气压的降低，Trichel 脉冲电流随时间的变化率 $\partial i(t)/\partial t$ 减小，因此电磁辐射场幅值减小，天线接收到的电磁辐射信号幅值减小。

通过以上分析可知，在其他辐射场计算参数相同时，随着环境气压的降低，距离一定时，天线接收到的负电晕放电电磁辐射信号的幅值将会降低。

利用负电晕放电电磁辐射物理模型可对不同环境气压下的电磁辐射信号进行计算分析。根据式（7-37）以及表7-3中的参数计算出不同气压下的电磁辐射场强度，并对其进行滤波处理，经过滤波后的电磁辐射信号幅值随环境气压的变化如图 7 - 42 所示。为了方便与试验测试结果进行比较，对曲线进行了归一化处理。从图中能够看出，随着环境气压从 101 kPa 降低到 20 kPa，理论计算得到的电磁辐射场幅值下降了 66%，试验测得的辐射信号幅值下降约为 60%。

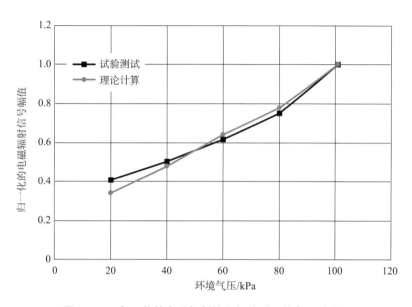

图 7 - 42　归一化的电磁辐射信号幅值随环境气压的变化

7.5.2　温度对负电晕放电电磁辐射特性的影响

由于气体放电是一个复杂的粒子运动与碰撞的体系，放电针周围环境温度表征了周围气体分子动能大小，或者说运动速度大小。随着温度的变化，粒子的运动状态将发生变化，碰撞概率也将发生变化，从而会对 Trichel 脉冲过程产生影响。

对不同温度下的负电晕放电伏安特性曲线进行测试，按照 7.5.1 节试验条件，将试验气压改为 101 kPa，其余参数不变，通过环境模拟装置控制负电晕放电在不同环境温度下进行，得到的结果如图 7 - 43 所示。由图可知，随着温度的升高，负电晕放电的起晕电压降低。当温度为 10 ℃时，负电晕放电的起晕电压为 - 4.8 kV 左右，而当温度为 38 ℃时，起晕电压降到 - 4.4 kV 左右。当放电电压相同时，温度越高，负电晕放电的平均电流越大。

随着温度的升高，Trichel 脉冲电流的幅值减小，上升沿与下降沿时间增大，如图 7 - 44 所示。

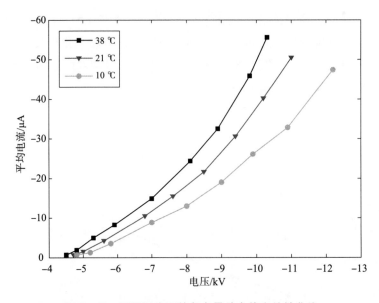

图 7 - 43　不同温度下的负电晕放电伏安特性曲线

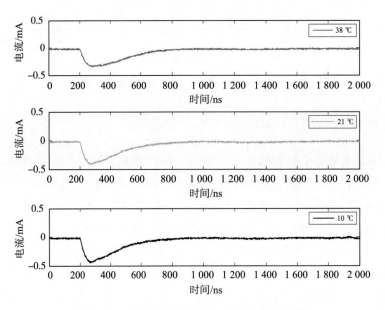

图 7 - 44　不同温度下的 Trichel 脉冲电流波形

　　不同环境温度下，Trichel 脉冲重复频率也会发生变化。由于 Trichel 脉冲重复频率受平均电流影响，综合分析后如图 7 - 45 所示。从图中能够看出，当平均电流相同时，随着环境温度的降低，Trichel 脉冲重复频率降低。

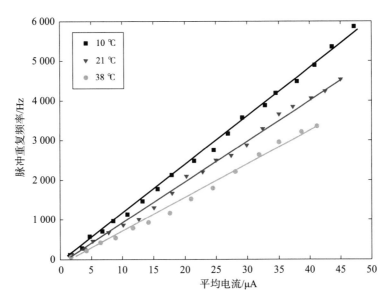

图 7 – 45 　 不同温度下 Trichel 脉冲频率随平均电流的变化曲线

在相同放电电流下，负电晕放电电磁辐射信号的幅值将随着温度的升高而减小，如表 7 – 4 所示。

表 7 – 4 　 不同温度下的放电电磁辐射特性

温度 /℃	脉冲幅值 /μA	上升沿时间 /ns	下降沿时间 /ns	辐射信号幅值 /mV
10	438	51	319	12. 7
21	406	56	354	10. 4
38	349	64	430	7. 8

温度的变化并不会对负电晕放电电磁辐射信号的频谱特性产生明显影响。如图 7 – 46 所示，电磁辐射信号在 70 MHz 附近频带内强度最大，在 130 MHz 附近也有一定的能量分布。随着温度的升高，负电晕放电电磁辐射信号的强度略微降低。

当环境气压相同时，温度越高，空气分子的平均自由程越大，电离行程越大。参考环境气压对负电晕放电电磁辐射特性影响的分析过程可知，温度越高，负电晕的起晕电压越低。根据表 7 – 3 各参数的计算方式对不同温度下的辐射场计算参数进行计算，不同温度下的辐射场计算参数如表 7 – 5 所示。

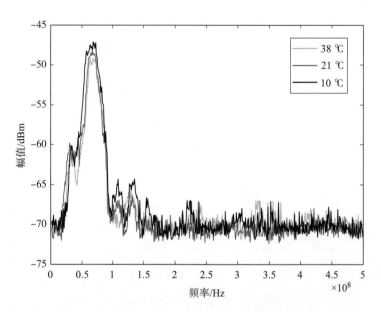

图 7 - 46 不同温度下的负电晕放电电磁辐射信号频谱

表 7 - 5 不同温度下的辐射场计算参数

温度 /℃	平均自由程 /m	电离行程 /m	电离区域电场强度/($V \cdot m^{-1}$)	电子加速度/($m \cdot s^{-2}$)	电离周期 /s
10	6.45×10^{-8}	5.45×10^{-7}	2.95×10^{6}	5.16×10^{17}	1.45×10^{-12}
21	6.92×10^{-8}	5.85×10^{-7}	2.75×10^{6}	4.81×10^{17}	1.56×10^{-12}
38	7.09×10^{-8}	6×10^{-7}	2.69×10^{6}	4.7×10^{17}	1.6×10^{-12}

　　根据式（7-37）所表示的负电晕放电电磁辐射物理模型对不同温度下的电磁辐射信号进行了计算分析，计算时不同温度下的辐射场计算参数可从表 7-5 中获得。经过滤波后的负电晕放电电磁辐射场强度幅值随温度的变化如图 7-47 所示，从图 7-47 中能够看出，随着温度从 10 ℃ 变为 38 ℃，理论计算得到的电磁辐射信号幅值下降了 22%，试验测得的辐射信号幅值下降约 24%，理论计算结果与实测结果基本一致。

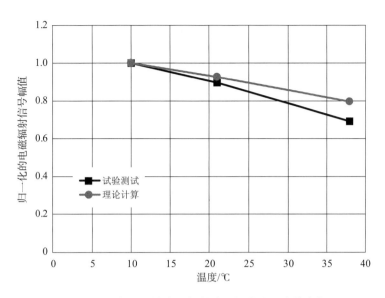

图 7 - 47　归一化的电磁辐射信号幅值随温度的变化

7.5.3　湿度对负电晕放电电磁辐射特性的影响

潮湿的空气可以看作是干燥空气和水蒸气的混合气体，相对湿度对负电晕放电的影响可能有 3 种途径：改变空气的平均电离能；改变氧气负离子 O_2^- 的浓度，与 O_2^- 结合形成水合离子 $[O_2^- (H_2O)_n]$；改变 O_2^- 的寿命，从而改变初始电子产生率。

空气中的几种主要气体电离能有一定差异，如表 7 - 6 所示。干燥空气的平均电离能为 16.1 eV，大于水蒸气的电离能，因此随着相对湿度的增大，空气的平均电离能将会降低。但是空气中的饱和水蒸气含量非常低，以温度为 20 ℃ 为例，标准大气压下水蒸气的最大含量仅为 14.68 g/kg。因此，相对湿度对空气的平均电离能的影响基本可以忽略。当气压与温度等环境参数一定时，空气的平均自由程不变，负电晕放电的电离行程不变，湿度变化并不会影响负电晕放电电离区域的阈值电场强度、电子加速度以及电离周期等参数。

表 7 - 6　不同气体分子的第一电离能

气体	电离能/eV
N_2	16.6
O_2	12.5
He	24.47
H_2O	12.59

在 7.5.2 中试验条件下，改变环境温度，对不同相对湿度下的负电晕放电进行测试。试验过程中保持平均电流为 15 μA，得到的 Trichel 脉冲电流波形如图 7 - 48 所示。随着相对湿度的增大，Trichel 脉冲电流的幅值减小，但脉冲的上升沿时间与下降沿时间基本保持不变。当平均电流相同时，随着相对湿度的升高，Trichel 脉冲重复频率升高。

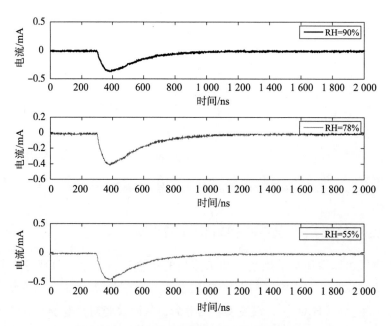

图 7 - 48　不同湿度下的 Trichel 脉冲电流波形

当平均电流相同时，负电晕放电电磁辐射信号的幅值将随着相对湿度的增大而减小，如表 7 - 7 所示。

表 7 - 7　不同湿度下的放电电磁辐射特性

相对湿度 /%	脉冲幅值 /μA	上升沿时间 /ns	下降沿时间 /ns	辐射信号幅值 /mV
55	461	52	364	13.1
78	428	53	341	11.4
90	377	52	345	8.9

相对湿度的变化并不会对负电晕放电电磁辐射信号的频率位置产生影响，如图 7 - 49 所示。随着相对湿度的增大，辐射信号的强度减弱。以 70 MHz 频点处的信号强度为例，当相对湿度为 55% 时辐射信号的强度为 - 48 dBm，而当相对湿度增大到 90% 时辐射信号强度减小为 - 49 dBm 左右。

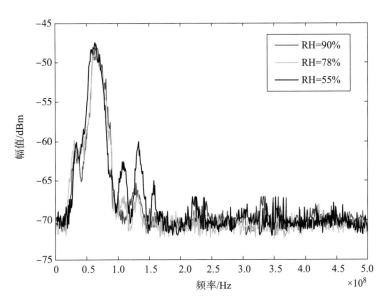

图 7 – 49　不同湿度下的负电晕放电电磁辐射信号频谱图

　　根据式（7 – 37）所表示的负电晕放电电磁辐射物理模型对不同相对湿度下的电磁辐射信号进行了计算分析。根据前面分析可知，湿度对空气分子电离能的影响可以忽略，因此计算时电子的加速度取 $a = 4.9 \times 10^{17}$ m/s^2，电离周期取 $t_{ci} = 4.8 \times 10^{-12}$ s。经过滤波后的负电晕放电电磁辐射信号幅值随湿度的变化如图 7 – 50 所示，同样对曲线进行了归一化处理。从图 7 – 50 中能够看出，随着相对湿度从 55% 变为 90% 时，理论计算得到的电磁辐射信号幅值下降了 18% 左右，试验测得的辐射信号幅值下降约为 23%。

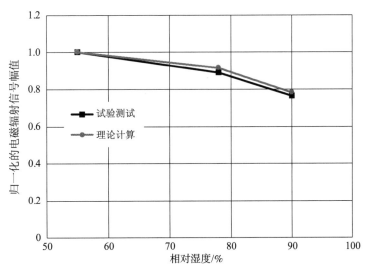

图 7 – 50　归一化的电磁辐射信号幅值随相对湿度的变化

综上所述，环境因素会对负电晕放电电磁辐射的强度产生一定的影响。随着环境气压降低、温度升高，负电晕放电的起晕电压减小，电磁辐射信号强度减小；随着相对湿度的上升，Trichel 脉冲电流强度减小，电磁辐射信号强度也相应降低。环境因素的变化对负电晕放电电磁辐射信号的频谱范围没有影响。

§7.6 多针放电结构下的负电晕放电电磁辐射特性

在实际情况下，飞机放电刷的负电晕放电通常以多针的放电形式进行，多针结构下负电晕放电脉冲电流与单针结构存在明显差异，电磁辐射特性也会存在不同。本节介绍多针负电晕放电电流特性及其电磁辐射特性，并分析多针负电晕放电电流的叠加作用以及对电磁辐射场特性的影响。

7.6.1 多针放电的伏安特性

利用复杂环境负电晕放电电磁辐射信号测试系统对多针放电的伏安特性进行测试，试验过程中逐渐提高放电电压，当放电针电压达到适当阈值后放电针开始放电，随着放电电压的不断增大，放电电流随之增大，直到发生辉光放电并击穿为止。多针放电的伏安特性曲线如图 7-51（a）所示，能够看出，随着放电针数量的增加，放电起晕电压略微增加。当放电针个数达到 3 根以上时，放电起晕电压基本保持恒定。不同放电结构下放电电流均遵循放电经典公式（6-3）。在放电刷中放电针的个数不同时，负电晕放电的起晕电压不同，因此在分析放电针个数对负电晕放电平均电流的影响时，需要在相同过电压（$U - U_0$）下分析。相同过电压下，放电针个数越多负电晕放电的

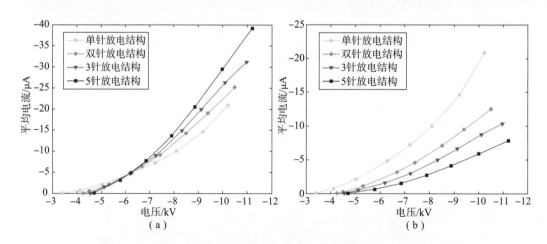

图 7-51　放电针个数不同对负电晕放电伏安特性曲线的影响

（a）放电电流与放电电压的关系；（b）单根放电针平均放电电流与放电电压的关系

平均电流越大。图 7－51（b）表示不同放电针个数的情况下，随着放电电压的变化，放电结构中一根放电针的放电电流的变化情况，可见相同电压下随着放电结构中放电针个数的增加，每根放电针的平均电流减小。

7.6.2　多针放电的 Trichel 脉冲电流特性

多针放电的脉冲电流与单针放电有一定的差异。图 7－52 为双针结构负电晕放电脉冲波形，两根放电针的曲率半径分别为 98 μm 和 168 μm，选择两根曲率半径差距较大放电针的目的是为了区分两根放电针所产生的脉冲电流。从图 7－52（a）能够看出，在放电电压为 －7.4 kV 时，针尖曲率半径较小的放电针放电产生的 Trichel 脉冲电流幅值约为 270 μA，脉冲间隔时间约为 1.32 μs，而针尖曲率半径较大的放电针放电产生的 Trichel 脉冲电流幅值约为 440 μA，间隔时间为 6.08 μs。在同一电压下，两根放电针产生的 Trichel 脉冲过程不会同时进行，Trichel 脉冲电流不会发生叠加现象。当放电电压增大到 －8.7 kV 时，双针负电晕放电脉冲电流如图 7－52（b）所示，随着电压的升高，针尖曲率半径较小的放电针产生的 Trichel 脉冲电流幅值减小到 245 μA 左右，并且脉冲间隔时间减小到 0.69 μs 左右。图中幅值较大的 Trichel 脉冲为两根放电针 Trichel 脉冲过程同时进行时所产生的，两根放电针产生的 Trichel 脉冲电流将出现叠加效果，叠加后的脉冲电流幅值与单根时脉冲电流幅值相比明显增大，最大值能够达到 550 μA。

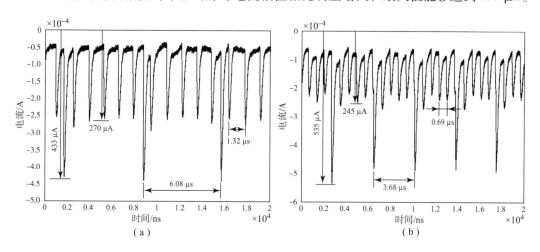

图 7－52　双针放电结构负电晕放电电流波形

（a）放电电压为 －7.4 kV；（b）放电电压为 －8.7 kV

两根以上放电针结构的负电晕放电脉冲电流特性与双针放电结构基本相同，随着放电电压从 0 V 开始增加，针尖曲率半径较小的放电针首先开始放电，当电压继续增加达到其他放电针的放电电压阈值时，各放电针按曲率半径由小到大的顺序先后开始放电。在一定的电压范围内各放电针的 Trichel 脉冲过程单独进行。然而当电压继续增大到相应阈值时，不同放电针的 Trichel 脉冲过程将同时出现，Trichel 脉冲电流将出现叠加现象，叠加后的脉冲幅值与单根放电针所产生的 Trichel 脉冲幅值相比明显增大。

7.6.3 多针放电结构的负电晕放电电磁辐射特性

本节利用复杂因素下的负电晕放电电磁辐射特性测试系统对多针结构放点电磁辐射特性进行了实测分析。首先对双针放电结构的负电晕放电电磁辐射信号进行了测试，双针同时放电的 Trichel 脉冲电流及其产生的电磁辐射信号波形如图 7－53 所示（两根放电针的曲率半径均为 60 μm，选用相同曲率半径的放电针是为了排除放电针曲率半径的影响）。箭头 1 和箭头 2 分别指向两根放电针各自单独产生的 Trichel 脉冲电流，箭头 0 指向的幅值较大的脉冲是两根放电针 Trichel 脉冲过程同时进行时叠加后的脉冲电流。从图中能够看出，放电电磁辐射信号同样与 Trichel 脉冲电流相对应，没有发生叠加的 Trichel 脉冲电流所产生的电磁辐射信号幅值约为 4.5 mV，叠加后的脉冲电流产生的电磁辐射信号的幅值能够达到 7.5 mV。因此当双针同时放电时，将造成脉冲电流的叠加，所产生的电磁辐射信号也同样发生叠加，叠加后的电磁辐射信号幅值明显增大。

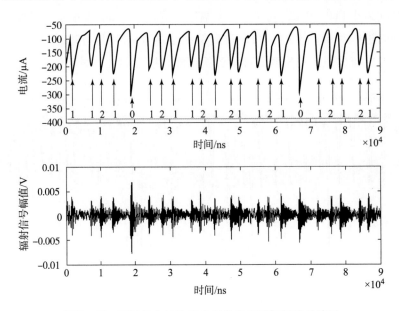

图 7－53　双针放电结构负电晕放电电磁辐射信号波形

双针放电结构的电磁辐射信号与 Trichel 脉冲电流相对应。当放电电压较低时，两根放电针的 Trichel 脉冲过程不会同时发生，因此各放电针产生的电磁辐射信号是单独出现的。当放电电压增大到适当值时，两根放电针的 Trichel 脉冲过程将同时发生。

单针结构与双针结构负电晕放电电磁辐射信号频谱如图 7－54 所示。双针放电电磁辐射信号的主要能量集中于 200 MHz 以内，在 70 MHz 附近频带内信号强度大，在

140 MHz 附近频带内也有一定的能量分布。与单针负电晕放电电磁辐射信号频谱相比电磁辐射信号的频谱特性相同，但是，当两根放电针同时放电时双针结构的放电电磁辐射信号强度明显增大。

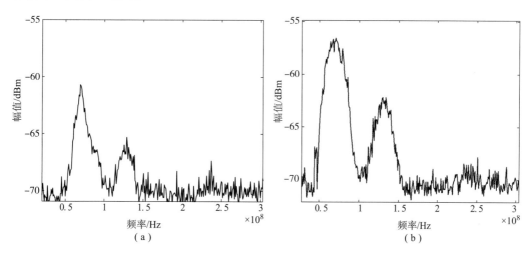

图 7 - 54　负电晕放电电磁辐射信号频谱图

（a）单针放电结构；（b）双针放电结构

两根以上放电针的放电结构电磁辐射的频谱特性与双针放电结构基本相同。当放电电压较低时，不同放电针的 Trichel 脉冲过程单独进行，产生的电磁辐射信号也单独出现。当电压达到一定阈值时，不同放电针的 Trichel 脉冲过程可能会同时发生，脉冲电流将会线性叠加，从而导致放电电磁辐射场的信号强度增大。

7.6.4　相邻放电针的 Trichel 脉冲过程相互作用机理

对于多针结构负电晕放电，各放电针之间放电过程的相互影响可以通过微观的物理过程进行解释。以双针结构的负电晕放电过程为例，当放电电压从 0 V 开始增加，两根放电针针尖处的电场不断增大。但是由于双针放电结构中两根放电针的距离较近，两根放电针所产生的电场将会互相影响。利用 Comsol 有限元仿真软件对双针放电结构与单针结构放电针周围的电场进行仿真，其结果如图 7 - 55 所示。双针结构与单针结构中放电针的针尖曲率半径均为 210 μm，针 - 板间距均为 10 mm，双针放电结构两放电针的间距为 3 mm，两种结构的放电针所加载的电压均为 - 6 kV。从图中能够看出，当加载电压为 - 6 kV 时，单针结构中放电针针尖附近的电场强度为 3.1×10^6 V/m，而双针放电结构针尖表面处的电场强度为 2.2×10^6 V/m，说明双针放电结构中一根放电针的电场会削弱相邻放电针的电场。因此，当放电刷中放电针的个数在 3 根以内时，放电针个数越多，这种削弱作用越强，从而导致相同放电条件下的负电晕放电起晕电压越大；由于放电针的电场通常只会对相邻放电针产生影响，当放电针个数在 3 根以上时，放电刷的起晕电压基本保持不变，图7-51中放电针个数不同对负电晕放电伏安特性曲线的影响的试验结果证明了这一结论。

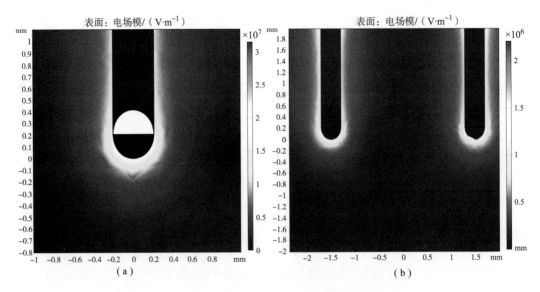

图 7-55   电压为 -6 kV 时单针与双针放电结构周围电场分布

(a) 单针放电结构；(b) 双针放电结构

根据第6章对负电晕放电 Trichel 脉冲阶段的放电机制研究可知，负电晕放电的碰撞电离过程会在电离区域产生大量的电子与正离子，由于离子的荷质比远小于电子的荷质比，在电场中正离子的运动速度远小于电子，因此，正离子会在电离区域形成正离子云团；电子向正极移动过程中离开电离区域后与中性粒子结合形成负离子，在电离区外形成负离子云团。正离子云团和负离子云团将形成空间电场，从而对原电场产生影响。对于多针结构而言，当放电电压刚好达到负电晕放电的起晕电压时，由于针尖附近的电场有一定的随机性，必然会有一根放电针将首先出现 Trichel 脉冲过程，在该放电针针尖附近将迅速形成电离区域，并且在针尖附近形成正离子鞘层，在放电空间将形成负离子云团。如图7-56 (a) 所示，正离子鞘层与负离子云团不仅会对该放电针周围电场产生影响，同时还将影响相邻放电针针尖附近的电场。

随着放电电压的升高，放电针的 Trichel 脉冲重复频率增大，放电针针尖附近的电场恢复速度变快，相邻放电针的脉冲过程相互抑制作用减小，两根放电针的脉冲过程可能会同时出现，如图7-56 (b) 所示。

我们在相同的放电电压下测量了单针和双针放电结构的 Trichel 脉冲序列，如图7-57所示。首先，使用第一根放电针进行单针放电试验，放电电压为 -8.6 kV 的 Trichel 脉冲序列如图7-57 (a) 所示，单针放电结构的 Trichel 脉冲间隔在 1 400 ns 和 1 600 ns

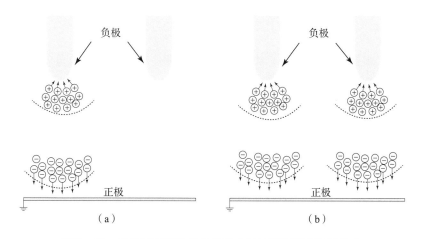

图 7 – 56　双针放电结构负电晕放电时的空间带电粒子分布

（a）放电电压较低时双针脉冲过程；（b）放电电压较高时双针同时出现脉冲过程

之间。然后，使用由两根放电针组成的双针放电结构进行试验，放电电压同样为 –8.6 kV，双针放电结构的 Trichel 脉冲序列如图 7 – 57（b）所示。上层箭头所指的 Trichel 脉冲由第二根放电针产生，图中下层箭头所指的 Trichel 脉冲由第一根放电针产生。第一根放电针所产生的相临两个 Trichel 脉冲之间没有另一根放电针产生的 Trichel 脉冲时，Trichel 脉冲的时间间隔约为 1 400 ns，与单针放电时的间隔时间相同；而当第一根放电针产生的两个 Trichel 脉冲之间存在另一根放电针产生的 Trichel 脉冲时，第一根放电针相邻两个脉冲之间的间隔可以达到 1 800 ns，远大于该针单独放电时的 Trichel 脉冲间隔时间。因此，当一根放电针的 Trichel 脉冲过程发生时，另一根放电针的 Trichel 脉冲过程将受到抑制，导致 Trichel 脉冲的间隔时间增加。

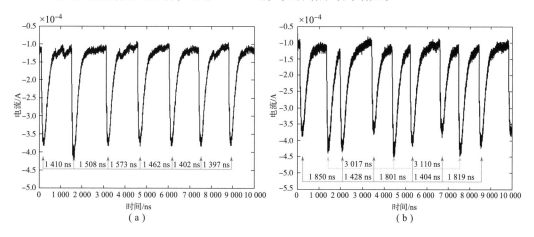

图 7 – 57　放电电压为 –8.6 kV 时的负电晕放电 Trichel 脉冲电流波形

（a）单针放电结构；（b）双针放电结构

7.6.5　多针结构对负电晕放电电磁辐射特性的影响

　　根据研究，多针放电结构下，当放电电压较低时，各放电针的负电晕放电 Trichel 脉冲过程会相互抑制，各放电针脉冲过程单独进行。当放电电压增大到一定阈值后不同放电针的脉冲过程将会同时出现，多针放电电流将会线性叠加，所产生的电磁辐射场也将发生线性叠加。各放电针的 Trichel 脉冲过程单独进行时，放电产生的电磁辐射信号由每一个 Trichel 脉冲过程单独产生，不会互相影响，在这种情况下多针放电结构的负电晕放电电磁辐射信号由每一时刻发生 Trichel 脉冲过程的放电针决定，可以看作是多个单针结构负电晕放电的 Trichel 脉冲过程交叉进行，电磁辐射信号的频谱特性与单针放电结构相同。而多针放电结构中有两根或两根以上放电针的 Trichel 脉冲过程同时进行，此时两根放电针产生的电磁辐射场将会叠加。由于这些放电针上的电流方向相同，同时电离区域的电子加速度方向也相同，因此叠加后的负电晕放电电磁辐射场强度的幅值明显增大。各放电针产生的电磁辐射场的叠加是线性叠加的，因此叠加后的放电辐射场频率与单针放电结构下的频谱特性一致，但强度明显增大。多针同时放电叠加后的辐射信号与单针放电电磁辐射信号频谱特性相同，电磁辐射信号的幅值增大。

第8章 负电晕放电电磁辐射场探测技术及应用

高空中的飞行器，为控制机身荷电量处于一个安全范围内，会利用机身尖端部位和安装放电刷来达到控制机身电荷量的目的，由于第 2 章研究得到高空中飞机受到摩擦感应及发动机喷流等因素荷电，综合而言其荷负电，所以机身尖端和放电刷的放电以负电晕放电的方式进行，负电晕放电的 Trichel 脉冲阶段向周围空间辐射电磁波，通过对负电晕放电 Trichel 脉冲形成机制及其电磁辐射特性的研究发现，大气中一定电压条件下的负电晕放电 Trichel 脉冲阶段具有稳定的脉冲现象，重复频率高，且放电的电磁辐射信号频谱受复杂的放电条件和环境影响较小。因此可利用对飞机上独特的负电晕放电中 Trichel 脉冲产生的辐射场进行接收，达到探测目标的目的，它具有探测距离远，反隐身和抗干扰的优势。本章介绍了基于飞机放电刷负电晕放电辐射场与无线电等体制的复合探测原理及复合探测策略，以及飞机放电刷放电的小型化接收系统设计。

§8.1 静电/无线电复合探测技术

在现代战争中，战场电磁环境十分复杂，电子干扰已经成为基本的作战手段，各种电子战技术和装备被大量应用到引信对抗中，可以使近炸引信发生早炸或近炸无效而无法达到作战目的。而新型定向战斗部技术的发展也对引信识别目标方位角的精度提出了极高的要求，引信需要获取更多的目标信息，从而实现弹药毁伤效能的最大化。因此，引信发展中面临两方面的挑战，一方面是引信面临干扰机干扰而失效的威胁越来越大，另一方面是战斗部对引信提出更多的目标信息要求。将不同探测体制的优势进行结合，能够更好地实现抗干扰和对目标精确探测。

无线电探测作为一种成熟的引信体制，有着较好的测距性能，但因其采用发射无线电波接收回波的主动探测体制，很容易被敌方发现并且进行干扰。基于负电晕放电电磁辐射场探测体制是利用飞机放电针负电晕放电电磁辐射信号进行探测的一种被动式探测机制，具有抗人工干扰能力强和对目标识别能力高的优势。基于静电感应场的目标测向技术，具有很好的反隐身和抗干扰特性，同时具备对于目标的精确定向能力。因此将飞机放电针负电晕放电电磁辐射场探测与静电感应场探测、无线电测距三种探测体制相结合，利用负电晕放电电磁辐射场探测远距离发现并识别目标，利用静电感应场对目标进行方位识别，启动无线电探测支路实现精确测距。三种探测体制的复合可弥补单一探测体制引信的缺陷，在实现引信整体抗人工干扰能力提升的基础上实现对目标的准确识别，并可提供目标方位和目标距离信息，从而可大幅度提高对空弹引信的抗干扰性能和精确目标识别能力，实现弹药毁伤效能最大化。

8.1.1　静电/无线电复合探测系统

静电/无线电复合探测体制包括 3 个支路，分别是负电晕放电电磁辐射场探测支路、静电感应场探测支路和无线电测距支路。根据应用背景和武器系统总体要求，可以使用其中负电晕放电电磁辐射场探测支路与无线电测距支路复合模式，也可以采用负电晕放电电磁辐射场探测支路、静电感应场探测支路和无线电测距支路三者复合的模式，利用负电晕放电电磁辐射场探测支路探测距离较远、识别率高的优势作为预警支路，判断是目标后，启动无线电测距支路，提高无线电引信的抗干扰能力。利用负电晕放电电磁辐射场探测支路识别目标，静电感应场探测支路进行方向识别，无线电测距支路测距来提高引信抗干扰以及对目标位置的精确定位，提高引信精确炸点控制能力。静电/无线电复合探测系统框图如图 8-1 所示。

负电晕放电电磁辐射场探测支路包括接收天线和信号检测电路，该支路的功能是探测飞行目标放电针负电晕放电的 Trichel 脉冲向周围空间辐射的电磁波，并通过信号检测电路检测获得目标信号。

静电感应场探测支路由静电探测电极阵列、信号检测电路组成。该支路的功能是通过静电探测电极阵列接收目标的静电感应场，分别通过多路微弱电流放大电路、多路低通滤波电路和信号预处理电路，输出信号。

无线电测距支路采用主动式模式工作，由收发共用天线和射频探测器构成，探测器完成复合调频信号的发射、接收和混频功能。

数字信号处理电路按照复合探测策略，并完成 3 个探测支路的信号处理功能，最终根据目标识别信息、目标方位信息、目标距离信息给出发火指令。针对负电晕放电电磁辐射场探测支路的输出信号，数字信号处理电路根据负电晕放电的频谱特性、重复频率等参数特征，完成对目标信号的识别。针对静电感应场探测支路的输出信号，数字信号处理电路首先进行目标识别，然后按照矢量法或峰值法对目标方位进行计算，可获得目标方位角和俯仰角信息。针对无线电测距支路的信号，数字信号处理电路进行带通滤波及多普勒信号处理，采用调频谐波定距方法和距离旁瓣抑制算法进行目标特征提取和测距，给出距离信息。综合 3 个探测支路的探测信息，数字信号处理电路根据引战配合需求确定最佳炸点，给出发火指令。

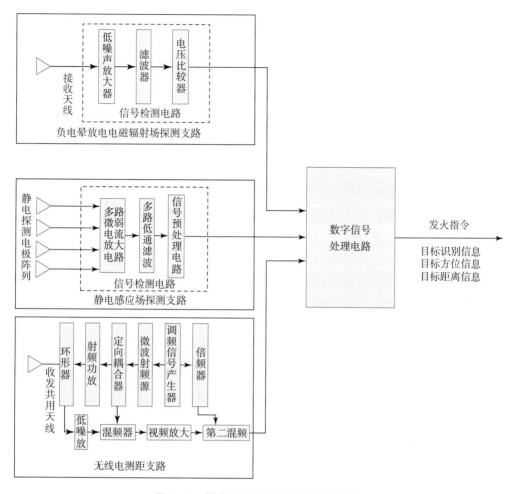

图 8 - 1　静电/无线电复合探测系统框图

　　静电/无线电复合探测系统结合负电晕放电电磁辐射场探测支路探测距离远、静电感应场探测支路可精确测向，以及两种模式共有的抗干扰能力强的优势和无线电引信精确定距功能，大幅度提高对空弹引信的抗干扰性能与炸点精确控制能力。

8.1.2　静电/无线电复合探测策略

　　根据使用目的不同，复合引信可以采用串联或并联工作模式。在高价值的制导弹药中，由于制导精度足够高，引信对目标的可靠作用成为关注的焦点。因此，在这种情况下可以采用并联式，即两个探测器采取并联配置的方式，只要一个探测器有目标信号，引信即可作用。而其他弹药，如果目标背景情况复杂，战场干扰环境恶劣，往往采用串联方式，即两个探测器采用串联配置，仅当两个探测器同时都有目标信号时，引信才作用。

为提高引信抗干扰能力、目标识别能力和炸点精确控制能力,静电/无线电复合探测引信采用先串联后并联的工作模式,根据不同使用需求,可分为负电晕放电电磁辐射场探测支路和无线电测距支路双通道复合方式,以及负电晕放电电磁辐射场探测支路、静电感应场探测支路和无线电测距支路三通道复合方式。

负电晕放电电磁辐射场探测支路和无线电测距支路双通道复合方式,一开始是串联工作,第一级是负电晕放电电磁辐射场探测支路做预警,探测并识别到目标后启动无线电测距支路工作,系统进入双通道并联工作模式。数字信号处理电路综合负电晕放电电磁辐射场探测支路的探测信息和无线电测距支路的距离信息,给出最佳炸点。如果负电晕放电电磁辐射场探测支路信号强度持续增大到一定程度,无线电测距支路依然没有给出目标信息,则按照负电晕放电电磁辐射场探测支路信号给出发火信号。

对于负电晕放电电磁辐射场探测支路、静电感应场探测支路和无线电测距支路三通道复合方式,初始状态无线电测距支路处于静默状态,负电晕放电电磁辐射场探测支路和静电感应场探测支路对目标进行探测。由于负电晕放电电磁辐射场探测支路探测距离较远,目标出现后,辐射场探测支路会先于静电感应场探测支路探测到目标,起到预警作用,目标识别后,给出启动无线电测距探测支路开机工作信号,系统进入静电感应场探测支路和无线电测距支路并联工作模式,数字信号处理电路分别处理静电感应场探测支路和无线电测距支路的探测信号,获得目标方位角和距离信息,按照发火控制策略,信号处理电路综合负电晕放电电磁辐射场探测信息和调频测距信息,根据引战配合需求,给出最佳炸点。复合探测策略流程如图 8 – 2 所示。

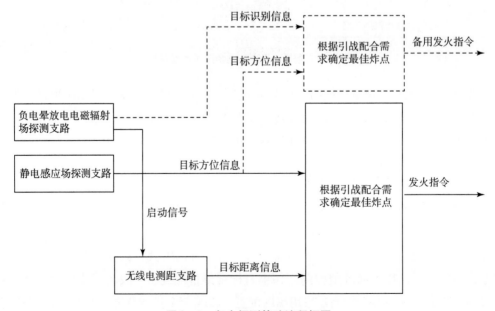

图 8 – 2   复合探测策略流程框图

为了进一步提高系统的抗干扰能力，负电晕放电电磁辐射场探测支路探测到目标后，数字信号处理电路还会根据负电晕放电电磁辐射场探测支路探测的信息和静电感应场探测支路的输出信号，进行备用的最佳炸点判断，若备用的最佳炸点计算完成，无线电测距支路依然没有给出距离信息，数字信息处理电路将按照备用的最佳炸点信号给出发火指令。

§8.2 复合引信探测器设计

静电/无线电复合探测器由负电晕放电电磁辐射场探测支路、静电感应场探测支路、无线电测距支路和数字信号处理电路组成。本书第 3 章对静电感应场探测支路的静电探测器设计进行了详细介绍，所以这里详细介绍负电晕放电电磁辐射场探测支路的设计。

8.2.1 复合引信负电晕放电电磁辐射场探测器接收天线

负电晕放电电磁辐射场探测支路利用空中飞机放电刷负电晕放电电磁辐射场对空中飞机目标进行探测，要求负电晕放电电磁辐射场接收天线具有小型化和可共形等特点。

1. 负电晕放电电磁辐射场接收天线的特点

根据第 6 章对负电晕放电电磁辐射场特性的研究可知，负电晕放电电磁辐射场的主要能量集中于 200 MHz 以内的甚高频频段内，在 70～80 MHz 频带内信号强度最大。负电晕放电电磁辐射信号的频谱特性不随负极曲率半径、电极间距、环境气压、温湿度等参数的改变而变化。放电针同时进行负电晕放电时，放电电磁辐射信号的频谱特性同样不发生变化。选择 70～80 MHz 频段为负电晕放电电磁辐射场的检测频带。

对飞机放电刷电磁辐射场进行探测，要求探测距离能够达到 30 m。根据第 7 章的研究结果表明，负电晕放电电磁辐射信号在 70～80 MHz 频带内的信号能够达到 -60 dBm 以上。电磁波在自由空间传播的损耗由下式计算：

$$\text{Los} = 32.45 + 20\lg F(\text{MHz}) + 20\lg D(\text{km}) \tag{8-1}$$

式中，Los 表示信号在传输过程中的损失；D 表示信号的传输距离；F 表示信号的频率。信号从 3 m 处传输到 30 m 处相当于距离增大了 10 倍，信号衰减量的计算公式为：

$$\text{Los} = 20\lg(10D) - 20\lg D = 20\lg 10 + 20\lg D - 20\lg D = 20 \ (\text{dB}) \tag{8-2}$$

假设在 3 m 处辐射信号强度为 -60 dBm，可以得到探测距离位于 30 m 时，信号强度为：

$$P_{\min} = P_0 - \mathrm{Los} = -80 \quad (\mathrm{dBm}) \tag{8-3}$$

当输入信号强度大于接收系统灵敏度时，接收系统可以正常检测到信号，所以接收系统所需要的灵敏度至少要低于 -80 dBm。而接收系统的灵敏度与天线的增益、前置放大器的增益和系统损耗等因素有关，通常需要根据实际情况来分配天线与前置放大器的增益。一般情况下小型化天线工作在 70~80 MHz，增益不小于 3 dB、驻波比不大于 2，为全向天线。

2. 负电晕放电电磁辐射场接收天线实现形式

可选择鞭状螺旋天线作为负电晕放电电磁辐射场的检测天线。鞭状螺旋天线是用金属线绕成螺旋的形状所构成的天线，通常使用同轴线进行馈电，如图 8-3 所示。D 代表螺旋的直径，S 代表螺距，L 代表天线的轴向长度，l 为每螺旋圈的长度，并且存在式（8-4）所示的数学关系：

$$(\pi D)^2 + S^2 = l^2 \tag{8-4}$$

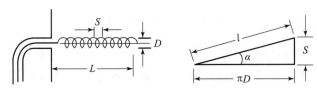

图 8-3　螺旋天线示意图

螺旋天线的特性取决于螺旋的直径与波长之比 D/λ。当螺旋直径很小时（$D/\lambda < 0.18$），螺旋天线的最大辐射方向在与螺旋轴线垂直的平面内，并且在此平面的方向图是一个圆，而在含螺旋轴的平面内，其方向图为"8"字形。这种模式称为法向模式，对应的天线称为细螺旋天线或者法向螺旋天线。本书鞭状螺旋天线正是法向螺旋天线。

电磁波沿螺旋线传播，当沿螺旋轴线传输一个螺距 S 时，实际电磁波已经沿螺旋线传输 l 的长度了。因此，法向螺旋天线是一种慢波结构，电磁波沿螺旋轴线传播的相速比传统直线天线小，因此它的谐振长度可以缩短。能够实现小型化是法向螺旋天线最为重要的特点，这也是法向螺旋天线往往应用于较低频率的主要原因。法向螺旋天线常用于通信、雷达、遥控遥测等应用场景。

鞭状螺旋天线的具体仿真模型如图 8-4 所示。该天线采用直径为 1 mm 的金属线绕制而成，该螺旋线的直径为 10 mm，螺距为 5 mm，螺旋线总共 60 圈，并且在顶端加载有一节短直线，天线的总长度为 37 cm。在天线的底端采用标准 50 Ω 同轴线进行馈电，螺旋线直接连接在同轴线的内导体。并且同轴线的外导体进行外翻，形成一节套筒结构，由于该套筒结构的存在，使得该鞭状螺旋天线可以等效为一个短偶极子天线，这有利于提高天线的增益。

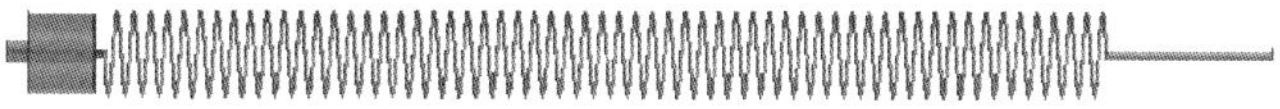

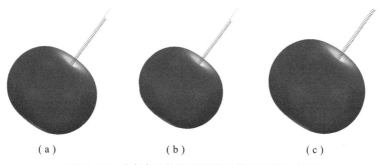

图 8-4　鞭状螺旋天线（甚高频印制天线）的仿真模型

3. 负电晕放电电磁辐射场接收天线的性能参数

在实际的工程应用中通常用方向图、方向性系数、增益、极化、频带宽度等参量来表征天线的性能。采用 HFSS 软件对小型化负电晕放电电磁辐射场接收天线进行仿真，从而得到该天线关键特性的仿真结果。

1）负电晕放电电磁辐射场接收天线的方向性

由于天线具有方向性，因此在空间不同角度的辐射功率分布是不同的，天线辐射功率在空间不同角度的分布可用天线的方向图来表示。图 8-5 给出了该鞭状螺旋天线在 70 MHz、75 MHz 和 80 MHz 处的三维辐射方向图。从图中可以看出该天线的方向图以天线为轴线，呈现出了"苹果"形状，与法向螺旋天线的理论辐射方向图相同，并且在 70~80 MHz 的工作频段内保持了很好的方向图一致性。

（a）　　　　　　　　（b）　　　　　　　　（c）

图 8-5　放电电磁辐射场接收天线的三维方向图

（a）天线的 70 MHz 三维方向图；（b）天线的 75 MHz 三维方向图；

（c）天线的 80 MHz 三维方向图

2）负电量放电电磁辐射场接收天线的极化特性

天线的另外一个重要特性就是极化。天线的极化特性是由其辐射的电磁波的极化特性决定的。收发天线的极化不匹配将会极大地影响无线系统对信号的接收处理能力。除此之外，天线的极化特性会对天线的杂波抗干扰能力起着决定性的作用。对于线极化天线而言，其交叉极化水平是天线的一项重要指标。图 8-6 给出了鞭状螺旋天线俯仰面和水平面的交叉极化仿真结果。由图中可以看出，该鞭状螺旋在 75 MHz 频点处，其最大辐射方向上的交叉极化达到 -31.5 dB。

这样的小型天线能够满足对空中飞机目标的近场探测，在天线的辐射接收特性方面，在俯仰方向有着 ±50° 的半功率波束宽度，能够大角度范围内接收目标物的电磁辐射信号。此外，该天线的交叉极化达到了 -30 dB，对交叉极化杂波有很好的抗干扰能力。

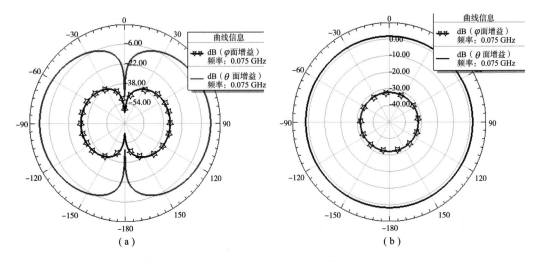

图 8 – 6　负电晕放电电磁辐射场接收天线极化图（天线 75 MHz 交叉极化仿真结果）

（a）俯仰面交叉极化方向图；（b）方位面交叉极化方向图

8.2.2　复合引信负电晕放电电磁辐射场探测器检测电路

复合引信负电晕放电电磁辐射场探测器的检测电路由天线、低噪声放大电路、滤波器、信号整形电路和 FPGA 组成，如图 8 – 7 所示。

图 8 – 7　放电电磁辐射场检测、电路设计

天线接收到负电晕放电电磁辐射信号后由低噪声放大电路放大，经 70~80 MHz 的带通滤波器滤波后输入到信号整形电路，信号整形电路通过将滤波器输出电压信号和提前设置的阈值电压进行比较，输出高低电平信号，当信号幅值大于阈值电压时其内部的电压比较器的电压将会由低电平变为高电平，FPGA 通过检测信号整形电路输出高低电平信号的上升沿跳变识别是否有放电发生。该探测方法具有响应速度快、结构简单等优点。

以图 8 – 8 所示为例，在一次典型的 Trichel 脉冲放电过程中，如图 8 – 8 上图所示的一个 Trichel 放电脉冲，会产生图中所示的衰减振荡形式的电磁辐射信号，并且被天线所接收，信号经过低噪声放大电路放大后，信号的电压幅值会多次超过信号整形电路的阈值电压，从而在信号整形电路输出端产生多个低电平到高电平跳变的上升沿，如图 8 – 8 下图所示，FPGA 检测到多个上升沿之后，可以较为准确地判断发生了放电现象。

1. 滤波器

负电晕放电电磁辐射信号频谱在 70~80 MHz 频带内强度最大，为了抑制其他电磁干扰，提取有效的负电晕放电电磁辐射信号，采用带通滤波器对带外信号进行抑制。

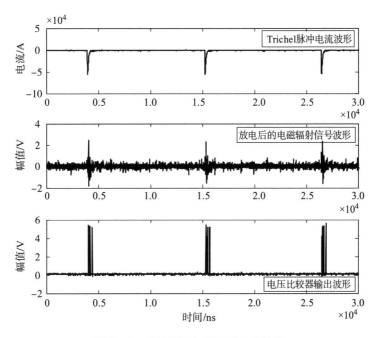

图 8-8　脉冲波形与探测器输出结果

　　根据接收信号特点，利用仿真软件进行滤波器各元器件参数的选取，选择巴特沃斯带通滤波器，参数输入分别为：中心频率（CF）= 75 MHz，3 dB 带宽（BW）= 10 MHz，60 dB 的阻带抑制度为 1.313，阶数为 6 阶，将得到的滤波器元件参数进行调整后得到的电路如图 8-9 所示。

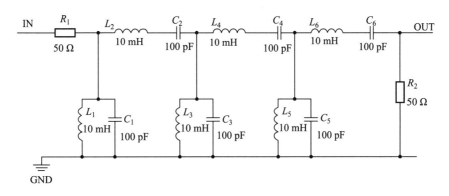

图 8-9　滤波器电路图

　　滤波器的幅频特性与相频特性如图 8-10 和图 8-11 所示。从图中可以看出滤波器的上限与下限截止频率（FC）分别为 69.74 MHz 和 80.37 MHz，中心频率（OC）为 74.56 MHz，3 dB 带宽（BW）为 10 MHz，矩形系数为 2.2，品质因数为 3.804，插入损耗为 0.14 dB。

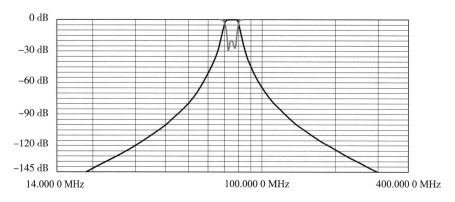

图 8 – 10　滤波器的幅频特性曲线

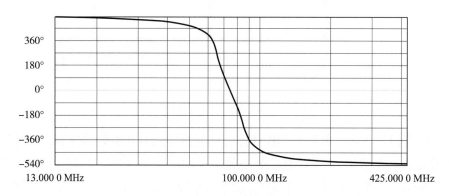

图 8 – 11　滤波器的相频特性曲线

2. 信号整形电路

根据第 7 章可知，负电晕放电电磁辐射信号是重复频率极快的脉冲信号，电磁辐射信号的持续时间很短，通常在 200 ns 以内，而且电磁辐射信号出现时会瞬间达到最大值，然后振荡衰减，为了对该信号进行准确判断，需要将该信号整形转换为数字电路可处理的形式。由于该信号在 200 ns 内多次振荡，因此使用高速比较器搭建信号整形电路，信号整形电路通过将滤波器输出电压信号和提前设置的阈值电压进行比较，输出高低电平信号，当信号幅值大于阈值电压时其内部的电压比较器的电压将会由低电平变为高电平，FPGA 通过检测信号整形电路输出高低电平信号的上升沿跳变识别是否有放电发生。探测器所使用的信号整形电路选用美国 TI 公司生产的 TVL3501 型高速电压比较器，其最大的优势是响应时间短，典型值只有 4.5 ns。图 8 – 12 为输入信号上升及下降时比较器的输出响应示意图。

信号整形电路如图 8 – 13 所示。信号整形电路主要由电压比较器组成，通过将滤波器输出电压信号和提前设置的阈值电压进行比较，输出高低电平信号，当信号幅值大于阈值电压时其内部的电压比较器的电压将会由低电平变为高电平。通过改变滑动

各种过驱动电压输出响应（上升）　　　　　　各种过驱动电压输出响应（下降）

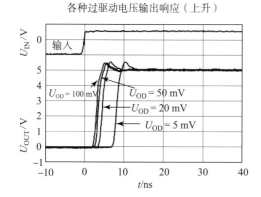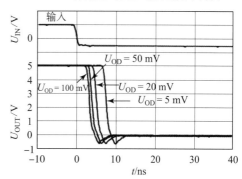

图 8-12　电压比较器输出响应示意图

变阻器 R_5 的阻值来设定阈值电压，根据实测结果，信号整形电路的阈值电压设置为 300 mV，当输入信号幅值低于阈值电压时，信号整形电路输出为 0 V，当输入信号幅值高于阈值电压时，信号整形电路输出为 5 V。

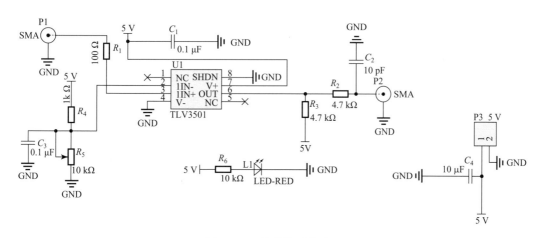

图 8-13　信号整形电路图

3. FPGA 电路的设计

数据处理单元主要完成对电压比较器的输出信号进行采集处理，其主控芯片选用 Altera 公司的 Cyclone Ⅲ 系列的 EP3C25E144 芯片，该核心处理芯片具有 10 320 个逻辑单元（LES），23 个 18×18 乘法器，最大 95 个 I/O 端口。串行 Flash 配置芯片选用 XCF04SVO20，外部晶振频率为 20 MHz。其硬件组成如图 8-14 所示。

利用 FPGA 捕获电平的跳变实现对上升沿的判断，通过对上升沿的检测来实现对放电辐射信号的检测。

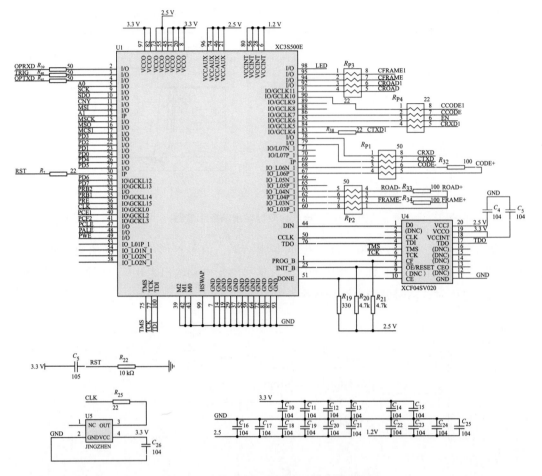

图 8 - 14　FPGA 数据处理单元电路原理图

8.2.3　复合探测器结构设计

　　复合探测器由负电晕放电电磁辐射场探测支路、静电感应场探测支路和无线电测距支路构成，其中静电探测器与无线电测距的电磁兼容已经在本书第 4 章进行了详细介绍，因此本节主要介绍 3 种不同探测体制的探测支路结构兼容问题。

　　由于空间有限，引信探测器的小型化是必须关注的重要问题。为了进一步实现探测器的小型化，将静电感应场探测支路感应电极和无线电测距支路收发天线敷设于弹筒外壁，采用负电晕放电电磁辐射场接收天线与弹筒进行结构融合的方案。将圆柱形弹筒侧面切割出两个平行面，两个平面中央分别放置小型化负电晕放电电磁辐射场接收天线。然后使用聚酰亚胺材料封装，使其恢复圆柱外形，尔后在其表面敷设静电感应场探测支路感应电极和无线电测距支路收发天线，最后在最外层涂覆聚酰亚胺绝缘层，以保证感应电极和收发天线的绝缘性，并可提供机械防护能力。

如图 8 - 15 所示，在弹筒外壁敷设两个圆环状和 4 条长方形静电感应场探测电极；在两个相邻静电感应场探测电极中间敷设一个无线电收发天线，在弹筒另一侧的相应位置敷设另一个无线电收发天线；相邻静电感应场探测电极中间没有敷设无线电测距收发天线的位置嵌入负电晕放电电磁辐射场接收天线，并用聚酰亚胺材料填充。在弹筒内部放置电路板，电路板上有负电晕放电电磁辐射场探测支路、静电感应场探测支路和无线电测距支路及 FPGA（数字信号处理电路）。

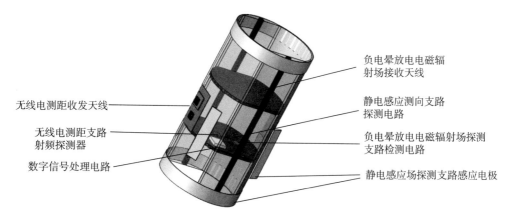

负电晕放电电磁辐
射场接收天线

静电感应测向支路
探测电路

负电晕放电电磁辐射场探测
支路检测电路

静电感应场探测支路感应电极

无线电测距收发天线

无线电测距支路
射频探测器

数字信号处理电路

图 8 - 15　复合探测器结构示意图

参 考 文 献

［1］［日］菅义夫. 静电手册［M］.《静电手册》翻译组，译. 北京：科学出版社，1981.

［2］鲍重光·静电技术原理［M］. 北京：北京理工大学出版社，1993.

［3］刘尚合，等. 静电理论与防护［M］. 北京：兵器工业出版社，1999.

［4］赵凯华. 电磁学［M］. 北京：高等教育出版社，1978.

［5］费恩曼，莱顿，桑兹. 费恩曼物理学讲义［M］. 上海：上海科学技术出版社，2013.

［6］孙可平，等. 工业静电［M］. 北京：中国石化出版社，1994.

［7］Haseborg T. Electrical Charging and Discharging Processes of Moving Projectiles. IEEE on Aerospace and Electronic System［C］. Vol. AES－16，227－231，Mar 1980.

［8］Navenicz J E. Precipitation Charging and Corona-Generated Interference in Aircraft［R］. AD－261029，1965.

［9］Trinks H. Electric Field Detection and Ranging of Aircraft. IEEE on Aerospace and Electronic System［C］. Vol. AES－18，No. 3，May 1982.

［10］杜照恒，刘尚合，魏明，等. 飞行器静电起电与放电模型及仿真分析［J］. 高电压技术，2014，40（9）：2806.

［11］李彦旭. 喷流对航空器荷电影响的理论研究［D］. 北京：北京理工大学，2006.

［12］郝晓辉. 直升机静电探测研究［D］. 北京：北京理工大学，2010.

［13］John K D. Electrostatic Target Detection：A Preliminary Investigation［R］. ADA278843，1994.

［14］Wilkin N D. The Experimental Determination of the Electric Fields Surrounding a Model Aircraft［R］. ADA043257，1977.

［15］侯晓春，季鹤鸣，刘庆国，等. 高性能航空燃气轮机燃烧技术［M］. 北京：国防工业出版社，2002.

［16］廉小纯，吴虎. 航空燃气轮机原理（下册）［M］. 北京：国防工业出版社，2000.

[17] 张宝诚. 航空发动机试验和测试技术［M］. 北京：北京航空航天大学出版社，2005.

[18] David M. Hill. Time-varying Electrostatic Modeling Techniques［R］. ADA358654，1999.

[19] Ziemba R T. Electric Field Enabled Proximity Fuzing System［P］. U. S. Patent 4991508，1991.

[20] Aronoff A D. Electrostatic Means for Instrusion Detection and Ranging［P］. AD78560，1965.

[21] Barry. Fuze Function Control Technology［R］. ADA520845，1974.

[22] Philip Krupen. Capacitance Fuze［P］. U. S. Patent 3，882，781，1962.

[23] Philip Krupen. Status of Electrostatic Fuzing Program［R］. AD374501L，1956.

[24] Hoyt D G. Electrostatic Passive Proximity Fuzing System［P］. U. S. Patent 4972775，1990.

[25] 李银林. 被动式静电引信探测技术及其信息处理［D］. 北京：北京理工大学，2000.

[26] 陈曦. 被动式地面静电探测技术研究［D］. 北京：北京理工大学，2005.

[27] 陈方. 静电探测目标识别研究［D］. 北京：北京理工大学，2006.

[28] 代方震. 基于电极扫描原理的静电探测技术研究［D］. 北京：北京理工大学，2004.

[29] 付巍，陈曦，崔占忠. 静电引信目标电场建模［J］. 探测与控制学报，2008，30（15）：7－10.

[30] 林蔚，崔占忠，徐立新. 基于静电探测的模拟滤波器的研究［J］. 半导体技术，2006，31（3）：222－226.

[31] 郝晓辉，崔占忠. 旋转弹丸短路轴向式静电探测器探测性能［J］. 兵工学报，2009，30：415－418.

[32] 管建明. 微弱电流信号的前置放大和分析［J］. 电测与仪表，1994，3：38－39.

[33] ［美］陈惠开. 有源与无源滤波器理论与应用［M］. 北京：人民邮电出版社，1989.

[34] 缪劲松，田德宇，欧阳吉庭. 静电探测系统的研究［J］. 河北大学学报，2007，27：589－592.

[35] 罗福山，庄洪春，何喻晖，等. 电场标定装置［J］. 电测与仪表，1993，6：31－34.

[36] 童诗白，华成英. 模拟电子技术基础［M］. 北京：高等教育出版社，2002.

[37] Tang K, Chen X, Zheng W, et al. A Non-contact Technique Using Electrostatics to Sense Three-dimensional Hand Motion for Human Computer Interaction [J]. Journal of Electrostatics, 2015, 77: 101 – 109.

[38] Tang K, Chen X, Li P F. A New Measurement System of Quasi-electrostatic Field [J]. Lecture Notes in Information Technology, 2012, 11 (2): 244 – 248.

[39] Cao H W, Chen X, Tang K, et al. Modeling and Simulation of Thunderstorm Electric Field [J]. International Journal of Modeling, Identification and Control, 2013, 20 (1): 25 – 32.

[40] Liu Y, Chen X, Tang K. Research on the Charged Omni-directional Spatial Electric Field Test [J]. Advanced Materials Research, 2013, 681: 110 – 114.

[41] 泊伊泽, 马伟明, 屈晓旭, 等. 电子战目标定位方法 [M]. 北京: 电子工业出版社, 2008.

[42] 孙仲康, 周一宇, 何黎星. 单多基地有源无源定位技术 [M]. 北京: 国防工业出版社, 1996.

[43] 林森. 静电目标定距定向及其信号处理研究 [D]. 北京: 北京理工大学, 2002.

[44] 毕军建. 对空弹药引信用静电矢量探测技术研究 [D]. 北京: 北京理工大学, 2005.

[45] 毕军建. 空中目标静电场矢量定位方法研究 [J]. 探测与控制学报, 2005, 27 (1): 16 – 18.

[46] 马龙. 阵列式被动静电探测器定位技术研究 [D]. 北京: 北京理工大学, 2004.

[47] 赵国庆. 雷达对抗原理 [M]. 西安: 西安电子科技大学出版社, 1999.

[48] 邬占军, 等. 高技术战场电磁环境分析 [R]. 石家庄: 军械工程学院静电研究所, 1994.

[49] Zheng W, Cui Z Z. Determination of Velocity and Direction of Human Body Motion Based on Electrostatic Measurement. The International Conference on Information Engineering and Mechanical Engineering 2011 [C]. IEEE Publisher, 2011: 4035 – 4039.

[50] Zheng W, Cui Z Z, Zheng Z, et al. Remote Monitoring of Human Hand Motion Using Induced Electrostatic Signals [J]. Journal of Electrostatic, 2011, 69: 571 – 577.

[51] Meyer-Baese U. Digital Signal Processing with Field Programmable Gate Arrays [M]. Germany: Springer, 2003.

[52] 于斌, 米秀杰. ModelSim 电子系统分析及仿真 [M]. 北京: 电子工业出版社, 2011.

[53] 胡来招. 无源定位 [M]. 北京：国防工业出版社，2004.

[54] 张建民，孙健. 国外隐身技术的应用与发展分析 [J]. 舰船电子工程，2012，32（4）：18 – 21.

[55] 贺媛媛，周超. 飞行器隐身技术研究及发展 [J]. 飞航导弹，2012，1：84 – 91.

[56] 柳庆玲. 静电探测目标特性及识别方法研究 [D]. 北京：北京理工大学，2007.

[57] Richard T Z. Electrical Fuze With A Plurality of Modes of Operation [P]. U. S. Patent4291627，1981.

[58] 王诚，等. Altera FPGA/CPLD 设计 [M]. 北京：人民邮电出版社，2011.

[59] 张贤达. 非平稳信号处理 [M]. 北京：国防工业出版社，1998.

[60] 张贤达. 现代信号处理 [M]. 北京：清华大学出版社，2002.

[61] 林蔚. 静电成像探测及其信息处理 [D]. 北京：北京理工大学，2006.

[62] 熊秀，骆立峰，范晓宇，等. 飞机雷电直接效应综述 [J]. 飞机设计，2011，31（4）：64 – 68.

[63] 李银林，施聚生. 飞机静电场特性及其探测原理 [J]. 探测与控制学报，1999，21（4）：46 – 49.

[64] 孙景群. 大气电学手册 [M]. 北京：科学出版社，1995.

[65] 周秀骥. 高等大气物理学 [M]. 北京：气象出版社，1991.

[66] 胡腾章. 大气中的电 [M]. 北京：气象出版社，1983.

[67] 邵选民，刘欣生. 云中闪电及云下部正电荷的初步分析 [J]. 高原气象，1987，6（4）：317 – 325.

[68] B. J. 梅森. 云物理学 [M]. 大气物理研究所，译. 北京：科学出版社，1978.

[69] 孙景群. 大气电学基础 [M]. 北京：气象出版社，1987.

[70] Zhang Y J, Dong W S, Zhao Y, et al. Study of Charge Structure and Radiation Characteristic of Intra Cloud Discharge in Thunderstorms of Qinghai & Tibetan Plateau [J]. Sciences in China（Series D），2004，47：108 – 114.

[71] Qie X, Kong X, Zhang G, et al. The Possible Charge Structure of Thunderstorm and Lightning Discharge in Northeastern Verge of Qinghai & Tibetan Plateau [J]. Atmos Res，2005，76：231 – 246.

[72] Krehbiel P R. The Elal Structure of Thunderstorms, in the Earths Electrical Environment [M]. Krider E P, Groble R eds. Washington, DC：National Academy Press，1998.

[73] 王才伟，陈倩，刘欣生，等. 雷暴云下部正电荷中心产生的电场 [J]. 高原气象，1987，6（1）：65 – 74.

［74］赵中阔，郄秀书，张廷龙，等. 一次单体雷暴云的穿云电场探测及云内电荷结构 ［J］. 科学通报，2009，54（22）：3532-3536.

［75］Takahashi T. Riming Electrification as a Charge Generation Mechanism in Thunderstorms ［J］. J Atmos Sci, 1978, 35: 1536-154831.

［76］Pereyra R G, Avila E E, Castellano N E, et al. A Laboratory Study of Graupel Charging ［J］. J Geophys Res, 2000, 105: 20803, 2081233.

［77］Marshall T, Rust W. Electric Field Soundings Through Thunderstorms ［J］. J Geophys Res, 1991, 96: 22297-22306.

［78］刘欣生，郭昌明，肖庆复，等. 人工引发雷电试验及其特征的初步分析 ［J］. 高原气象，1990，9（1）：64-73.

［79］刘雅君. 雨滴下落的收尾速度 ［J］. 大学物理，2001，20（12）：16-17.

［80］Hoyt D G. Electrostatic Passive Proximity Fuzing System ［P］. U. S, 972775, 1990.

［81］Nanevicz J E. Flight-test Studies of Static Electrification on a Supersonic Aircraft ［C］. Conference on Lightning and Static Electricity, Abingdon, Oxon, England, 1975.

［82］Li Y, Xu L. Study of Electrostatic Character in Aerostat's Combustion Chamber ［C］. 2010 International Conference on Intelligent System Design and Engineering Application. IEEE Computer Society, 2010, 2: 417-420.

［83］Delcroix J L, Sherman N. Introduction to the Theory of Ionized Gases ［J］. American Journal of Physics, 1961, 29（9）: 648.

［84］Tanner R L, Nanevicz J E. Precipitation Charging and Corona-generated Interference in Aircraft ［R］. Stanford Research Inst Menlo Park CA, 1961.

［85］Zhang Y, Liu L J, Miao J S, et al. Trichel Pulse in Negative DC Corona Discharge and Its Electromagnetic Radiations ［J］. Journal of Electrical Engineering & Technology, 2015, 10（3）: 1174-1180.

［86］He W, Chen X, Wan B, et al. Characteristics of Alternating Current Corona Discharge Pulses and Its Radio Interference Level in a Coaxial Wire-cylinder Gap ［J］. IEEE Transactions on Plasma Science, 2018, 46（3）: 598-605.

［87］肖冬萍，何为，谢鹏举，等. 高压输电线路电晕放电特性及其电磁辐射场计算 ［J］. 电网技术，2007，31（21）：52-55.

［88］许嵩，高压交流输电线路电晕放电电磁干扰研究 ［D］. 武汉：武汉理工大学，2013.

［89］张海峰，庞其昌，陈秀春. 高压电晕放电特征及其检测 ［J］. 电测与仪表，2006，43（2）：6-8.

［90］王文春，李学初. NO，N_2 气体中电晕放电高能电子密度分布的光谱实验研究
［J］. 环境科学学报，1998，18（1）：51－55.

［91］廖瑞金，刘康淋，伍飞飞，等. 棒－板电极直流负电晕放电过程中重粒子特性的
仿真研究［J］. 高电压技术，2014，40（4）：965－971.

［92］胡罡. 特高压交流输电线路电晕放电无线电干扰分析计算［J］. 电工文摘，2016
（2）：68－71.

［93］Sellars A G, Farish O, Hampton B F, et al. Using the UHF Technique to Investigate
PD Produced by Defects in Solid Insulation［J］. IEEE Transactions on Dielectrics and
Electrical Insulation, 1995, 2（3）：448－459.

［94］康强，顾霄，徐阳，等. 直流局部放电检测技术综述［J］. 南方电网技术，2015，
9（10）：69－77.

［95］Reddy P G, Kundu P. Detection and Analysis of Partial Discharge Using Ultra High
Frequency Sensor［C］. 2014 Annual International Conference on Emerging Research
Areas：Magnetics, Machines and Drives（AICERA/iCMMD），IEEE, 2014：1－6.

［96］Kanegami M, Miyazaki S, Miyake K. Partial Discharge Detection with High-Frequency
Band through Resistance-Temperature Sensor of Hydropower Generator Stator Windings
［J］. Electrical Engineering in Japan, 2016, 195（4）：9－15.

［97］杨津基. 气体放电［M］. 北京：科学出版社，1983.

［98］徐学基. 气体物理放电［M］. 上海：复旦大学出版社，1996.

［99］张宇. 直流电晕放电特性及其空间离子行为［D］. 北京：北京理工大学，2016.

［100］Trichel G W. The Mechanism of the Negative Point to Plane Corona Near Onset［J］.
Physical Review, 1938, 54（12）：1078.

［101］欧阳吉庭，张子亮，彭祖林，等. 空气针尖负电晕放电的特征辐射谱［J］. 高电
压技术，2012，38（9）：2237－2241.

［102］胡小锋，刘尚合，王雷，等. 尖端导体电晕放电辐射场的计算与实验［J］. 高电
压技术，2012，38（9）：2266－2272.

［103］Townsend J S. The Potentials Required to Maintain Currents Between Coaxial Cylinders
［J］. The London, Edinburgh, and Dublin Philosophical Magazine and Journal of
Science, 1914, 28（163）：83－90.

［104］Raether H. Electron Avalanches and Breakdown in Gases［J］. Butterworths
Advanced Physics, 1964：190－191.

［105］原青云，刘尚合，张希军，等. 电晕电流及其辐射信号特性的研究［J］. 高电压
技术，2008，34（8）：1547－1551.

［106］刘卫东，刘尚合，胡小锋，等. 尖端电晕放电辐射特性实验分析［J］. 高压电器，2008，44（1）：20 − 22.

［107］Loeb L B, Kip A F, Hudson G G, et al. Pulses in Negative Point-to-Plane Corona ［J］. Physical Review, 1941, 60 （10）: 7 − 14.

［108］Lama W L, Gallo C F. Systematic Study of the Electrical Characteristics of the "Trichel" Current Pulses From Negative Needle-to-Plane Coronas ［J］. Journal of Applied Physics, 1974, 45 （1）: 103 − 113.

［109］Černák M, Hosokawa T, Kobayashi S, et al. Streamer Mechanism for Negative Corona Current Pulses ［J］. Journal of Applied Physics, 1998, 83 （11）: 5678 − 5690.

［110］Černák M, Hosokawa T. Similarities Between the Initial Phase of a Transient Nonuniform Glow Discharge in Nitrogen and the Negative Corona Trichel Pulse Formation in an Electronegative Gas ［J］. Applied Physics Letters, 1988, 52 （3）: 185 − 187.

［111］Akishev Y S, Grushin M E, Karal'Nik V B, et al. Pulsed Mode of a Negative Corona in Nitrogen: I. Experiment ［J］. Plasma Physics Reports, 2001, 27 （6）: 520 − 531.

［112］Thanh L C. Negative Corona in a Multiple Interacting Point-to-Plane Gap in Air ［J］. IEEE Transactions on Industry Applications, 1985, （2）: 518 − 522.

［113］Dancer P, Davidson R C, Farish O, et al. A Unified Theory of the Mechanism of the Negative Corona Trichel Pulse ［C］. IEEE − IAS Meeting. 1979, （2）: 87 − 90.

［114］Ogasawara M. Analysis of Formation Stage of Corona Discharge ［J］. Journal of the Physical Society of Japan, 1966, 21 （11）: 2360 − 2372.

［115］Shahin M M. Nature of Charge Carriers in Negative Coronas ［J］. Applied Optics, 1969, 8 （101）: 106 − 110.

［116］Amin M R. Fast Time Analysis of Intermittent Point-to-Plane Corona in Air. III. The Negative Point Trichel Pulse Corona ［J］. Journal of Applied Physics, 1954, 25 （5）: 627 − 633.

［117］Morrow R. Theory of Negative Corona in Oxygen ［J］. Physical Review A, 1985, 32 （3）: 1799.

［118］Morrow R. Theory of Stepped Pulses in Negative Corona Discharges ［J］. Physical Review A, 1985, 32 （6）: 3821.

［119］Morrow R, Lowke J J. Space-charge Effects on Drift Dominated Electron and Plasma Motion ［J］. Journal of Physics D: Applied Physics, 1981, 14 （11）: 20 − 27.

［120］ Morrow R, Cram L E. Flux-corrected Transport and Diffusion on a Non-uniform Mesh
［J］. Journal of Computational Physics, 1985, 57（1）: 129 – 136.

［121］ Sattari P, Castle G S P, Adamiak K. FEM-FCT Based 2D Simulation of Trichel Pulses
in Air［C］. Industry Applications Society Annual Meeting（IAS）, IEEE, 2010: 1 – 8.

［122］ Sattari P, Castle G S P, Adamiak K. Numerical Simulation of Trichel Pulses in a
Negative Corona Discharge in Air［J］. IEEE Transactions on Industry Applications,
2011, 47（4）: 1935 – 1943.

［123］ Sattari P, Gallo C F, Castle G S P, et al. Trichel Pulse Characteristics—Negative
Corona Discharge in Air［J］. Journal of Physics D: Applied Physics, 2011,
44（15）: 155502.

［124］ Sattari P, Castle G S P, Adamiak K. A Numerical Model of Trichel Pulses in Air: the
Effect of Pressure［C］. Journal of Physics: Conference Series. IOP Publishing,
2011, 301（1）: 012058.

［125］ Dordizadeh P, Adamiak K, Castle G S P. Numerical Investigation of the Formation of
Trichel Pulses in a Needle-plane Geometry［J］. Journal of Physics D: Applied
Physics, 2015, 48（41）: 415203.

［126］ Černak M, Hosokawa T. Initial Phases of Negative Point-to-Plane Breakdown in N_2 and
N_2 + 10% CH_4: Verification of Morrow's Theory［J］. Japanese Journal of Applied
Physics, 1988, 27（6R）: 1005.

［127］ Černak M, Hosokawa T, Odrobina I. Experimental Confirmation of Positive-streamer-
like Mechanism for Negative Corona Current Pulse Rise［J］. Journal of Physics D:
Applied Physics, 1993, 26（4）: 607.

［128］ 原青云, 刘尚合. 电晕放电辐射信号特征研究［J］. 电气应用, 2008, 27（2）:
65 – 68.

［129］ 原青云. 电晕放电辐射信号特征实验［J］. 高电压技术, 2007, 33（7）:
107 – 110.

［130］ 雷晓勇, 刘尚合. 尖端导体电晕放电试验研究［J］. 计算机测量与控制, 2011,
19（9）: 2197 – 2199.

［131］ 王晓臣. 电晕放电关键问题研究与新型放电装置［D］. 大连: 大连理工大学,
2007.

［132］ 伍飞飞, 廖瑞金, 杨丽君, 等. 棒 – 板电极直流负电晕放电特里切尔脉冲的微观
过程分析［J］. 物理学报, 2013, 62（11）: 115201.

［133］ Deng F C, Ye L Y, Song K C. Numerical Studies of Trichel Pulses in Airflows［J］.

Journal of Physics D: Applied Physics, 2013, 46 (42): 425202.

[134] Deng F, Ye L, Song K, et al. Effect of Humidity on Negative Corona Trichel Pulses [J]. Japanese Journal of Applied Physics, 2014, 53 (8): 080301.

[135] Deng F, Ye L, Song K. Respiratory Monitoring by a Field Ionization Sensor Based on Trichel Pulses [J]. Sensors, 2014, 14 (6): 10381 – 10394.

[136] Yin H, Zhang B, He J, et al. Modeling of Trichel Pulses in the Negative Corona on a Line-to-Plane Geometry [J]. IEEE Transactions on Magnetics, 2014, 50 (2): 473 – 476.

[137] Durán-Olivencia F J, Pontiga F, Castellanos A. Multi-species Simulation of Trichel Pulses in Oxygen [J]. Journal of Physics D: Applied Physics, 2014, 47 (41): 415203.

[138] Zhang Y, Qin Y, Zhao G, et al. Time-resolved Analysis and Optical Diagnostics of Trichel Corona in Atmospheric Air [J]. Journal of Physics D: Applied Physics, 2016, 49 (24): 245206.

[139] Peek F W. Dielectric Phenomena in High Voltage Engineering [M]. McGraw-Hill Book Company, Incorporated, 1920.

[140] Nouri H, Zouzou N, Moreau E, et al. Effect of Relative Humidity on Current-Voltage Characteristics of an Electrostatic Precipitator [J]. Journal of Electrostatics, 2012, 70 (1): 20 – 24.

[141] Chen J H, Wang P X. Effect of Relative Humidity on Electron Distribution and Ozone Production by DC Coronas in Air [J]. IEEE Transactions on Plasma Science. 2005, 33 (2): 808 – 812.

[142] Van Brunt R J, Leep D. Characterization of Point—Plane Corona Pulses in SF_6 [J]. Journal of Applied Physics, 1981, 52 (11): 6588 – 6600.

[143] Haidara M, Denat A, Atten P. Corona Discharges in High Pressure Air [J]. Journal of Electrostatics, 1997, 40: 61 – 66.

[144] 邓福成. 特里切尔脉冲特性及应用研究 [D]. 浙江: 浙江大学, 2014.

[145] Lama W L, Gallo C F. Interaction of the Trichel Current Pulses of a Pair of Negative Coronas [J]. Journal of Physics D: Applied Physics, 1973, 6 (16): 1963 – 1972.

[146] Yamamoto T, Lawless P A, Sparks L A. Narrow-Gap Point-to-Plane Corona with High Velocity Flows [J]. IEEE Transactions on Industry Applications, 1988, 24 (5): 934 – 939.

[147] McKinney P J, Davidson J H, Leone D M. Current Distributions for Barbed Plate-to-

Plane Coronas〔C〕. Conference Record of the 1991 IEEE Industry Applications Society Annual Meeting, IEEE, 1991: 713 - 719.

[148] Nanevicz J E, Tanner R L. Some Techniques for the Elimination of Corona Discharge Noise in Aircraft Antennas〔J〕. Proceedings of the IEEE, 1964, 52（1）: 53 - 64.

[149] Tanner R L, Nanevicz J E. An Analysis of Corona-Generated Interference in Aircraft〔J〕. Proceedings of the IEEE, 1964, 52（1）: 44 - 52.

[150] Newell H H, Liao T W, Warburton F W. Corona and RI Caused by Particles on or Near EHV Conductors: I-Fair Weather〔J〕. IEEE Transactions on Power Apparatus and Systems, 1967, 87（11）: 1375 - 1383.

[151] Juette G W, Charbonneau H, Dobson H I, et al. CIGRE/IEEE Survey on Extra High Voltage Transmission Line Radio Noise〔J〕. IEEE Transactions on Power Apparatus and Systems, 1973, 92（3）: 1019 - 1028.

[152] Nayak S K, Thomas M J. A Novel Technique for the Computation of Radiated EMI Due to Corona on HV Transmission Lines〔C〕. 2003 IEEE Symposium on Electromagnetic Compatibility Symposium Record（Cat. No. 03CH37446）, IEEE, 2003, 2: 738 - 742.

[153] Tsutsumi Y, Ono K, Fujii K, et al. Electromagnetic Noise Spectra of Corona Discharge at Point-to-Plane Electrodes in Air〔J〕. IEEE Transactions on Fundamentals and Materials, 1991, 111（8）: 733 - 740.

[154] Cerri G, De Leo R, Primiani V M. Theoretical and Experimental Evaluation of Electromagnetic Fields Radiated by ESD〔C〕. 2001 IEEE EMC International Symposium, Symposium Record, International Symposium on Electromagnetic Compatibility（Cat. No. 01CH37161）. 2001, 2: 1269 - 1272.

[155] Cerri G, Coacco F, Fenucci L, et al. Measurement of Magnetic Fields Radiated from ESD Using Field Sensors〔J〕. IEEE Transactions on Electromagnetic Compatibility, 2001, 43（2）: 187 - 196.

[156] Cerri G, Chiarandini S, Costantini S, et al. Theoretical and Experimental Characterization of Transient Electromagnetic Fields Radiated by Electrostatic Discharge（ESD）Currents〔J〕. IEEE Transactions on Electromagnetic Compatibility, 2002, 44（1）: 139 - 147.

[157] 刘尚合, 朱利, 魏明, 等. 电晕放电辐射信号远距离探测技术研究〔J〕. 高电压技术, 2013, 39（12）: 2845 - 2851.

[158] Wilson P F, Ma M T, Ondrejka A R. Fields Radiated by Electrostatic Discharges

［C］. IEEE 1988 International Symposium on Electromagnetic Compatibility, 1988: 179 – 183.

［159］ Mardiguian M. Comments on "Fields radiated by electrostatic discharges" (by PF Wilson and MT Ma) ［J］. IEEE Transactions on Electromagnetic Compatibility, 1992, 34 (1): 62.

［160］ 陈仕修, 沈远茂, 吴远利, 等. 针 – 板电极电晕放电辐射电磁波的等效模型 ［J］. 高电压技术, 2002, 28 (S1): 9 – 11.

［161］ 唐炬, 吴建蓉, 卓然. 针 – 板局部放电 VHF 信号与放电量之间的等量关系 ［J］. 高电压技术, 2010, 36 (5): 1083 – 1089.

［162］ Kúdelěík J, Zahoranová A, Halanda J, et al. Verification of Positive Streamer Mechanism for Negative Corona Trichel Pulses in O_2/H_2 Mixtures ［J］. Journal of Electrostatics, 2014, 72 (5): 417 – 421.

［163］ Napartovich A P, Akishev Y S, Deryugin A A, et al. A Numerical Simulation of Trichel-Pulse Formation in a Negative Corona ［J］. Journal of Physics D: Applied Physics, 1997, 30 (19): 2726.

［164］ El-Bahy M M, Abouelsaad M, Abdel-Gawad N, et al. Onset Voltage of Negative Corona on Stranded Conductors ［J］. Journal of Physics D: Applied Physics, 2007, 40 (10): 3094.

［165］ Loeb L B. Electrical Coronas, Their Basic Physical Mechanisms ［M］. California: Univ of California Press, 1965.

［166］ Tran T N, Golosnoy I O, Lewin P L, et al. Numerical Modelling of Negative Discharges in Air with Experimental Validation ［J］. Journal of Physics D: Applied Physics, 2010, 44 (1): 0152031.

［167］ Chen J H, Davidson J H. Model of the Negative DC Corona Plasma: Comparison to the Positive DC Corona Plasma ［J］. Plasma Chemistry and Plasma Processing, 2003, 23 (1): 83 – 102.

［168］ Sattari P. FEM—FCT Based Dynamic Simulation of Trichel Pulse Corona Discharge in Point to Plane Configuration ［D］. University of Western Ontario, 2011.

［169］ Chang J S, Lawless P A, Yamamoto T. Corona Discharge Processes ［J］. Plasma Science IEEE Transactions on, 1991, 19 (6): 1152 – 1166.

［170］ Shixiu C, Youlin S, Hengkun M. Characteristics of Electromagnetic Wave Radiated from Corona Discharge ［C］. 2001 IEEE EMC International Symposium. Symposium Record. International Symposium on Electromagnetic Compatibility (Cat. No.

01CH37161). IEEE, 2001, 2: 1279 – 1282.

［171］胡小锋, 刘卫东, 周帅. 电晕放电辐射信号的特征提取和模式识别方法研究［J］. 装备环境工程, 2017, 14（4）: 57 – 61.

［172］欧阳吉庭, 张子亮, 张宇. 空气负电晕 Trichel 脉冲特性的实验研究［J］. 高电压技术, 2014, 40（4）: 1194 – 1200.

［173］邹澎. 高压输电线附近电晕放电辐射的数学模型［J］. 中国电力, 1995（3）: 13 – 15.

［174］胡小锋, 魏明, 王雷. 电晕放电辐射场的测试与分析［J］. 河北大学学报（自然科学版）, 2007, 27（6）: 585 – 588.

［175］张悦, 刘尚合, 胡小锋, 等. 不同辐射源瞬态电磁信号辐射场特性研究［J］. 电波科学学报, 2015, 30（2）: 316 – 322.

［176］Cooray V, Cooray G. The Electromagnetic Fields of an Accelerating Charge: Applications in Lightning Return-Stroke Models［J］. IEEE Transactions on Electromagnetic Compatibility, 2010, 52（4）: 944 – 955.

［177］Cooray V, Cooray G. Electromagnetic Fields of Accelerating Charges: Applications in Lightning Protection［J］. Electric Power Systems Research, 2017, 145: 234 – 247.

［178］Cooray V, Cooray G. A Novel Procedure to Calculate the Electromagnetic Fields of Lightning Return Strokes Using Field Equations of Moving Charges［C］. 2010 30th International Conference on Lightning Protection（ICLP）, IEEE, 2010: 1 – 6.

［179］Nath D, Kumar U. Total Electric Field Due to an Isolated Electron Avalanche［J］. IEEE Transactions on Dielectrics and Electrical Insulation, 2016, 23（5）: 2562 – 2571.

［180］Hidaka K, Fujita H. A New Method of Electric Field Measurements in Corona Discharge Using Pockels Device［J］. Journal of Applied Physics, 1982, 53（9）: 5999 – 6003.

［181］Wang X, You C. Effect of Humidity on Negative Corona Discharge of Electrostatic Precipitators［J］. IEEE Transactions on Dielectrics and Electrical Insulation, 2013, 20（5）: 1720 – 1726.

［182］Lu B, Feng Q, Sun H. The Effect of Environmental Temperature on Negative Corona Discharge Under the Action of Photoionization［J］. IEEE Transactions on Plasma Science, 2019, 47（1）: 149 – 154.

［183］约翰·克劳斯. 天线［M］. 北京: 电子工业出版社, 2011.

［184］Ortega P, Diaz R, Heilbronner F, et al. Influence of Negative Ions on the Humidity

Effect on the First Corona Inception [J]. Journal of Physics. D, Applied Physics, 2007, 40 (22): 7000 – 7007.

[185] 白帆, 崔占忠. 一种针 – 板结构模拟飞机放电刷负电晕放电辐射特性的等效方法 [J]. 科学技术与工程, 2013, 13 (20): 5883 – 5888.

[186] 解红岩. 高压电晕放电现象远距离检测研究 [D]. 天津: 天津大学, 2013.

[187] 董永超, 特高压输电线路电晕放电在线监测系统研究 [D]. 镇江: 江苏科技大学, 2012.

索　引

彩　　插

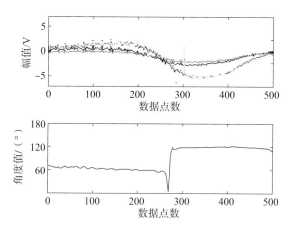

图 4 - 15　静电目标信号与实测角度对应图（60°）

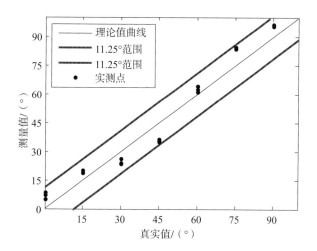

图 4 - 16　静电场矢量探测法测向结果示意图

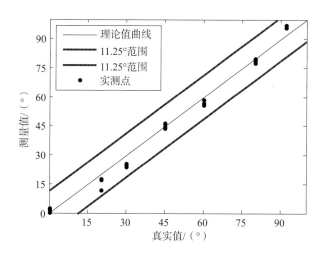

图 4-19 室外测向试验圆柱体共形电极数据点分布图